印刷基础及管理

（修订本）

周连芳 编著

辽海出版社

辽海出版社

图书在版编目(CIP)数据

印刷基础及管理/周连芳编著.—沈阳:辽海出版社,2002.10
ISBN 7-80649-842-7

Ⅰ.印… Ⅱ.周… Ⅲ.印刷—基础管理—高等学校—教材 Ⅳ.TS8

中国版本图书馆 CIP 数据核字(2002)第 008787 号

责任编辑:李晓晶
封面设计:子 木 韩 力 王 艾
版式设计:韩 梅 赵怡轩
责任校对:赵玉龄 高小荣
插 图:李京华 刘 庶

出 版 者:辽 海 出 版 社
地址:沈阳市和平区十一纬路 25 号
邮编:110003
电话:024—23284478
http://www.lhph.com.cn
印 刷 者:沈阳七二一二工厂
发 行 者:辽 海 出 版 社

幅面尺寸:140mm×203mm
印 张:15.75
字 数:348 千字
插 页:8

出版时间:2002 年 10 月第 1 版
印刷时间:2002 年 10 月第 1 次印刷
印 数:1~3000 册
定 价:22.00 元

图 1 Marlin(枪鱼)系列激光照排机

图 2 成品样张

图 3　海德堡速霸 SM102 型 12 色胶印机

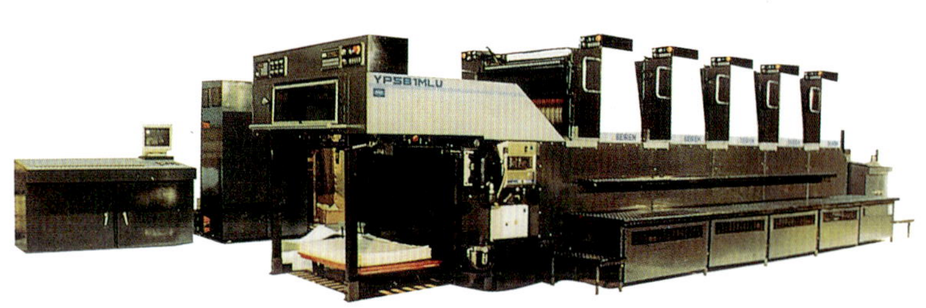

图 4　北人 YP5BIMLU 型对开 5 色胶印机

图 5　罗兰 700 型 10 色胶印机

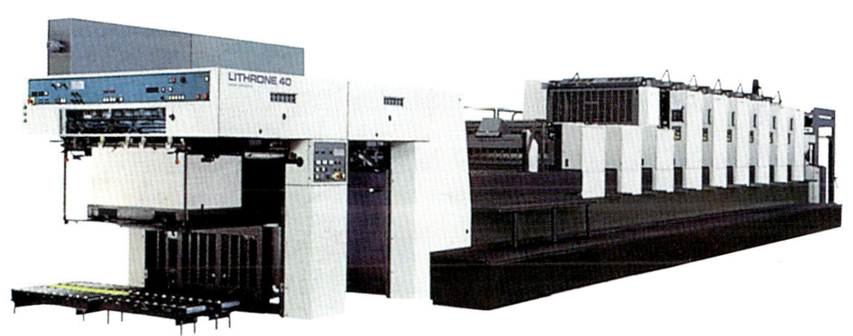

图 6　小森 LITHRONE 40 型 8 色胶印机

Y100
Y80
Y60
Y40
Y20
M100
M80
M60
M40
M20
Y100 M100
Y100 M80
Y100 M60
Y100 M40
Y100 M20
Y100 M100
Y80 M100
Y60 M100
Y40 M100
Y100 M100 BL60
Y100 M80 BL60
Y100 M60 BL40
Y100 M40 BL20
Y100 M20 BL20
Y100 M100 BL40
Y80 M100 BL60
Y60 M100 BL60
Y40 M100 BL40
M100 C100
M100 C80
M100 C60
M100 C40
M100 C20
M100 C100
M80 C100
M60 C100
M40 C100
M100 C100 BL60
M100 C80 BL60
M100 C60 BL40
M100 C40 BL20
M100 C20 BL20
M100 C100 BL40
M80 C100 BL60
M60 C100 BL60
M40 C100 BL40
Y100 C100
Y100 C80
Y100 C60
Y100 C40
Y100 C20
Y100 C100
Y80 C100
Y60 C100
Y40 C100
Y100 M80 C100
Y100 M60 C100
Y100 M40 C100
Y100 M20 C100
Y80 M20 C80
Y60 M20 C60
Y40 M20 C40
Y80 M40 C60
Y100 M40 C60
Y100 C100 BL60
Y100 C80 BL60
Y100 C60 BL40
Y100 C40 BL20
Y100 C20 BL20
Y100 C100 BL40
Y80 C100 BL60
Y60 C100 BL60
Y40 C100 BL40
Y100 M100 C100
Y80 M80 C80
Y60 M60 C60
Y40 M40 C40
Y20 M20 C20
Y80 M80 C60
Y60 M60 C40
Y40 M40 C20
Y20 M20 C10
Y80 M80 C100
Y60 M60 C80
Y40 M40 C60
Y20 M20 C40
Y10 M10 C20
Y100 M80 C80
Y80 M60 C60
Y60 M40 C40
Y40 M20 C20
Y80 M100 C80
Y60 M80 C60
Y40 M60 C40
Y20 M40 C20
Y10 M20 C10
Y80 M100 C100
Y60 M80 C80
Y40 M60 C60
Y20 M40 C40

图 7　色谱

C80
C60
C40
C20
BL100
BL80
BL60
BL40
BL20
Y60 M60
Y40 M40
Y20 M20
Y80 M60
Y60 M40
Y40 M20
Y60 M80
Y40 M60
Y20 M40
Y60 M60 BL40
Y40 M40 BL20
Y20 M20 BL20
Y80 M60 BL60
Y60 M40 BL40
Y40 M20 BL20
Y60 M80 BL 60
Y40 M60 BL40
Y20 M40 BL20
M60 C60
M40 C40
M20 C20
M80 C60
M60 C40
M40 C20
M60 C80
M40 C60
M20 C40
M60 C60 BL40
M40 C40 BL20
M20 C20 BL20
M80 C60 BL60
M60 C40 BL40
M40 C20 BL20
M60 C80 BL60
M40 C60 BL40
M20 C40 BL20
Y60 C60
Y40 C40
Y20 C20
Y80 C60
Y60 C40
Y40 C20
Y60 C80
Y40 C60
Y20 C40
Y80 M40 C100
Y80 M20 C100
Y60 M60 C100
Y60 M40 C100
Y60 M20 C100
Y80 M40 C80
Y80 M20 C80
Y60 M40 C60
Y40 M20 C20
Y60 C60 BL40
Y40 C40 BL20
Y20 C20 BL20
Y80 C60 BL60
Y60 C40 BL40
Y40 C20 BL20
Y60 C80 BL60
Y40 C60 BL40
Y20 C40 BL20
Y80 BL60
Y60 BL40
Y40 BL20
Y20 BL10
Y60 BL60
Y40 BL60
Y20 BL60
Y40 BL40
Y20 BL40
M80 BL60
M60 BL40
M40 BL20
M20 BL10
M60 BL60
M40 BL60
M20 BL60
M40 BL40
M20 BL40
C80 BL60
C60 BL40
C40 BL20
C20 BL10
C60 BL60
C40 BL60
C20 BL60
C40 BL40
C20 BL40

图 8 海德堡快霸（Quikmaster）D146-4
高速直接成像 8 开 4 色印刷机

图 9 标准的 CTP 系统

图 10　高斯 SSC 半商业卷筒纸胶印机

图 11　墨格(MOOG)单张纸凹印机

图 12　紫明 SG1040UV 局部上光机

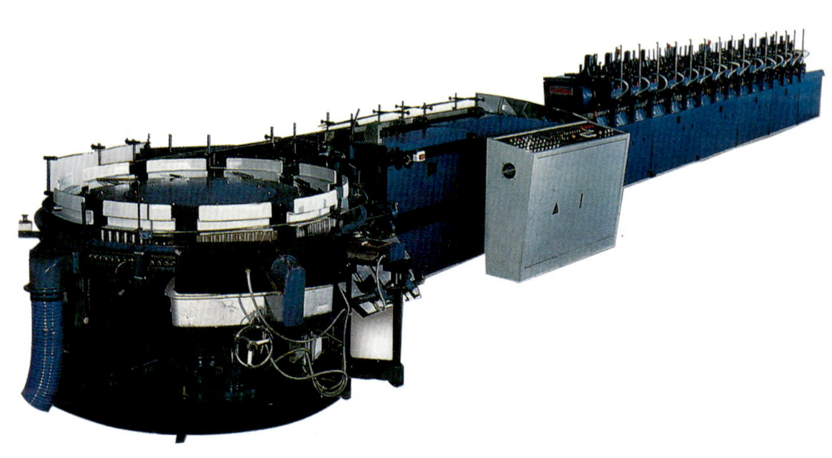

图 13　紫光 BBYL410 圆盘包本联动机

序　言

新闻出版总署编辑出版教材领导小组主持的编辑出版专业高等教材，现在陆续与读者见面了。这套教材的问世与使用，对于进一步巩固高等学校编辑出版专业的建设，以及推动出版教学质量的提高无疑具有重要的意义。

出版工作是宣传思想战线的重要组成部分，在社会主义现代化建设的新时期，肩负着重大的历史责任。1995 年 1 月，江泽民总书记在中南海与出席全国宣传部长会议的同志座谈时指出，要切实重视宣传思想工作队伍的建设，不断提高这支队伍的政治业务水平，努力培养一批全面掌握建设有中国特色社会主义理论、学贯中西、联系实际的理论家，一批坚持正确方向、深入反映生活、受到群众喜爱的名记者、名编辑、名主持人，一批熟悉方针政策、社会责任感强、精通业务知识的出版家，一批紧跟时代步伐、热爱祖国和人民、艺术水平精湛的作家、艺术家。不言而喻，这给出版教育和培训工作提出了很高的要求，寄予了很大的希望。

把出版业办成出色的行业，使出版业在一定程度上承担起思想道德和科学文化知识教育的任务，自然需要把立足点转移到出版业从业人员的教育上面来。改革开放以来，出版业迅猛发展，编辑和经营管理人员在政治素质和业务素质上都存在着很不适应的问题，这就使得这项教育任务更为紧迫。正是鉴于这种紧迫性，20 世纪 80 年代以来，出版管理部门加强了出版教育的规划和部署。把出版教育纳入国家正规的高等教育的范畴之内，是这一规划和部署的重要环节。今天回过头来看，在高等院校设置编辑出版专业似乎理所当然。但在当时，这却是一件颇有争议的事。有些人否认编辑出版业具有学科体系，甚至否认编辑出版业有学。但在出版界和教育界双方人士的共同努力下，编辑出版专业终于在高等院校站稳了脚跟，并在十多年间取得了可观的成绩，这套教材的出版可算是它的一项新的成果。许多发达国家和新兴工业国家自六七十年代以来，就已经在高等学校设置了编辑出版专业或开设专业课程，有的还设立了出版或印刷学院。这种情况说明，编辑出版业的正规教育已经成为世界性的潮流。了解这一情况，我想对于我们继续办好编辑出版专业是会有所裨益的。

教育的目标是培养德智体全面发展的有理想、有道德、有文化、有纪律的社会主义新人，这一教育目标自然同样适合于出版教育。如果有什么区别的话，那只是对于出版从业人员来说，“四有”标准的要求应当更为严格。据有些调查材料反映，20世纪80年代以来，编辑出版队伍，尽管在文化结构层次上有所提高，但思想和业务素质仍然难以适应出版事业发展的要求。从这一现实状况出发，尽管出版业是一个综合性很强的行业，需要重视对于从业人员的科学文化知识的教育以及新兴科学知识的再教育。学习新知识，掌握新本领，开拓新局面，同时不能放松思想道德和编辑出版专业知识的教育。一些地区和出版单位由于抓紧了对于编辑出版工作者的思想道德、科学文化知识和编辑出版专业知识的全面性的教育要求，在培育人才上取得了显著成绩。他们的经验是值得注意的。当然，由于出版教育还处在初创阶段，以及其他一些原因，整体说来，存在着一些亟待解决的问题，我们期望在社会各界人士的监督和帮助下，在全体编辑出版工作者的共同努力下，出版教育将日益走上健康发展的轨道，并逐步形成结构健全、正规教育与岗位培训并重的较为完善的出版教育体制。至于这套高等教材，我希望随着编辑出版专业学科设置的逐步齐全，继续按照规划抓紧编写，以期能够形成较为完整的编辑出版教材系列。已经编印的教材，在使用过程中，当集思广益，及时修订。经过多年努力，如果能够保留一批常备教材，那就是出版教材建设的一个重大收获了。

于友先

1995.4.10.

出版前言

随着我国出版事业的繁荣和发展，编辑出版人才的培养和队伍建设日益显示其重要性和紧迫性。特别自高等学校设置编辑出版专业以来，不仅对编辑、出版学科的建设提出了更高的要求，而且办学过程中迫切需要有一批系统、全面、准确地总结和反映我国编辑出版工作规律，具有完整的学科体系和自己特色的教材。为了克服教材的脱节和滞后现象，使教材工作能同编辑出版专业建设同步发展，经新闻出版总署批准，于1989年5月成立了编辑出版教材领导小组，同年8月在烟台召开编辑出版类高等教材规划座谈会，制订了《关于编辑出版专业高等教材编写出版规划初步方案》。在这次会后，相应成立了编辑和出版两个专业教材编审委员会。1990年5月和1991年4月，又先后在杭州、洛阳召开编审委员会联席会议，讨论了两个专业教材编审委员会的工作条例以及教材编写的质量和体例要求。此外，还讨论了《书籍编辑学概论》《期刊编辑学概论》等十多本教材的编写提纲，落实了编写出版的具体规划。此后，编辑出版专业教材的编写工作陆续展开。这套教材是新闻出版总署教材建设中的重点项目，已于1992年列入教育部高等专业教材的“八五”规划。

教材的编写应该根据课程设置、教学计划和教学大纲等，对各门课程内容的深度和广度大体有个统一的要求，以便更好地实现培养目标。尽管我们几所高等学校的编辑出版专业起步较晚，目前尚无统一的教学计划和大纲，学科的建设也还处于逐步完善的过程中，但教材的编写，仍要尽量结合有关高等学校设置的编辑出版专业所确定的培养目标、教学计划和课程设置，努力做到既有科学性，又有适教性。为此，我们在与一些大学教师和曾在高校授过编辑出版专业课的出版社老编辑反复酝酿、协商之后，先确定了18门专业课的选题。其中编辑学方面的教材8本，即《书籍编辑学概论》《科技书籍编辑学教程》《期刊编辑学概论》《中国编辑出版史》《科技工具书及其使用》《社科中文工具书使用》《编辑实用语文》《编辑应用写作》，基本上是按大学本科的办学层次所必需的专业性课程开列的；出版管理方面的教材10本，即《出版学概论》《出版社的经营管理》《出版法概论》《著作权法概论》《计算机在出版工作中的应用》《印刷基础及管理》《书籍装帧设计教程》《校对业务教程》《图书发行教程》《外国出版概况》，则是从我国目前多数出版单位岗位设置的现实情况出发，按大专办学层次开列的(其中有的选题是两个专业通用的，个别选题在实施规划过程中也还会有所调整)。总的来看，这些教材大体上是与教育部高校专业目录中提出的培养目标、业务要求、主要专业课程相吻合的，也是为目前高等学校的教学和各出版单位在职干部的培训以及个人自修提高所迫切需要的。当然，这18本教材的覆盖面尽管已考虑到史、论、技等各门知识学科，但毕竟还不能涵盖全部，以后随着学科建设的发展和编写力量的加强，还可以陆续补充。

教材质量的提高，有赖于出版科研和教学工作的发展以及学科建设的不断完善。编辑出版学科还比较年轻，教材的建设也刚刚起步，因此，这批专业课教材无疑会有缺点和不足，这就需要在试用过程中不断修改和完善。希望广大读者和编辑出版专业的教学、科研人员，对教材提出补充修改的宝贵意见。相信经过各方面的努力，不仅会使本套教材在教学实践中成为更新和充实教学内容、提高教学质量的新起点，同时在加强出版理论研究和促进学科发展的过程中，能起到一点投石激浪的作用。

这套教材的出版任务全部由辽海出版社承担，对他们的大力支持和协助，我们谨表谢忱!

新闻出版总署编辑出版教材领导小组

1994年6月28日

目　　录

Contents

第一章

出版、印刷的基本知识

学习目的

●了解出版、印制、装帧设计的基本知识

●熟练掌握版权页上各个项目的涵义，以及填写方法

本章要点

●原稿的检查和整理

●装帧工艺设计

●装帧工艺设计及基本原则、封面设计、工艺设计

●版本记录、中国标准书号和条码的内容

开本幅面和裁切法、纸张的开切方法、开本大小和版面尺寸、版面设计要点、另页与另面、占行与空间版次与印次、出版工作记录卡、图书分类——种次号、图书在版编目(CIP)

关键性词语

文字稿整理　图稿整理　图稿底稿　图稿制版　图稿检查　封面　封里　封底里　封底　书脊　开本　天头　地脚　切口　书眉　中缝　页码　印张　版次　印次　印数　插页　版本　图书条码　期刊条码

出版社的业务活动包括编辑业务和出版业务两个主要方面，而印制管理工作又是出版业务中很重要的一环。

一本书刊的出版从选题、组稿、审稿到编辑加工、绘图、设计等，已做了大量的工作，印制工作配合不好，必然会影响这本书刊的总体质量，甚至可以说“前功尽弃”。比如说，一本内容很有价值的书刊，排版、印装质量不好，纸张材料不好，出书周期很长，不能按时出版等等，都会产生不良的影响，甚至会影响发行数量和经济效益。如何处理好这些问题，印制工作者要花很大的精力去考虑、设计和安排；整个印制生产过程要靠印制工作者去组织、指挥和调度。

第一节　原稿的检查和整理

一　原稿的检查

原稿由编辑部门转到出版部门，开始进入书刊的生产过程。对稿件的基本要求是达到齐、清、定。它包括齐——原稿文、图要齐全，即文字稿、照片、插图、插表，以及封面、扉页、版权页等都应一次发齐；清——文字稿要用稿纸誊清，字迹端正清楚。外文文种、数字、公式、公式上下角标要注明，易于辨认。图稿清晰、准确，符合制版要求，放置位置要标明。字体、字号及其他排版要求批注清楚，体例格式前后一致；定——发排的书稿应是定稿，不能在排校过程中内容作较大的增删、修改。

对原稿必须认真细致地检查，以避免在排校过程中造成返工，影响生产进度，拖延出书周期。

二　原稿的整理

原稿形式有两大类：一是文字材料，二是图画材料。一部稿件不一定完全由文字材料组成，或完全由图画材料组成，往往两者兼有。以文字材料为主的稿件统称文字稿，反之称做图稿。除了稿件的内容和形式因素外，原稿本身的技术质量和编辑人员在这方面的经验和重视程度均与原稿整理工作进行得顺利与否有直接关系。

原稿的整理工作，一般是由出版部门的技术人员来担任的。无论是文字稿还是图稿的整理工作，首先从检查原稿页码开始。检查全书页码的目的，在于保证它的完整性，防止发生跳码、重码、脱码和倒码等情况。最后一页要写“完”字，以防混乱和丢失。对于插图和表格，还须注意图表的次序和图文是否相符。如发现缺页、缺图、缺表等，应立即请编辑部门查明补齐。另外应注意不要将插图的底图(黑线图或照片)贴在原稿上，以免弄脏或丢失。

在检查页码的同时，还要检查各个组成部分是否完整齐全，以及附件有无缺漏，须与发稿单一一核对。

1. 文字稿整理

文字稿就其外形来说，可分为手写稿、打字稿、油印稿、剪贴稿及原本重排稿五类。在排校中，无论对哪一类稿件都要求外形整齐，文字符号清晰。各类稿件往往存在以下一些问题：

(1)手写稿用纸的规格不统一　有些手写稿所用稿纸幅面大小不一，零零落落，容易散失，这就需用同样规格比较厚实的纸张加以粘贴，使其整齐一致；有时实在无法处理，只好退回编辑部门，另用同样规格的单面有格稿纸誊写后再发稿。

(2)两面写字或印字的稿纸是不符合排版要求的　因为，排版工作在操作时，很难兼顾稿纸背面的整洁，容易使字迹染污或擦糊，同时，照顾正面又要照顾反面，在排版和校对时均感不便并影响工作效率。发现两面有字的稿纸，可请编辑部重抄或复印。

(3)手写稿字迹潦草或油印稿印刷模糊不清难以辨认的，可退回编辑部处理　为保证原稿文字符号清晰不易褪色，书稿一般均使用墨笔或钢笔抄写，不能使用铅笔抄写或删改。手写稿中的外文字母，不但要写端正，并要标注字体、字号。标点符号一律占稿中一格的字位。

(4)原稿字迹不清楚　有些原稿出于前人或名人手笔，如果它的外形不符合出版工艺的要求，或是为了保存古籍珍本或名家手迹，而在排版时不可避免地会沾染一些污渍，这些稿件宜请编辑部另抄副本，或经复印机复制发排。

(5)剪贴稿的注意事项　对于剪贴稿，须注意有无粘贴不牢以致脱落等现象。检查剪贴衔接处上下文是否连贯，等等。原本重排稿要求用单面稿粘贴在规格的稿纸上面，将另一面粘死。凡修改过的地方或整行、整面作废不用之处，如果勾画不清楚，应请编辑用红墨水或毛笔涂抹掉。原本重排稿的插图，特别是网线图和实地细线条阴文图，须另找原稿或重新描绘后制版。

(6)书稿文字前后挪动　例如，注明把第 10 页的一段改入第 5 页的某段之后。遇到这种情况，应该把第 10 页的一段文字抄录下来，涂掉原文，把抄录的文字再粘贴于第 5 页，并用校对符号勾入该段文字之后。凡删改过多，前后次序颠倒混乱的稿件，都要重新誊写清楚，以利排校工作顺利进行。

(7)外文字母必须批注清楚　如字号、大小写、正斜体、黑白体。

(8)认真核对插图与表格　对于文字稿中的插图和表格还须注意图表的顺序和图文是否相符，如发现缺图、缺表等，须请编辑部查明补齐。

总之，文字稿的整理，要处处为设计、排版、校对工作的便利着想，凡遇疑问，必须与责任编辑商量处理，有时还必须由责任编辑亲自修改。

2. 图稿整理

图稿的复制方法与文字稿有显著的区别。文字稿的印刷工艺过程一般是照着原稿输入、拼版、校对定样，然后经过制版、印刷等工序来完成的；图稿则不同，它是用直接照相摄影的方法来制版的。所以，对图稿本身的要求高，整理图稿时应注意的问题也比较复杂。

3. 图稿底稿的分类

(1)摄影作品　①彩色负片。彩色负片在摄影后经显影、漂白和定影三步方式，最后获得的图像的色彩是原物颜色的补色。用一般彩色胶卷拍摄的底片均为彩色负片。负片的用途比较广泛，可用比较简单的方法印放出大量彩色相片和彩色正片；②彩色正片。彩色正片是和原物颜色相同的透明片，色彩鲜艳，层次丰富，景物的透视感和质感都得到很好的表达。它可用来直接制彩色图版，也可用于印放大张的展览用彩色透明正片；③彩色反转片。彩色反转片是用反转冲洗的方法，直接制成和原物颜色相同的透明片；④彩色照片；⑤黑白照片。

(2)美术作品　国画、水彩画、油画、水粉画、版画、炭笔画、铅笔画等。

(3)线条图形　理工科书刊、科技图书、高等学校教材等的插图。

(4)第二次原稿　一般是指将美术作品或其他彩色图片转拍成彩色正片或负片。

(5)印刷稿　以印刷品作原稿。

由于图稿种类繁多，制版一般按照相时的打光方式将图稿分成反射稿和透射稿两大类。

(1)反射原稿　图稿是不透明的。在照相时光源处于图稿前面两侧，用图稿的反射光进行照相工作。反射图稿包括绘画作品、彩色照片、黑白照片、线条图及印刷稿等。

(2)透射原稿　图稿是透明的，在照相时光源照射在原稿的背面，用原稿的透射光进行照相工作。透射稿主要有彩色正片、负片，彩色反转片和黑白负片等。

4. 制版图稿的要求

在整理图稿中，首先查看图稿的质量是否符合制版要求，并应注意检查以下几个方面：

①图稿的正面不应当留有任何说明文字的笔迹、污点和斑痕、划痕、裂痕等。顺序号和必要的标注，只可用铅笔轻轻写在图的四周空白处或图的背面；②彩色照片要色彩鲜艳、层次丰富、反差适中，景物的透视感和物体的质感都得到很好的表达；③黑白照片要景物清晰、黑白分明、反差适中和层次丰富；④线条图的底稿要用绘图墨水描绘在描图纸上，墨色浓黑且深浅要一致；⑤图内的文字，一般采用贴图字的方法粘贴。如誊写则应写清楚，笔道均匀，字行规整，要符合缩小、放大的比例；⑥利用原书上的图稿，有不清楚或层次差的地方，应加工修整；⑦图缩小时要注意线条的粗细，字号大小的比例一般不小于六号字，图面大小一般不超出版心；⑧无自然方向的圆图，应注明上下字样的标记，以免出错；⑨复印的图稿，一般质量较差，应选择使用。

对那些不适宜制版的图稿，必须修改，以保证质量。同时，要查对图稿的幅数，并注意检查作者、作品名称，以及说明是否齐全。

第二节　装帧工艺设计

原稿经过整理，在发给印刷厂排字或制版以前，必须进行装帧工艺设计。装帧工艺，从书刊的结构上来说，一般是由封面、插图、版式三个方面所组成。其工作性质是将封面、插图称为美术设计，版式及选择印制材料和确定装订形式等则称为工艺设计。装帧设计是解决书刊形式问题的一项工作，是由美术编辑、技术编辑和出版印制管理人员共同配合来完成的。

一 装帧设计的基本原则

装帧设计要与图书、杂志的内容、性质、用途、读者层次等有关方面相符合，使其形式与内容相适应，使实用、美观、经济的一般设计原则在与内容相结合的前提下统一起来。装帧设计要体现出书刊的思想性、艺术性、知识性和科学性，体现出书刊的内容在字体、体例结构、层次等方面的系统性和完整性。从外观到内部，都贯穿整体设计思想，使整个书刊各个部分都能汇成一个统一、和谐的整体。装帧设计要紧密结合书刊内容，力求丰富多彩，各具特色；同时，要照顾到读者的审美水平和欣赏习惯；提倡具有时代特色和民族风格。

装帧设计要符合当前的物质技术条件，在用料方面(纸张、装订材料等)要与市场的供应情况相适应，印制方面(排版、制版、印制、装订等)要与工厂的设备和技术条件相适应，并尽量利用最先进的设备和技术，缩短生产周期，节省材料，千方百计地达到优质高效的要求。书刊的装帧设计是一种技术性很强的艺术创造，要经过一系列的设计工作，原稿才能形成图书或杂志。一本装帧设计完整而醒目美观的书刊，不仅会帮助读者更好地理解书刊内容，而且会使读者在阅读书刊的内容之余，还能得到美的享受。

二 封面设计

封面在整个装帧设计中是很重要的一环，它体现出书的内容和性质。但封面必须通过制版、印刷和装订等工艺过程，才能体现它的艺术效果。所以在设计封面时，要考虑到制版、印刷的条件。

封面设计分为平装本、精装本、豪华本和线装本等不同的形式。我国目前出版的书籍，大都采用平装本。一些学术价值较高、篇幅较厚的工具书、字典和精致的画册等类书籍，一般采用精装本。少量仿古书籍则采用线装本。

1. 平装书封面(图1—1)

平装书封面一般设计套色或单色，重点书和儿童读物则大都设计彩色封面。封面设计既要达到印刷精美，用料讲究，使读者满意，又要考虑到成本不宜太高，以免增加读者的负担。

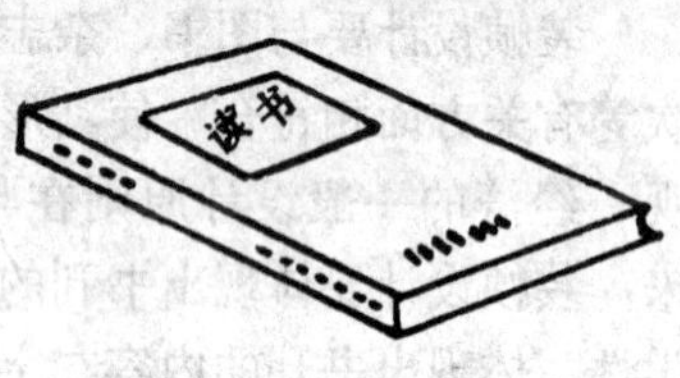

图1—1　平装书封面

(1)封面(封一)　即书面，它兼有保护正文书页和装饰作用。图书封面印有书名、作者名和出版者名、条码、定价。期刊印有刊名、刊名的汉语拼音文字、出版年月、卷号、期号、主办者、标准刊号、ISSN条形码、定价等。

(2)封里(封二)　即封面的里面，一般图书都是白纸。有的通俗读物或小册子为了凑合印张，也可利用它印前言或目次等。期刊则可作为封面标识项目的延续，也可用来印广告等。

(3)封底里(封三)　即封底的里面，一般无扉页的小册子用来印版权页或后记。期刊可印广告等。

(4)封底(封四)　即封面的连接部分，右下角印有书号、定价，左下角印图书条形码。有的也印内容提要或版权页，封面设计者和责任编辑的姓名也有印在封四左上角的。期刊在封底下方印版权标识和条形码，也可印广告。

(5)书脊　即书的脊部，连接书的封面和封底。印有书名、册次、著译者和出版者。厚本子的书脊可适当装饰，增添美感。书脊主要是使读者寻找图书方便，如图书放在书店的书架上，或放在家中的书柜里，整齐排列着，要找书首先要看的是书脊上的书名。期刊的单本厚度大的，书脊上可印刊名、出版年份、卷号、期号。

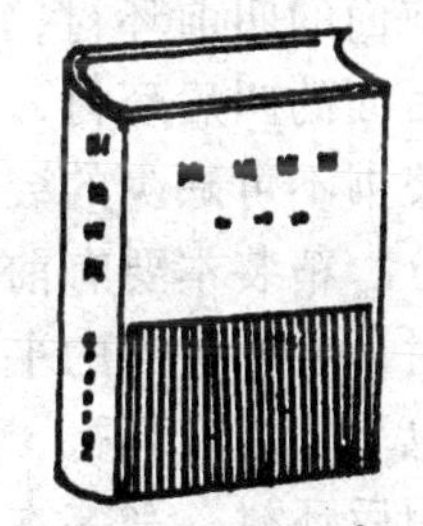
图 1—2　精装书封面

(6)扉页。又叫内封、里封，内容与封面基本相同。一般印黑色，文艺类书籍也有用其他颜色印刷的，并设计装饰性的图案，图案墨色宜浅不宜深，淡雅大方。

2. 精装书封面(图 1—2)

精装书封面要求设计精美，用料讲究。它的特点是既有欣赏价值，又有长期保存价值。

精装本装帧的组成包括以下几部分：

(1)书壳　精装封面均用箱板纸外包漆布、亚麻布或涂塑纸等，一般采用烫压图案花纹，或用电化铝(金色、银色或其他颜色)烫压书名和图案。另一种是书脊用布料，前后封面则用印上书名和图案的胶版纸贴在箱板纸上。精装书壳，其外形可分圆背和方背两种。

(2)护封(图 1—3)　护封又称包封和护书纸，是套在封面外的包封纸，一般印有书名和图案，起到保护封面和装饰作用，多用于精装书。平装书艺术类和文史类的书籍，也有采用的。护封多数加覆塑料薄膜或亚光膜，压电化铝，庄重美观。它是精装本和豪华本的重要组成部分。

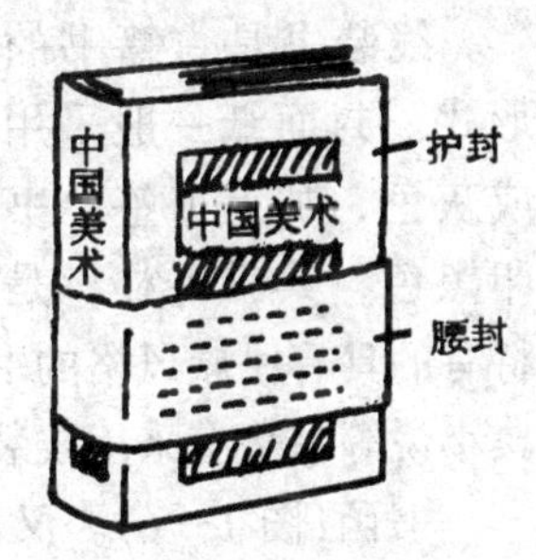

图 1—3　护封

(3)环衬(图 1—4)　环衬是指封面和扉页之间的衬页，衬在前面的叫前环衬，衬在后面的叫后环衬，是精装书不可缺少的装帧部分。精装本要有前后环衬；装帧讲究的平装本也可采用前环衬，可不用后环衬。平装本的前环衬也可代替扉页，以调节正文的印张。环衬一般用高级纸，如国产的胶版纸、花纹书皮纸和进口的云彩纸、帝纹纸、羽纹纸、经典花纹纸、浪漫花纹纸等等。各种花纹纸环衬只用纸的本色做环衬，艺术感很强；胶版纸环衬则可进行一些美术设计，印刷各种颜色和图案，以增添美感。

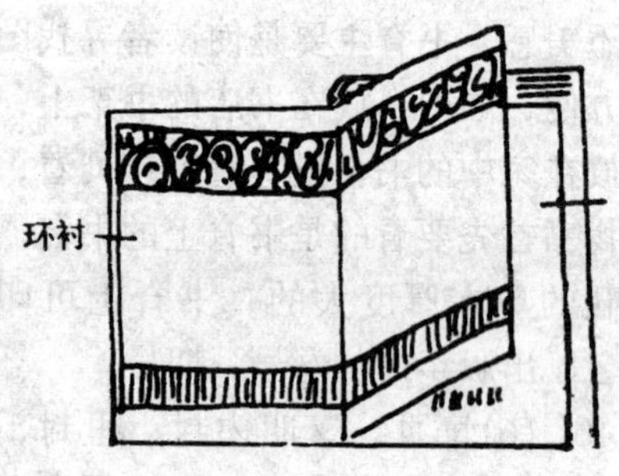

图 1—4　环衬

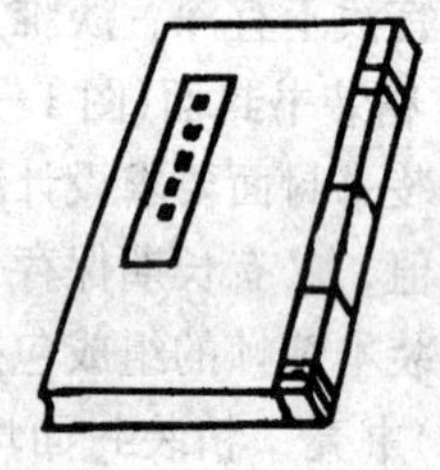
图 1—5　线装书封面

3. 线装书封面(图 1—5)

线装书是古籍书的装帧形式。封面纸一般采用蓝色或灰色，加上书签，书名均印黑色，典雅古朴，是我国特有的具有民族风格的书籍装帧形式。目前出版的诗词、古典小说等书籍有采用线装方式的。

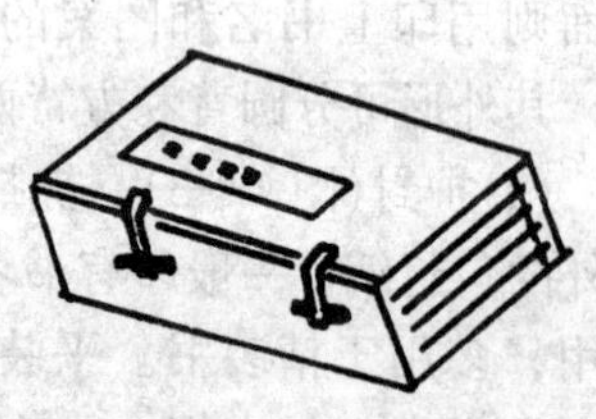
图 1—6　书函

书函(图 1—6)。又称“书帙”“书衣”“书套”，是古籍书外面的蓝布壳子，用以保护成套的古籍书。

第三节　工艺设计

工艺设计应从美观、适用、经济这几个方面来考虑。所谓适用，就是根据读者对象和使用场所，来确定开本、正文字号的大小和装订方法。经济，就是既要从需要出发，又要体现节约的精神，减少成本降低书价。美观，就是在适用、经济的前提下达到朴素和美观大方的要求。一种较好的出版物，除了内容丰富外，还需要较好的外观形式，以吸引读者，这才是一本较完美的出版物。

书刊工艺设计的工作项目如下：

(1)确定开本。

(2)规定版式。版式就是出版物的版面格式。开本确定后，就是选择各类标题，如篇、章、节、目和正文等的字号、字体和排放位置及尺寸，标注版心尺寸(一面排多少行，一行排多少字，单栏还是双栏，行与行之间空多大间隔，天头、地脚、切口、订口需要留多大等)，批注内封、内容提要、图书在版编目(CIP)数据、前言、目录、天眉、附注的字体、字号，以及全书内容的层次，如另页排、另面排、标题占几行等。

(3)确定排版、印刷和装订方法(平装、精装、骑马订装或特殊要求的装订方法等)。

(4)对彩色美术设计的封面进行检查，看是否合乎制版和印刷的要求。

(5)确定出版物的用料，如正文、插图、插表、环衬和封面用纸。对于彩色胶印插图，要确定是用胶版纸还是用铜版纸印刷。精装本还要确定用什么材料，烫字和图案采用什么工艺。

(6)确定“版本记录页”和“版权标识”的内容和位

置。版权页一般印在扉页的背面下方；期刊的版权标识页可印在封底、目次页的下方或印在正文最后一面的下方。

第四节　开本设计

工艺设计的第一步是确定书籍的开本。

一　开本幅面和裁切法

我国目前最常用的印刷正文用纸(平板纸)的幅面有787mm×1092mm, 850mm×1168mm 和 880mm×1230mm。把787mm×1092mm 的纸张开切成幅面相等的 16 小页，叫 16 开，切成 32 小页，叫 32 开，其余类推。用另一种较大幅面的 850mm×1168mm 纸张开切，也是这样。为了区别这三种开数相等而面积不同的开本，一般把 787mm×1092mm 的 32 开叫小 32 开或 32 开，850mm×1168mm 的 32 开叫大 32 开，880mm×1230mm 的 32 开叫大大 32 开。另外，把 960mm×1092mm 的 32 开叫长 32 开，730mm×850mm 的 32 开叫小长 32 开。

各种书籍适用的开本是多种多样的，有的需用大型的，有的需用小型的，有的需用长方形的，有的需用近似正方形的，这些不同的要求目前还只能在纸张的开切方法上来解决。

纸张的开切方法

(1)几何级数开切法　这种开切法使每一种开本的幅面均为上一级幅面的一半，这是最合理、最正规的开切法。这种开切法，纸张利用率最高，适于机器折页，装订很方便(图 1—7)。

(2)非几何级数的直线开切法　开数不合于几何级数，但依原级幅面的纵向和横向都可沿直线开切，也不浪费纸张。例如20开、25开、36开、40开等均采用这种方法。开出的页数，可能为双页，也可能有单页，不能全用机器折页(图1—8)。

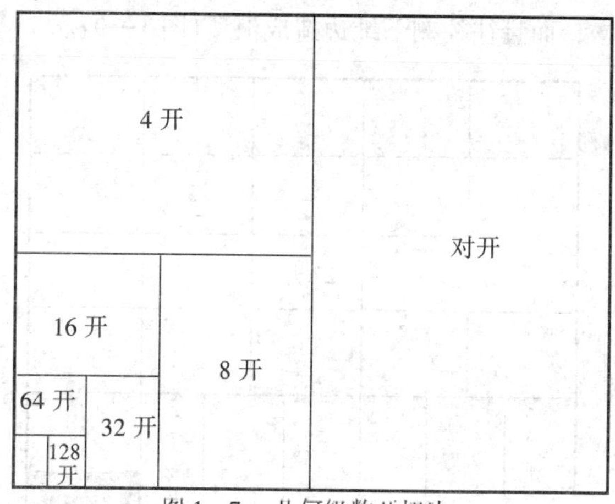

图1—7　儿何级数廾切法

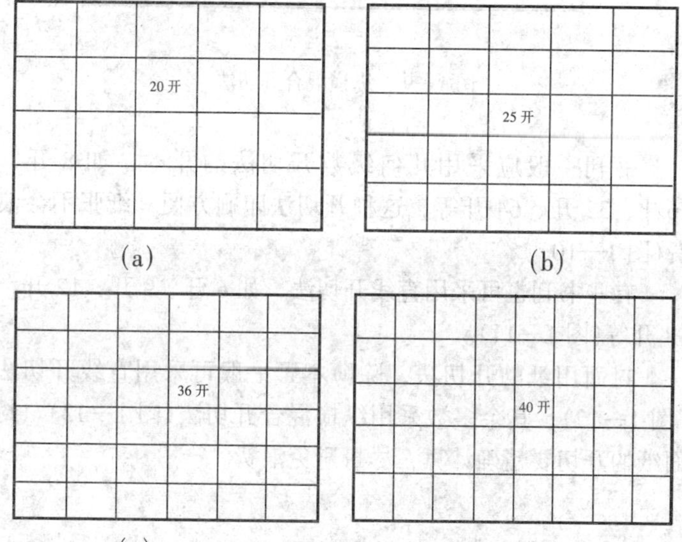

图1—8　非几何级数的直线开切法

(3)纵横混合开切法　原纸的纵向和横向不能都沿直线开切。切下的纸幅纵向和横向都有，对印刷和装订在技术操作上很不方便，装订时不能用机器折页，只能靠手工折页，速度很慢，而且往往剩下纸边造成浪费(图1—9)。

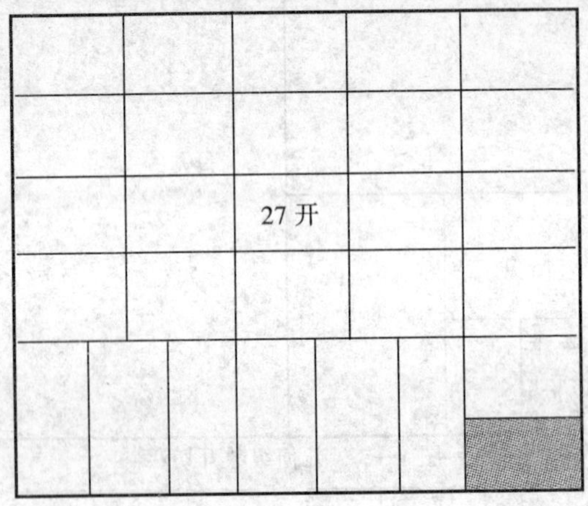

图1—9　纵横混合开切法

书刊一般应采用几何级数开切法的开本，如8开、16开、32开、64开等，这种开切法印刷方便，纸张不会浪费(图1—10)。

有些书刊也可采用直线开切法，如6开、9开、12开、18开等(图1—11)。

封面用纸的开切法，除薄本子一般可采用直线开切法(图1—12)，其余多数采用纵横混合开切法(图1—13)。封面纸的开切要精确计算，尽量避免浪费。

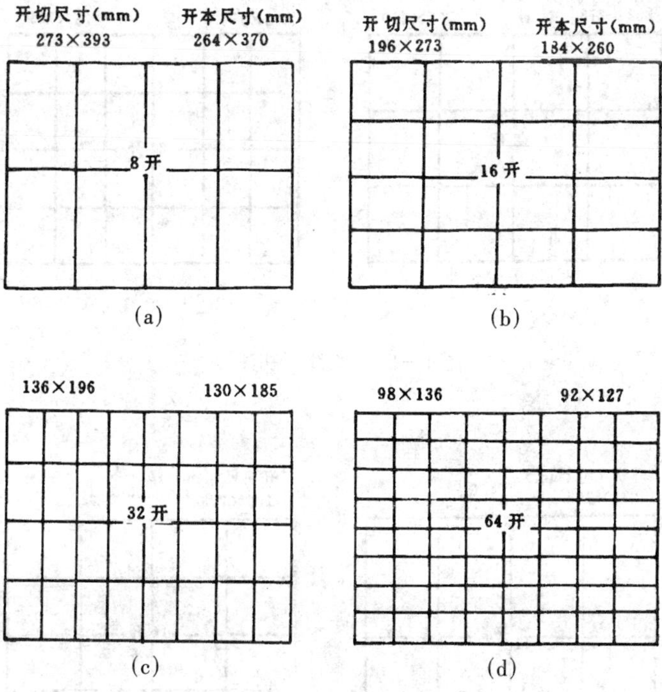

图 1—10 几何级数开切法的开本

开切尺寸(mm)
364×393
开本尺寸(mm)
356×381
6开
(a)

开切尺寸(mm)
262×364
开本尺寸(mm)
254×352
9开
(b)

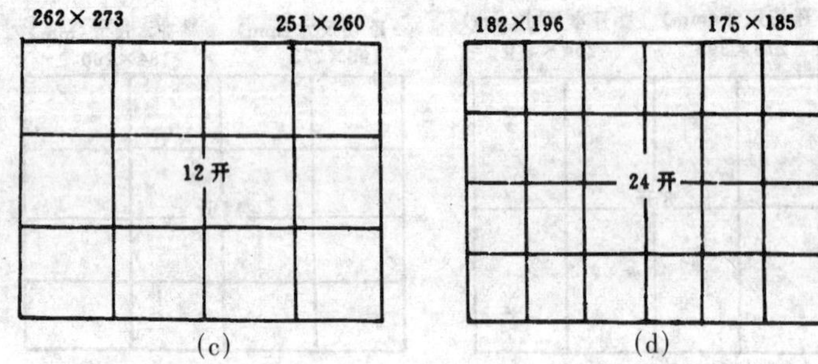

图1—11　直线开切法

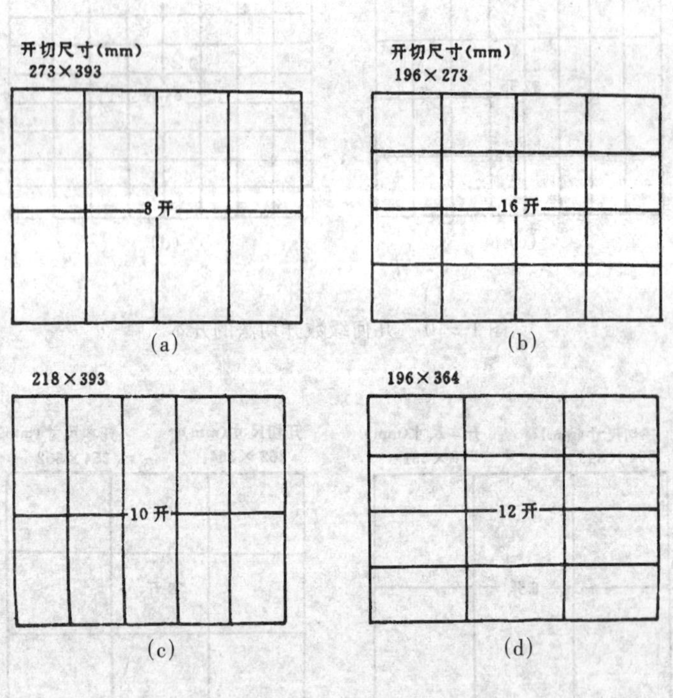

图1—12　封面用纸直线开切法

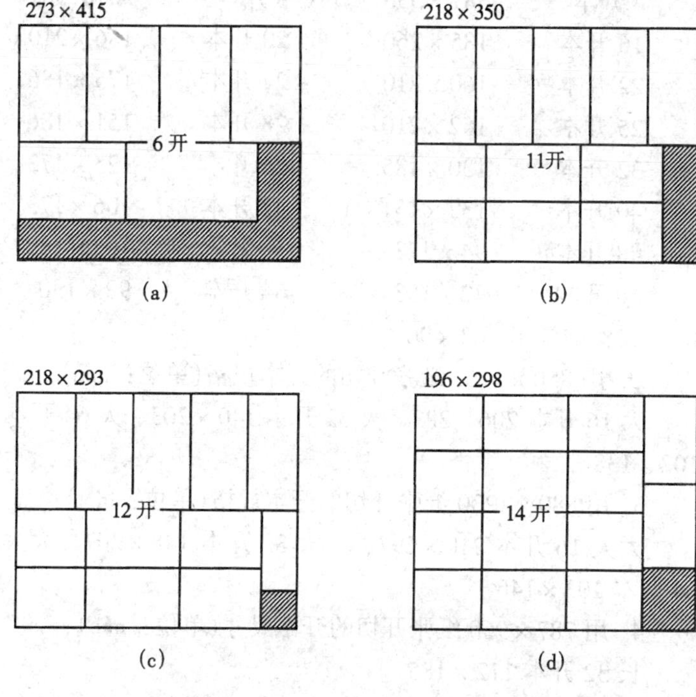

图 1—13　封面用纸纵横混合开切法

二　开本大小和版面规格

按照书刊规格的大小，开本通常分为三种类型：大型本、中型本和小型本。12 开以上为大型本，16 开～36 开为中型本，40 开以下为小型本。以文字为主的书籍一般不超过 16 开。除 6 开、12 开、20 开、40 开近似正方形外，其余均为比例不等的长方形，分别适用于内容和用途不同的各类书刊。

目前对于书刊的各种开本规格，全国各出版社还没有完全选用统一的标准。下面所列的只是一部分开本的规格。

1. 用 787×1092 纸张开切的开本规格(单位：mm)

4 开本	381×533	8 开本	267×381
16 开本	185×260	20 开本	186×210
22 开本	160×210	24 开本	175×186
25 开本	152×210	28 开本	151×186
32 开本	130×185	36 开本	125×173
40 开本	132×151	42 开本	106×173
48 开本	94×173	50 开本	103×149
60 开本	72×153	64 开本	93×130
128 开本	63×90		

2. 用 850×1168 纸张开切的开本规格(单位：mm)：

大 16 开本 206×283、大 32 开本 140×203、大 64 开本 102×138

3. 用 880×1230 纸张开切的开本规格(单位：mm)：

大大 16 开本 210×297、大大 32 开本 148×207、大大 64 开本 103×146

4. 用 787×960 纸张开切的开本尺寸(单位：mm)：

长 32 开本 112×185

5. 用 730×850 纸张开切的开本规格(单位：mm)：

小长 32 开本 100×173

6. 用 890×1240 纸张开切的开本规格(单位：mm)：

为国际上通用的开本规格：A4210×297、A5148×210、A6105×144

原国家标准(表 3)，其开本及其幅面的规格目前还在使用。

三　开本的确定

开本大小需要根据书刊的不同情况来确定。一般插图较大、较多的，如画册、建筑、机械类图书和杂志、学报一类刊物可用 787mm×1092mm 或 890mm×1240mm 的 16 开本。经典著作、理论书籍、各类词典和高等院校教材、篇幅较多，可用787mm×1092mm的16开本或850mm×1168mm的32开本。公式多的、图多的大学教材和科技书可用880mm×1230mm的32开本。读者经常带在身边翻阅的读物和一般通俗读物，其开本可以小些，多用32开。小字典之类的工具书，为携带方便开本可以更小些，如《新华字典》用64开本，小型的《英汉小字典》用128开。诗词类文艺图书可采用狭长形的长32开或小长32开本或异形开本(俗称口袋本)，显得典雅、别致、美观。画册可采用大16开或8开，如《中华英才》画报。目前较流行的画册开本还有889mm×1194mm的16开或8开。儿童读物可采用近于正方形的开本较合适，如787mm×1092mm的12开、20开、24开等。总之，开本的确定要结合书籍的内容，做到形式美观，便于阅读，使读者喜爱。

现将国家2000年5月实施的书刊开本及幅面标准，全文转载如下，借读者参照使用。

一、中华人民共和国国家标准·图书和杂志开本及其幅面尺寸

1　范围

本标准规定了图书和杂志的开本及其幅面尺寸。

本标准适用于一般图书(含教科书)和杂志，不适用于需要采用特殊开本的图书和杂志。

2　代号说明

2.1　标准中的A、B表示开本尺寸系列的代号。

2.2　A和B代号后面的数字，表示将全张纸对折长边裁切的次数。如，A4表示将全张纸对折长边四次裁切为16开；A5表示将全张纸对折长边5次裁切为32开。

2.3　表1中未裁切单张纸尺寸后面的M，表示纸张的丝绺方向与该尺寸边平行。

3　图书和杂志开本及幅面尺寸

图书和杂志开本及幅面尺寸见表1—1。

表1—1　　图书和杂志开本及其幅面尺寸　　单位：mm

系列	未裁切单张纸尺寸	已裁切成开本	
		代　号	公称尺寸（允差=1mm）
A	890×1240M	A4	210×297
	890M×1240	A5	148×210
	890×1240M	A6	105×144
	900×1280M	A4	210×297
	900M×1280	A5	148×210
	900×1280M	A6	105×144
B	1000M×1400	B5	169×239
	1000×1400M	B6	119×165
	1000M×1400	B7	82×115

二、中华人民共和国国家标准·中小学教科书幅面尺寸及版面通用标准

1　范围

本标准规定了中小学教科书应采用的幅面尺寸及版面规格参数。

本标准适用于普通中小学使用的各种教科书。中小学生使用的教学辅助用书可参照采用本标准。

2 引用标准

下列标准所包含的条文，通过在本标准中引用而构成为本标准的条文。本标准出版时，所示版本均为有效。所有标准都会被修订，使用本标准的各方应探讨使用下列标准最新版本的可能性。

GB/T 788—1999 图书和杂志开本及其幅面尺寸(neq ISO 6716: 1983)

GB/T 9851—1990 印刷技术术语

3 定义

本标准采用下列定义。GB/T 9851—1990 中规定的除下列定义之外的其他有关术语也适用于本标准。

3.1 版面 type area

印刷成品幅面中图文和空白部分的总和。

3.2 版心 type page

印刷成品版面中的图文印刷区域(不含出血图)。

3.3 字号 type size

区分单个字体大小的称谓。

4 幅面尺寸及版面通用要求

4.1 幅面尺寸

小学教科书的幅面尺寸应采用 GB/T 788—1999 表 1 中的 A5 和 B5，对图、表等有特殊要求的小学教科书可采用 GB/T 788—1999 表 1 中的 A4。

中学教科书的幅面尺寸应采用 GB/T 788—1999 表 1 中的 A5、B5 和 A4。

4.2 版面

4.2.1 版心

各种幅面尺寸的版心规格须符合表1的要求。

表1所示的版心规格，适用于各类以文字为主的中小学教科书，该规格不包括页码和书眉。以图为主的中小学教科书在设计时版心可大于表1规定的尺寸，但订口、切口宽度不得小于7mm。

4.2.2　字体和字号

4.2.2.1　正文用字

按不同的年级和学科，正文用字(不含少数民族文字和外文)字体、字号分为四类。

a类：21P～16P(2～3号字)，正楷体为主；适用于小学1～3年级各科教科书。

b类：14P(4号字)，正楷体和书宋体为主，由正楷体逐渐过渡到书宋体；适用于小学3～4年级各科教科书。

c类：12P(小4号字)，书宋体为主；适用于小学5～6年级、初中和高中各科教科书。

d类：10.5P(5号字)，书宋体为主；适用于高中理科教科书。

注：P—Point, 1P≈0.35mm。

4.2.2.2　目录、注释、练习等用字

目录、注释、练习等可参照正文用字适当减小，但小学教科书的最小用字不得小于10.5P(5号字)，中学教科书的最小用字不得小于9P(小5号字)。

4.2.3　行数和字数

各种幅面尺寸和类别以文字(不含少数民族文字和外文)为主的中小学教科书，每面行数和每行字数须符合表1—2的要求。

表 1—2　　中小学教科书幅面尺寸及版面基本参数

幅面尺寸代号	类别	成品规格 mm	版心规格 mm	字　号	每面行数	每行字数
A5	a 类	148×210	106×168	21P(2 号) 16P(3 号)	– 20	– 19
	b 类		108×167	14P(4 号)	22	22
	c 类		106×164	12P(小 4 号)	25	25
	d 类		107×166	10.5P(5 号)	28	29
B5	a 类	169×239	128×194	21P(2 号) 16P(3 号)	– 23	– 23
	b 类		128×191	14P(4 号)	25	26
	c 类		128×190	12P(小 4 号)	29	30
	d 类		129×196	10.5P(5 号)	33	35
A4	a 类	210×297	167×245	21P(2 号) 16P(3 号)	– 29	– 30
	b 类		168×245	14P(4 号)	32	34
	c 类		166×244	12P(小 4 号)	37	39

附　录　A

(标准的附录)

非标准系列中小学教科书开本及版面基本参数

中小学教科书使用的非标准系列开本及版面规格参见表 1—3。

表 1—3　非标准系列中小学教科书开本及版面基本参数

开本	未裁切单张纸规格 mm	类别	成品规格 mm	版心规格 mm	字号	每面行数	每行字数
1/16	787×1092	a 类	184×260	144×210	21P(2 号)	–	–
					16P(3 号)	25	26
		b 类		143×214	14P(4 号)	28	29
		c 类		144×210	12P(小 4 号)	32	34
		d 类		144×208	10.5P(5 号)	35	39

注：①本标准经国家质量技术监督局 1999 年 11 月 11 日批准，2000 年 5 月 1 日实施。

②现行开本在国际上早已淘汰，在国内使用仍很普遍，今后将逐步向新标准过渡。

表 1-4　原国家标准图书、杂志开本及其幅面尺寸表

	组别	原纸(mm)	开本切净(mm)		
			6 开	32 开	64 开
基本开本	A 组	880×1230	212×294	147×208	104×143
	B 组	787×1092	188×260	130×184	92×126
	C 组	695×960	165×227	113×161	80×109
辅助开本	A 甲	880×1092	—	130×208	104×126
	B 甲	787×1230	—	147×184	92×143
	B 乙	787×960	—	113×184	—
	B 丙	787×880	188×207	—	—
	C 甲	960×1092	232×260	—	
	C 乙	695×1092	—	130×161	—
保留开本		850×1156 730×1035	203×280 171×248	140×203 124×175	101×137 84×120

第五节 版面的组成

书刊的版面，一般由文字、标题、插图、插表、公式(以上为版心部分)和页码、书眉(或中缝)等组成。

一 版面设计的要求

版面设计是书籍装帧设计的重要部分。版面设计要结合书籍的内容，既要做到经济实用，又要做到美观大方。不同的书籍要求不同的版面设计。例如，儿童读物要求生动活泼、图文并茂；科技书要求层次清楚，公式、图表准确；辞书类要求庄重、大方、规范。选用各类书籍标题字的字体和字号要突出醒目、形式活泼、段落清楚、层次丰富、便于阅读。正文字号、字体和外文字正斜体、黑白体要标明。插图、表格地位安排要合适。

二 字号和字体的选用

一般书籍正文用 5 号字宋体，工具书、手册等也可用小 5 号宋体。

篇、章、节、目等标题所用字号和字体可根据开本大小选定，要醒目、有层次。例如：

1. 篇。用 2 黑、2 宋、2 仿或 3 黑、3 宋、3 仿。也可选用华文新魏、隶书、方正、姚体、华文中宋等。

2. 章(包括目录、序、前言、绪论、后记等)。用 3 黑、3 宋、3 仿或 4 黑、4 宋。也可选用华文行楷、幼圆、华文新魏、隶书、方正姚体、华文细黑等。

3. 节。用 4 黑、4 宋、4 仿、4 楷或小 4 黑、小 4 宋、小 4 仿、小 4 楷。

4. 目。用 5 黑、5 仿或 5 楷。

目录中的标题，一般篇用小4宋，章用5黑或5宋，节用小5宋，目用6宋。

每章之末的参考文献标题用5黑，全书之末的用3黑、3宋或4黑、4宋。内容文字用小5宋或6宋。

索引、名词对照表排在全书之末，16开标题用3宋、3黑，大32开用3黑、3宋或4黑、4宋。32开用4黑、4宋。内容文字用小5宋或6宋。

附录标题，16开用3黑、3宋，大32开用3黑、3宋或4黑、4宋，32开用4黑、4宋。内容文字用小5宋。

表格标题用5黑或小5黑，表格内文字用小5宋或6宋。

内容简介标题用5黑或小5黑，内容文字用小5宋或6宋。

注解有的加上编号排在全文之后，有的加在本页的下端，在正文和注解之间加一条30mm长的横线，用6号字排。

刊物一级标题和图书版面设计中有特殊要求的标题可用1号、新初号、初号，字体除黑体、宋体、仿宋体和楷体外，还可选用魏体、隶书体、牟体、小姚体、综艺体、琥珀体、舒同体、美术体等。刊物文章标题应醒目、多样化，使版面形式显得更活泼、美观。

版面设计工作没有一个统一的模式，版面设计者可根据自己的创新，设计出新颖、大方、美观的版面，以提高书刊的装帧质量，使读者满意。

三　另页、另面和占行、空间

全书各部分顺序排列，其中有的需要另页起排，如目录、序(包括前言)、正文、附录、参考文献之间。有的可以另面起排，如章与章之间，序与前言之间等。

标题必须占行留有空间，段落清楚。一般标题占行通常是：2 号字占 6 行～7 行，3 号字占 4 行～5 行，4 号字占 2 行～3 行，小 4 号字占 2 行，5 号字占 2 行或占本行。如有更具体的要求，则标明上空几行，左右居中，或上、下、左右居中。

四　版面的布局

版面是书刊一页纸的幅面，它包括版心及版心周围空的部位，即天头、地脚、切口、订口、书眉(或中缝)、页码等。

1. 版心的大小

版心是指每一版面上容纳文字、行距、插图、插表等的面积。版心的大小，以书刊的开本和内容，书刊的厚薄和装订形式，以及版面的美观程度为依据。当开本确定后，就应根据以上情况决定版心的每行字数，每面行数和行距。一般情况，有以下几种：

(1)16 开本版心　①每面 35 行×每行 40 字＝1400 字，字用 5 号，行距用 5 号八分之五条(6.56 点、2.3mm)，版心为 207mm×147mm。②每面 37 行×每行 41 字＝1517 字，字用 5 号，行距用小 4 号对开条(6 点、2.1mm)，版心为 212mm×151mm。③每面 39 行×每行 41 字＝1599 字，行距用 5 号对开(5.25 点、1.8mm)，版心为 213mm×151mm。④每面 44 行×每行 46 字(双栏)＝2024 字，字用小 5 号，行距 2mm，版心为 225mm×148mm。

(2)大 32 开本版心　①每面 27 行×每行 28 字＝756 字，字用 5 号，行距用 5 号八分之五条(6.56 点、2.3mm)，版心为 159mm×103mm。②每面 28 行×每行 28 字＝784 字，字用 5 号，行距用小 4 号对开条(6 点、2.1mm)，版心为 160mm×103mm。③每面 29 行×每行 28 字＝812 字，字用 5 号，行距用 5 号对开(5.25 点、1.8mm)，版心为 158mm×103mm。

(3)32 开本版心　①每面 25 行×每行 26 字＝650 字，

字用5号，行距用5号八分之五条(6.56点、2.3mm)，版心为147mm×96mm。②每面26行×每行26字=676字，行距用小4号对开(6点、2.1mm)，版心为148mm×96mm。③每面27行×每行26字=702字，字用5号，行距用5号对开(5.25点、1.8mm)，版心为147mm×96mm。

以上开本还可根据具体情况增减行数和字数，其他开本可根据版心的大小确定每面行数和字数。行距大小常用的是2mm或5号的对开(5.25点、1.8mm)，合1.8375mm；5号八分之五条(6.56点、2.3mm)，合2.296mm；小4号对开(6点、2.1mm)，合2.1mm。也可以改用其他合适的行距。

2. 空白部位

(1)天头——版心上面的白边。有的书天头留得大些，可供读者书写阅读心得和有关资料。

(2)地脚——版心下面的白边。

(3)切口——又叫书口。横排书在双页码(2、4、6……)左侧刀切处与正文之间的距离，或在单页码(1、3、5……)右侧刀切处与正文之间的距离称做切口。

(4)订口——横排书在双页码右侧装订处与正文之间的距离，或在单页码左侧装订处与正文之间的距离称做订口(图1—14)。

3. 书眉、中缝、页码

(1)书眉——又称天眉(图1—15)。横排本书眉排在版心天头，一般双码排大标题，单码排小标题，如双码排章名，单码排节名，以此类推。页码靠切口。字脚下加通栏正线。外文字典也有将字母排在切口处，页码居中排，下加书眉线。科教书、工具书、手册和厚本书应加书眉，便于读者查阅。

(2)中缝——直排本书排中缝。一般古典小说、医学书籍，版面采用直排方法，篇、章、节名排在切口处，称做中缝。横排本也可以排中缝(图1—16)。

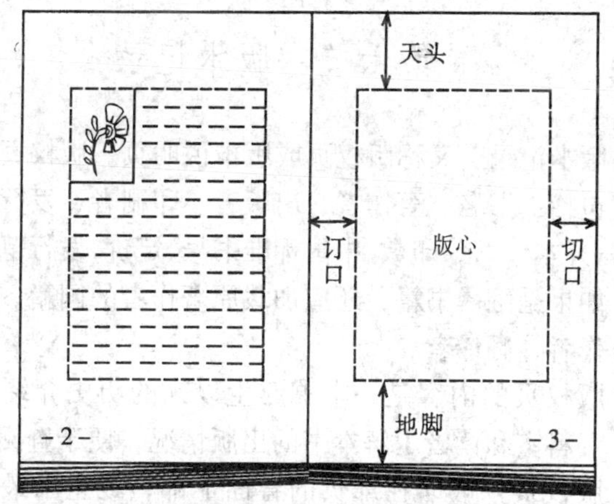

图 1—14　空白部位

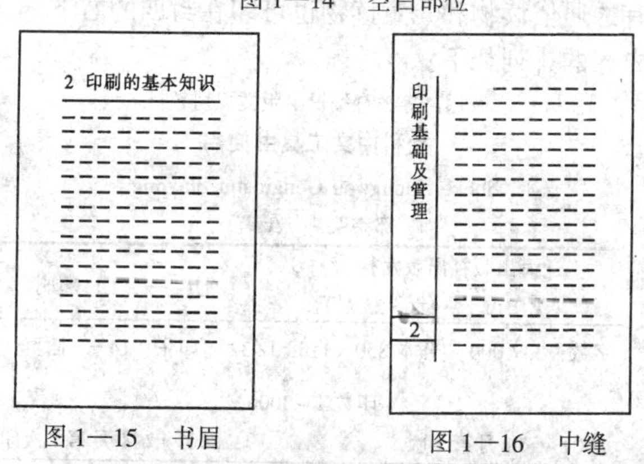

图 1—15　书眉　　　图 1—16　中缝

(3)页码——页码的作用很重要。书刊的印刷装版，装订的折页成帖，都以页码作为依据，若页码处理不当，会影响书刊的印装质量，造成印制困难。页码作为书刊内容排列的次序，便于读者阅读和检索。页码的字号和字体，虽无一定的限制，但一般字号应同于正文，字体常用的有正体和斜体。为使页码醒目，页码两旁可加短横线或中圆点或其他辅助标志。

例如：·1·　–1 –

第六节　版本记录

版本记录，又称版权页或版本说明页。版权页上所载的内容包括：书名、著作者、出版者、印刷者、发行者、纸张规格、开本、印张、印数、中国标准书号、定价、发行范围等。

如果是翻译书籍，还应加载原著作者的国籍、原书名、原著作者、翻译者。

版权页的内容是一本书诞生以来的历史介绍，供图书馆、资料室和读者了解本书的出版情况，便于查阅与监督。

版权页一般印在扉页的背面下部，或全书最末页的下部，有的通俗读物和儿童读物也可印在封四的右下部。版本记录内容的排列如下：

普通高等教育编辑出版类规划教材

社科中文工具书使用

Sheke Zhongwen Gongjushu Shiyong

邓宗荣　　编著

辽海出版社出版发行
(沈阳市十一纬路 25 号)　　　　七二一二工厂印刷

字数：337 000　开本 850 × 1168 1/32　印张：$14\frac{3}{8}$ 插页：4

印数 1 – 3000

2001 年 11 月第 1 版　　　　2001 年 11 月第 1 次印刷

责任编辑：李晓晶　　　　插　　图：英　健
责任校对：张小沫
封面设计：子　木　韩　力　王　艾　　　　版式设计：韩　梅

ISBN 7 – 80649 – 849 – 4/G · 421

定价：20.00 元

一　印　　张

1. 书刊的印张

印张是计算出版物篇幅的单位，也是计算定价的依据。

1个印张等于半张平版原纸(规格不限)，也就是1张纸等于两个印张。例如：16开本1个印张为8页，32开本1个印张为16页，64开本1个印张为32页，其他开本以此类推。一种图书排成后尽可能凑成整印张，不足1印张的应设法凑成半个印张，如32开本全书排成88页(1页=2面，即176面)，为5.5印张，全书排成160页(即320面)，为10个印张。16开本全书排成84页(即168面)，为10.5印张，排成160页(即320面)，为20个印张。凑成整印张或半印张主要是便于印装，可以缩短印制周期，降低印制成本。尤其是胶印书刊，如出现零页，给印刷及装订带来不便。

杂志的篇幅，全年每期都是固定的，且大都是整印张(少数有半印张)，如2印张、3印张或4印张。其原因，一是杂志全年每期定价不变，印张也不变，二是杂志出版要求快，而整印张能符合以上要求。

2. 印张的调节

书刊的页数为了凑成整印张或半印张，可采用以下方法调节。

(1)增加前后衬页。封面与扉页之间或者封底与正文之间的空白页称做衬页。衬页既可起到装饰作用，也可用来调节印张。例如一本32开的书，全书共159页，则可加前衬页1页；全书共158页，则可加前后衬页共2页。这样都可以凑足160页，为10个整印张。再如一本16开的书，全书163页，则可加1页前衬页，全书162页，则可加前后衬页各1页，全书均可凑足164页，为10.5印张、后衬页还可用来印版权页。

(2)版面设计人员，在看初校样版式时，应对全书的页码进行统筹安排调节印张，如序言、前言、附录、名词对照表、参考文献、后记等采取另页排或是另面排，也可灵活掌握，还可将章末一面中少量几行文字挤进前几页，统改排面，使其凑成最佳印张数。

3. 印张的计算

(1)印张的计算公式如下：

页数÷(开数÷2)=印张

(面数÷2)÷(开数÷2)=印张

面数÷开数=印张

注：面数包括全书中所有的空白面，2面等于1页。

例1.

1本32开本的图书，全书176页(等于352面)。

176页÷(32÷2)=176页÷16=11印张

(352面÷2)÷(32÷2)=176页÷16=11印张

352面÷32=11印张

例2.

1本16开本的杂志，共32页(等于64面)

32页÷(16÷2)=32页÷8=4印张

(64面÷2)÷(16÷2)=32页÷8=4印张

64页÷16=4印张

(2)印张速算表(33页表1—5、表1—6，34页表1—7)

二 字 数

字数分版面字数与计算稿酬字数两种。版权页上记载的字数是版面字数，这个字数反映这本书的编辑、出版工作量。全年出版物的总字数是出版单位一年工作的一项指标。

1. 版面字数

计算版面字数以面为单位，全书版面字数计算公式如下：

每行字数×每面行数×面数=版面总字数

版面字数的内容包括：扉页、版权页、目录、序言、前言、正文、附录、索引、后记等。随正文的图、表格、化学

表1—5 32开本

页数	印张	页数	印张
1	0.0625	64	4
2	0.125	80	5
3	0.1875	96	6
4	0.25	112	7
5	0.3125	128	8
6	0.375	144	9
7	0.4375	160	10
8	0.5	176	11
9	0.5625	192	12
10	0.625	208	13
11	0.6875	224	14
12	0.75	240	15
13	0.8125	256	16
14	0.875	272	17
15	0.9375	288	18
16	1	304	19
32	2	320	20
48	3		

表1—6 16开本

页数	印张	页数	印张
1	0.125	64	8
2	0.25	72	9
3	0.375	80	10
4	0.5	88	11
5	0.625	96	12
6	0.75	104	13
7	0.875	112	14
8	1	120	15
16	2	128	16
24	3	136	17
32	4	144	18
40	5	152	19
48	6	160	20
56	7		

表 1—7　　　　　其他开本印张、页数计算表

开　本	每印张页数	每页占印张数
4	2	0.5
6	3	0.33333
8	4	0.25
9	4.5	0.22222
10	5	0.2
11	5.5	0.18181
12	6	0.16666
13	6.5	0.15384
14	7	0.14285
15	7.5	0.13333
18	9	0.11111
20	10	0.1
21	10.5	0.09523
22	11	0.0909
24	12	0.08333
25	12.5	0.08
27	13.5	0.07407
28	14	0.07142
30	15	0.06666
36	18	0.05555
40	20	0.05
42	21	0.04761
44	22	0.04545
48	24	0.04166
50	25	0.04
54	27	0.03703
56	28	0.03571
60	30	0.03333
64	32	0.03125
72	36	0.02777
80	40	0.025
96	48	0.02083
100	50	0.02
128	64	0.01562

公式、空行都以满版计算，空白面不予计算。

2. 稿酬字数

凡作者撰写的书稿排成的版面应计算稿酬字数。出版社另增加的部分，如扉页、版权、前言、后记等可不予计算。另外不足半面的文字、公式、表格等一般可按半面计算。各出版单位的计算办法虽有不同，但都应充分考虑作者的利益。

三　版次与印次

1. 版　次

版次是统计版本内容变更的记录。第 1 次出版的书，称做“第 1 版”或“初版”，如内容经过重大变更后重排的称为“第 2 版”。在版权页上第 1 版和第 2 版的出版年月均应排出，如继续修订应排出第 3 版的出版年月，并保留第 1 版的出版年月，而第 2 版的出版年月则可删去。以后再进行修订，只排出第 1 版出版年月和最后一次修订版的出版年月。版权页上有了详细的第 1 版和修订版出版年月，便于图书馆、资料部门和读者了解本书修订情况，考虑选购。

2. 印　次

每 1 版印刷的次数，从第 1 版第 1 次印刷起计算，每重印 1 次累计标明，如第 1 次印刷为第 1 版第 1 次印刷，第 2 次重印则改为第 1 版第 2 次印刷，以此类推。修订后版次改了，而印次仍从第 1 版印次累计计算，如第 1 版印过 2 次，为第 1 版第 2 次印刷，修订后第 1 次印，应将印次累计，即为第 2 版第 3 次印刷(第 2 版的印次，也可以不累计而从第 1 次印刷开始计算，如第 2 版第 1 次印刷)。印次的用处主要使图书馆、资料部门和读者了解本书实际印出的年月。

四 印 数

印数从第1版第1次印刷起累计计算的印刷册数，反映出本书的发行数量，必须排在版权页上。一种书如有不同的版本应分别累计印数。

五 插 页

版面超过开本范围而单独印刷的单页，或者开本虽同但所用的纸张或墨色要求不同，而单独印刷的单页。有插页的书，版权页上应将插页的张数排印在印张之后，如有2次插页，则排成“插页2”。

六 版 本

一本书不同的版本，是指内容或形式上与原版有所不同。

内容不同是指一本书的修订本、增订本、缩写本或通俗本、节本、节译本、译者不同等。

形式不同的是指一本书的出版处不同，排印形式不同，如横排本、竖排本。装订形式不同，如平装本、精装本、普及本、线装本、合订本或分订本等。

一本书不同的版本，要用不同的书号，不能合用一个书号。

七 出版工作记录卡

版本记录要详细填写在“出版工作记录卡”(表1—8)(1)(2)(3)(4))上。同时应将稿件排版、制版、校对、印刷、装订、交书的日期；对排制、印装方法的要求，以及图版、软片的保存等情况详细登记在“出版工作记录卡”上，以便查考。

表 1—8　　　　出版社书籍出版工作记录卡

20　年　月　日填　　　　　　　　　　　　　　　　　　　(1)

<table>
<tr><td colspan="9">书　名</td></tr>
<tr><td colspan="4">原书名</td><td colspan="5">书号 ISBN</td></tr>
<tr><td colspan="4">编著者</td><td colspan="2">译者</td><td colspan="3">书稿性质</td></tr>
<tr><td colspan="9">著、译者地址</td></tr>
<tr><td>编辑室</td><td></td><td>责任编辑</td><td></td><td>设计者</td><td></td><td>设计单
排　单</td><td>编号</td><td></td></tr>
<tr><td rowspan="5">收稿日期</td><td>年 月 日</td><td colspan="2">承排厂</td><td>工艺</td><td></td><td colspan="2">工厂签收</td><td></td></tr>
<tr><td>年 月 日</td><td colspan="7">正文页码　　附录　　索引　　对照表</td></tr>
<tr><td>年 月 日</td><td colspan="7">序言　　目录　　插表　　插图　　原书</td></tr>
<tr><td>年 月 日</td><td colspan="7">外封排规　内封　前言　版权　排版注意事项</td></tr>
<tr><td>年 月 日</td><td colspan="7">图版　　　　　　　　　付</td></tr>
<tr><td>附注</td><td colspan="8"></td></tr>
<tr><td>开本</td><td></td><td>发稿字数</td><td></td><td>版口尺寸</td><td>×</td><td colspan="2">正文用字</td><td></td></tr>
<tr><td>每面字数</td><td>行字</td><td>版面字数</td><td></td><td>版心尺寸</td><td>×</td><td colspan="2">正文用条</td><td></td></tr>
<tr><td rowspan="2">制版厂</td><td></td><td></td><td></td><td></td><td></td><td></td><td colspan="2" rowspan="2">版　块
封版　付</td></tr>
<tr><td>发封稿时间</td><td></td><td>封版齐时间</td><td></td><td>交出版科时间</td><td></td></tr>
</table>

(2)

初校						二校				
批数	原稿页数	原书页数	校样面数	送校日期	签字	原稿页数	原书页数	校样面数	送校日期	签字
				退厂					退厂	
三校						四校				
				退厂					退厂	
签字(或核对)						付型日期　年　月　日　单号				
						完成日期　年　月　日　制型厂				
						母型　付　普通型　付　编号				
						软片　付				
						封面版　块（色）　付				
				退厂						
备注										

(3)

全书内容及印装次序		
	共计	正文　　页　　环衬　　页　　图表单色　　页　　彩色　　页
	备注	

图表		图别	印法	开料法	装订位置
	单色				
	彩色				

封面印法	墨色　　封一　　封二　　封三　　封四　　用纸规格　　开数　　勒口　　mm		
正文印法	开数　　开本规格　　印张　　前后环衬		
	天头　　地脚　　切口　　订口　　质量标准		
装订方法		定价	16开本　　大32开本　　小32开本
备注			

(4)

印单号数	版次	印次	发印日期			印数				用纸规格及名称		开本	用纸数量		印刷厂	装订厂	完成情况								欠交尾数	结账日期	编辑部审查意见
																	送样书		南新库		明光寺		发行处				
			年	月	日	订货	样书	实际印数	累计印数	正文	封面		正文	封面			日期	数量	日期	数量	日期	数量	日期	数量			

第七节　中国标准书号

中国标准书号是由“国际标准书号(ISBN)”和“图书分类——种次号”两部分组成。其中“国际标准书号”是中国标准书号的主体，可以独立使用。

图书的封四下部右角一般均印中国标准书号和定价。

例如：

中国标准书号

国际标准书号　　图书分类号

ISBN7—04—002490—X/ J·30

定价 10.00 元

一　国际标准书号

每一个“国际标准书号”都由 10 位数字组成，前面均冠以字母 ISBN。这 10 位数字分为不同长度的四段，每段之间用连字符隔开。这四段的名称分别是：组号、出版者号、书名号、校验位。

例如：缩写	组号	出版者号	书名号	校验位
ISBN	7	04	002490	X

ISBN 是国际标准书 International Standard Book Number 的缩写，是目前国际通用的图书编码系统。

ISBN 是美国人福斯特设计的，1972 年被国际标准化组织定为国际标准。目前，德国柏林有一个国际 ISBN 中心，负责世界范围的 ISBN 编码系统的建设和管理。已有将近 100 个国家和地区加入了系统，采用 ISBN 进行图书编码。

国际标准书号以“ISBN”作为标志，后面带有十位数字，分成几组。组号代表出版社所隶属的国家、地区或语种。中国为“7”。出版者号由出版社所隶属的国家或地区的 ISBN 中心颁给。组号和出版者号共同组成出版者前缀，它是每个出版者在国际上的惟一识别标记。如我国的人民出版社的标志为“7—01”、人民文学出版社为“7—02”、科学出版社为“7—03”、高等教育出版社为“7—04”、商务印书馆为“7—100”、中华书局为“7—101”等等。书名号由各出版者给定。每种不同的出版物，包括不同版本等，都有不同的书号。

我国于 1982 年成立了中国 ISBN 中心，并加入了国际 ISBN 组织。1986 年 1 月，我国颁布了中国标准书号，使用于图书、画片、声像等出版物。原国家出版局规定从 1988 年 1 月 1 日起，全国所有正式出版社从图书的征订目录到版本记录一律采用 ISBN 编码，原来使用的全国统一书号停止使用。

ISBN 国际标准书号科学合理，结构简单、清晰，惟一性强，包容量大，便于计算机检索和处理。

采用 ISBN 系统，不仅能对图书馆的分编、流通带来便利，尤其用它作为征订目录，可以大大降低重复购书的比率，此外，还可以使人们对非法出版物增强识别能力。

二 图书分类——种次号

“图书分类——种次号”由图书所属学科的分类号和该号下的种次号两段组成，其间用中圆点“·”隔开。

如：J·30、H·260 等。

图书分类号按“中国图书馆图书分类法”分类，分为“基本大类”和“T 工业技术”两类。

1. 基本大类

A 马克思主义、列宁主义、毛泽东思想　　B 哲学

C 社会科学总论
D 政治、法律
E 军事
F 经济
G 文化、科学、教育、体育
H 语言、文字
I 文学
J 艺术
K 历史、地理
N 自然科学总论
O 数理科学和化学
P 天文学、地球科学
Q 生物科学
R 医药、卫生
S 农牧、林业
T 工业技术
U 交通运输
V 航空、宇宙飞行
X 环境科学
Z 综合性图书

2. T 工业技术

TB 一般工业技术
TD 矿业工程
TE 石油、天然气工业
TF 冶金工业
TG 金属学、金属工艺
TH 机械、仪表工艺
TJ 武器工业
TK 动力工程
TL 原子能技术
TM 电工技术
TN 无线电电子学、电讯技术
TP 自动化技术、计算技术
TQ 化学工业
TS 轻工业、手工业
TU 建筑科学
TV 水利工程

第八节　条　码

根据新闻出版署(现已升为新闻出版总署)规定，1994年1月1日起发排的图书、期刊要加印条码。条码统一由新闻出版署条码中心制作。

出版物上使用条码的码制为 EAN13 位码。

一　图书条码

图书使用的条码的结构是：978 + ISBN 前 9 位 + EAN 校

验位，共13位数字。因此，每一本图书的条码都是不同的，也就是说每出一本书都要申请一个条码。

高教版《大学物理基础练习与大作业》一书的条码印样（图1—17）。

图1—17　图书条码

为解决图书重印时的变价问题，特增加图书条码附加码。附加码只表示该书的价格变化次数，以确保书号相同价格不同的图书其书号和条码在计算机数据库中的惟一性。自2000年4月1日起，凡各出版单位重印图书的价格与上一次印刷不同的，都必须使用带有附加码的条码。如价格不变，仍可使用原条码。

图书条码应印刷在图书封底（或护封）的左下角。另外要注意，条码不能印刷在其他图案上，也就是在条码的空白处不能有其他的印迹，否则容易造成识读失败或误读。再有，条码左右两侧要留有足够的空白区，以保证扫描的完整性。

二　期刊条码

期刊使用的条码的结构是：977+ISSN号的前7位+2位特别数位+校验位。期刊的条码由主码（EAN13位码）和2位附加码组成，附加码用于识别期刊的刊期和出版时间。如月刊每年每期的附加码为01，02，……12。双月刊按出版月份而定，单月出版附加码为01，03……11，双月为02，04……12。季刊应在出版月份上加01，如1，4，7，10月出版，附加码为02，05，08，11。因此期刊每年出几期，就应申请几条条码。期刊如无增刊和ISSN号变化等情况，条码可以重复使用，即今年第七期的条码，到明年X期仍可使用，不需再申请新码。

新闻出版署主办的《中国出版》1995 年第 10 期的条码印样(图 1—18)。

图 1—18　期刊条码

条码应印在期刊封面(不是封底)的左下角。如上述位置有特殊要求，也可选择封面的其他位置。

条码申请单(表 1—9)。

表 1—9　　**条码申请单(请加盖公章)**

年　月　日

单位名称		单位负责人姓名	
地址			
邮政编码		条码负责人姓名	
电话		传真	

图 书 条 码

ISBN 前缀	申请条码数量		
使用条码图书 ISBN 书序号的起始号	自　　起,至　　止。		

期 刊 条 码

ISSN 号		申请条码的数量	
期刊的出版周期	周、双周、旬、半月、月、双月、季、双季、年、不定期		
期刊的出版日期			

注：1. 请将申请单复印留底，妥善保存，每次申请填写复印件即可。

2. 请加盖公章，否则无效。

3. 每个条码 60 元，请将款汇至：

户　名：新闻出版署条码中心

开户行：交通银行北京东单支行

账　号：0149209053

或通过邮局汇至：北京市东四南大街 85 号

新闻出版总署条码中心

邮政编码：100703

联系电话：65124433—2611　65231147

第九节　图书在版编目(CIP)

新闻出版署(现已升为新闻出版总署下同)决定：从 1994 年元月起，在北京的所有出版社全面推广“图书在版编目”(简称 CIP)国家标准，然后逐步推向全国。这是我国出版史上一件很有意义的大事，它将使我国的出版物向国际标准靠拢，有利于中文图书走向世界。

图书在版编目：指“依据一定的标准，为在出版过程中的图书编制书目数据”。它的英文名称为 Cataloguing in Publication，简称 CIP。

图书在版编目数据：国家标准 GB12451—90 的名称；指“经图书在版编目产生的，并印刷在图书主书名页背面的书目数据”。这一书目数据由著录数据和检索数据两部分组成。著录数据包括书名与著作责任者项、版本项、出版项、丛书项、附注项、标准书号项；检索数据包括书名与著(译)者、丛书名与丛书主编者等可以识别图书内容与主题的检索点。

图书在版编目工作：指出版社在出版每一种图书之前，按国家规定的要求将填好的 CIP 数据工作单(表 1—10)，交国家指定的 CIP 管理机构审核，生成的 CIP 标准数据，印在图书主书名页(扉页)背面的全部内容(表 1—11)。

实施图书在版编目工作，图书馆可以提前进行编目，图书馆买到新书后，即可将书上的编目数据，复印成卡片或目录，使新书马上可以提供借阅。出版社通过实施 CIP 后，可

表 1—10　　　　图书在版编目(CIP)数据工作单

项目	栏目	内容	栏目	内容	栏目	内容
1. 书名与责任者项	正　书　名				卷(册)数	
1. 书名与责任者项	正　书　名				章回数	
1. 书名与责任者项	包括 交替书名					
1. 书名与责任者项	包括 合订书名			责任者及著作方式		
1. 书名与责任者项	并列书名					
1. 书名与责任者项	副书名及说明文字					
1. 书名与责任者项	文种、各种文字对照					
1. 书名与责任者项	第一责任者及著作方式	见注(1)				
1. 书名与责任者项	其他责任者及著作方式	见注(1)				
2. 版本及出版项	版　次		印　次		其他版本形式	
2. 版本及出版项	与本版有关的责任者			责任编辑		
2. 版本及出版项	出版地		出版者		出版年、月	
3. 载体形态项	页数或卷册数		图　表		开本或尺寸	
3. 载体形态项	附　件		字　数	千字	印数	册
4. 丛书项	正丛书名					
4. 丛书项	并列丛书名				从书序号	
4. 丛书项	丛书责任者				ISSN	
4. 丛书项	附属丛书名				附属从书序号	
5. 附注项	见注(2)					
6. 国际标准书号、装订形式、价格项	ISBN					
6. 国际标准书号、装订形式、价格项	装订形式				价格	
7. 提要项	内容提要：					
8. 排检项	主题词	1.	2.	3.	4.	
8. 排检项	分类号					

注：(1)外国责任者(第一责任者或其他责任者)必须填写国别、姓名的汉译名及姓名原文；中国责任者(民国以前)必须填写朝代名称；著作方式包括“著”、“编著”、“编”、“辑”、“编辑”、“主编”、“改编”、“缩写”、“译”、“注”等。

(2)附注项内容包括：翻译图书书名原文；影印图书的影印依据；新 1 版图书的原出版者；书名前后题有“××学校教学参考书”等字样；书名变更的原书名；图书附录等。

填表人：　　　　填制单位：　　　　填制时间：

提高经济效益。所以，CIP既受到图书馆和读者的欢迎，同样也受到出版社的欢迎。

表 1—11

(京)112 号

内 容 提 要

《大学物理基础练习与大作业》，是以教学基本要求为依据编写的一种新型作业，也是西北工业大学多年教改的成果。它由基础练习(252 题)和大作业(14 次，共 296 题)两部分组成。格式新颖，题型多样，给学生以较全面的锻炼，有利于从不同角度培养学生科学思维方法，检验学生掌握知识的程度和分析、解决问题的能力水平。而且，按课程内容组成单元性大作业，对学生进行阶段性复习，系统总结相关内容，巩固所学知识、开拓思想方法，也有很大裨益。另外，这种作业方式也为教师批阅作业提供了方便。

本作业可作为各类高等工业学校本科《大学物理》课程的习题作业，可与各种版本的工科《大学物理》教材配套使用，其他类型高校本、专科普物课程也可参考。

图书在版编目(CIP)数据

大学物理基础练习与大作业/宋士贤等编，—北京：高等教育出版社，1995.5

ISBN7—04—005442—6

I. 大… II. 宋.… III. 物理学—习题—高等学校—教学参考资料 IV·04—44

中国版本图书馆 CIP 数据核字(95)第 02953 号

高等工业学校辅助教材

大学物理基础练习与大作业

西北工业大学物理教研室编

*

高等教育出版社出版

新华书店总店科技发行所发行

北京外文印刷厂印刷

*

开本：787×1092　1/16　印张：13　字数：24 4000

2001 年 5 月第 3 版　2001 年 5 月第 3 次印刷
印数：0001—9000
定价：30.00 元

[复习思考题]

1. 整理文字稿和图稿应注意哪些问题?

2. 图稿的底稿分哪几类?

3. 一张纸最常用的开法有哪几种?不同规格的纸张常用的开本版面规格有多大?

4. 什么叫印张?一本 32 开的图书，共有 336 面，共有多少印张?

5. 什么叫版本?不同的版本书号应如何处理?

6. 将中国标准书号“ISBN7—04—005754—9/ Z · 292”分段名称做一解释。检验位“9”是怎样计算出来的?

第二章

排版技术和管理

学习目的

●了解排版技术和校对知识

●熟练掌握字号、字体、数码字等排版材料的应用

●熟悉排版管理工作

本章要点

●排版管理工作

选择工厂、制定周期、做好生产调度、加强质量检查

●排版工艺

●照排技术

●字的级数、字体

●其他排版材料

●校对知识

关键性术语

精密激光照排　彩色激光照排　制版工艺　数码活字　罗马数字　电脑校对

书稿经过封面设计、插图设计和版面及工艺设计，就可将文字稿和图稿发到印刷厂排版和制版。排版工艺分两种：一种是铅排(又叫热排)；另一种是照排(又叫冷排)。铅排在排版中是比较落后的工艺，已被淘汰。而照排则是先进工艺，目前我国排版工艺主要采用的是激光照排。

第一节　排版管理

一　排版厂的选择

印制管理人员整理好稿件之后，首先要考虑这部稿子该发给哪家工厂排版。因为找一家技术力量强、设备好的工厂排版，既可保证排版的质量，又能缩短排版的周期。特别是科技书刊，有较多的公式、符号和各种外文字母，如果技术力量差的工厂，那就很难承担这类稿件的排版任务。印制管理人员只有充分了解当地印刷厂的排版设备和技术力量，再根据书稿的内容和特点，来确定选择哪家工厂排版最为有利。

二　排版生产周期

排版是整个出书过程中一个重要工序。排版生产周期的长短可根据稿件的类别来决定，如社科书类稿件排版速度快。而科技书的公式、表格等较多，其生产周期必然延长。

要使排版进度快，一是稿件要达到“齐、清、定”的要求；二是要选择好的排版厂。有了这两方面的条件，排版进度就顺利，就能快。

排版质量的高低，直接关系到印刷物的质量；排版时间的快慢，直接影响到出书的速度；校样改动的大小，直接影响到排版的成本。这些方面的问题，印制管理人员应认真对待，会同有关部门妥善处理。

三　做好生产调度

印制管理人员为了做好排版管理工作，在生产过程中减少差错，缩短生产周期，就必须做好生产调度和加强质量检查。

生产调度首先要做好年度、季度、月度的发排和送校计划，及时了解工厂生产情况，尽量减少书稿排队等待，主动加强调度，充分利用工厂生产潜力。

定期检查排、校进度。督促有关部门按时送校、退改、制出软片。在保证质量的前提下尽可能缩短生产周期。例如，排版质量高的、错误率低的校样，可建议校对部门采取二、三连校或初、二、三连校，以减少往返退改校样的时间，从而缩短排版周期。

四　加强质量检查

检查发排凭单(表 2—1、2—2)上如字体、字号、外文字母、各种符号等版面设计的要求，如遇到问题需要改动设计要求，应与设计部门协商解决。校样运转过程中要加强检查，如发现版面规格不一致，缺图或图面超版心，行距大小不对等情况应及时提请设计部门或工厂改正。

注意检查全书校样是否完整，封面、彩图等制版进度是否同步进行，避免脱节，影响发印。

详细填写出版工作记录上各项有关内容，并详细登记排校、制成软片日期，可用来检查排版生产过程，便于统计生产周期。

五　排版工艺设计

排版厂在下达任务时一般均填写“排版工艺设计”单，它应包括以下几项工作：

1. 检查原稿中有无不符合排版要求的地方。如发现原稿太乱、字迹不清、标注不明等问题，应联系解决。

2. 解决出版单位在版面设计中遗留的问题。

3. 处理在排版操作中可能遇到的问题。例如表格在正

表 2—1

××××出版社发排凭单

字第　　号

排版厂　　　　　　　　　　　　20　　年　　月　　日

书　名		书　号	
著(译)者		本书版次	20　年　月第　版
原稿页数	正文　页	目录　页	前言　页 ｜ 扉页　页
	序言　页	编译者话　页	版权　页
	符号表　页	外封排版样　页	其他　页
	排版说明　页	全书共　页	字
版式	纸张规格 787/850 毫米×1092/1168 毫米	开本	版口　×　(页码在外)
	正文　号　体	每面　行 ｜ 每行　字	行距
	标点：西文脚点“。”“！”“？”用全身，其余用对开，句号用“。”“．”。		符号：
	标题	(　　)　号　体，序　号　体，居　中，占　行，另　排	
		(　　)　号　体，序　号　体，居　中，占　行，　排	
		(　　)　号　体，序　号　体，居　中，占　行，　排	
		(　　)　号　体，序　号　体，居　中，占　行，　排	
	目录	版心照正文，　题用　号　体，居　中，占　行	
		(　　)　号　体，(　　)　号　体，(　　)　号　体，(　　)　号　体	
		页码　号　体，题与页码间加　线，　用条	
	前　言	号　体，题　号　体，占　行，　用条	
	注　解	号　体，题　号　体，占　行，　用条	排每单面末
	习　题	号　体，题　号　体，占　行，　用条	
	页　码	号　体，排于下角如·1·距正文同正文行距，自　排起	
	1	图版齐，共　块，可拼版。　2. 插图　付，在制版，可先排字。	
装序	版序	1.　2.　3.　4.　5.	
		6.　7.　8.　9.　10.	
备　注	初校样汀三份。		

表 2—2

期刊发排单

（兼作付印单、用料单）

排印厂　　　　　　　　　　　　　　　　　　　　20　　年　月　日

刊　名					期　号	卷　期
送书日期	年　月　日	出版日期	年　月　日		印　数	册
文字原稿	正文稿　页	图稿	封面制版稿　页	开本	开本 高 宽	毫米 毫米
	目次　页		广告制版稿　页			
	插页稿　页		正文图制版稿　页	版心	高　×宽	毫米
	封扉版权稿　页	装帧	装　订	白边	天空　地空　订口	切口
	稿　页					
排式	号字	栏排，每栏每行	字，每面		行，行间	空
	号字	栏排，每栏每行	字，每面		行，行间	空
	号字	栏排，每栏每行	字，每面		行，行间	空
印次装序	1.　2.	3.	4.	5.	6.	

使　用　材　料　栏　目

项　目	纸　名	规　格	开　张	实际用料	加　放	合　计	单　价	总　值

注意事项	1. 校样请打印　　份于　月　日送社； 2. 正文及插页（包括广告）即送折样及付印样； 3. 刊物装订后除送　　外，另送　　册至	备注	
责任编辑	版式设计	印制员	签收

常版心中排不下时，需要提出解决方案。

4. 有关排版规格的统一。

5. 版面中的特殊要求。

排版工艺设计，实际上就是工厂根据出版单位版面设计要求进行核实和补充。当遇到需要处理的问题时，印制管理人员应即与有关部门联系协商解决，并将解决办法及时通知工厂。

第二节 文字排版技术

铅排已基本淘汰，但是铅排工艺的有关部分，如字号、字体照排工艺仍在延用。因此，排版技术首先从铅排的字号、字体开始仅作了解性知识介绍。

一 铅排活字

1. 活字的概念

活字俗称铅字，由字头和字身两部分组成，其主要部位为字面、字肩、字谷、字侧面、字腹、字背、缺刻、字沟和字脚等(图 2—1)。

2. 活字大小

为了使每本书的版面美观、层次分明，适于阅读，版式设计时要规定选用活字的大小。各级活字相互间还需有一定的比例关系。从铅字的字背到字腹的距离，称做活字的大小。

我国活字大小的计算单位有两种：一种是号数制；一种是点数制(又称磅，point)(表 2—3)。

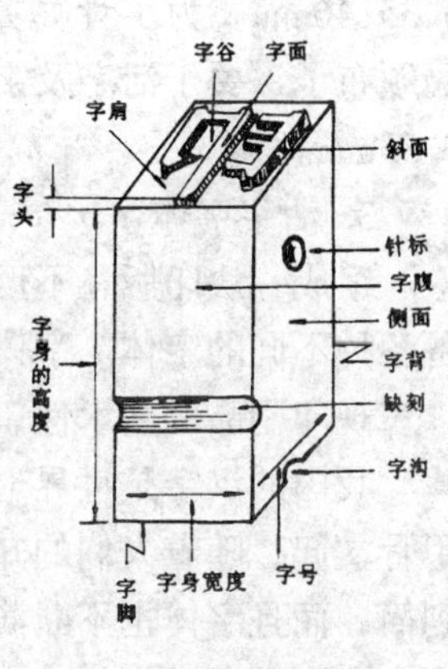

图 2—1 铅字

表 2—3　　常用活字号数制与点数制对照表

字号	点数(磅)	折合毫米数(mm)	字号对比
初号	42	14.7	五号四倍
小初号	36	12.6	小五号四倍
一号	28	9.8	四号二倍
小一号	24	8.4	小四号二倍
二号	21	7.35	五号二倍
小二号	18	6.3	小五号二倍
三号	16	5.6	六号二倍
四号	14	4.9	一号 1/2
小四号	12	4.2	小一号 1/2
五号	10.5	3.675	二号 1/2
小五号	9	3.15	小初号 1/4
六号	8	2.8	三号 1/2
七号	5.25	1.8375	五号 1/2
八号	4.5	1.575	小五号 1/2
五行字	45	15.75	小五号五倍
六行字	54	18.9	小五号六倍
七行字	63	22.05	小五号七倍

注:字号大小(mm)的计算法为点数×0.35(mm)

点数制是通过计量单位“点”而与英制或公制的尺度联系起来的，每点等于 1/72 英寸，折合公制等于 0.35146mm。为了计算方便，1958 年文化部出版事业管理局颁布了《关于活字及字模规格化的决定》，规定每一点为 0.35mm。

3. 活字字体

组成一块印版，不但要有大小不同的活字，而且还要具备各种不同的字体。字体不仅可以区分活字的特征，同时可以表现印刷品的艺术性。

我国的汉字是世界上最古老的文字之一。从三千多年前甲骨文起，随着人们的知识逐步丰富，文字的发展不但由繁到简，而且字体也不断演变。在长期的生产实践中，创造了许多印刷上用的字体。

印刷字体可用来区分标题和文章主次的表达方式，在安排使用上要恰当，这对提高印刷品的美观、大方起到重要的作用。

目前常用汉文印刷活字的字体有以下几种：

(1)宋体　俗称老宋，是现在最通行的一种印刷字体。因为应用较广，又称普通体。这种字体竖粗横细，鲜明端正，很有规律，使人在阅读时有一种醒目舒适的感觉。宋体字是最普遍应用的一种字体，多用于排印书刊的正文和注释等。

安高胜热服极德

20 世纪 60 年代，我国先后设计出了三种适用于正文的宋体字。笔画较细的一种称为“宋一体”，适用于报刊正文；笔画较粗的一种称为“宋三体”，适用于字典、经典著作的正文；粗细介于两者之间的，称为“宋二体”，适用于一般书刊的正文。但由于它们之间的差别很小，不容易明显地区分出来。一般情况，一个厂只用一种宋体，不然容易混淆。

越鼎鼓黾里首釉彩赶超野馥

巢琉巽幼幡膊织铗疆帚衢阚

(2)仿宋体　俗称仿宋，是模仿宋版精本雕刻的字体，所以又称真宋体。这种字体笔画较细，字迹秀丽，常用作标题、引文等。图书中也常用这种字体排前言、序言和后记等；报纸、杂志则可用这种字体排整篇文章的；一些古典书籍和仿古版面，也多用仿宋体排版。

周幂凌高準卿隐

(3)黑体(又称等线体、粗体、方头体)　这种字体横直均粗，笔画粗壮，特别醒目，适用于作标题或重要语句。

在我国古代的印刷品中，还没有发现这种类似的字体。它是受西方等线体活字的影响而设计的。20 世纪 50 年代开始，黑体字才广泛推广使用。

前鬓么魔承黎枸

(4)楷体　这种字体笔迹挺秀美观，字形端重自然，最接近于书写体，它是直接从我国古代书法中的正楷发展而来的。可用作幼儿读物、小学低年级课本的正文；报刊中的短文；中、小字号标题，以及名片和请帖等用字。一般不宜作为图书正文用字，因为这种字体不宜于长时间阅读，不然会影响视力。

培学髓馥馗馒鞍

(5)长仿宋体　这种字体是仿宋体的变形，笔画清秀，宋体狭长，大都用来排古籍书、诗词等，也有用作标题字。

辈镳安醒噬圜昝夥匏

(6)牟体(又称长宋体)　是由印刷字体设计家牟紫东于 20 世纪 60、70 年代设计的一种字体。这种字体的特点是：字形略长(长宽比例约为 5 : 4)　以宋体的基础，并吸收了某些楷体的风格，缩小了普通宋体横竖笔画的粗细比例，适当加粗了横笔画。牟体主要用于报纸、杂志的标题字和封面字。

乏久两丐丘严人世画

(7)扁宋体　字体扁宽的一种宋体。这是我国 20 世纪60 年代初开始设计的一种标题用活字字体。

御故基柳东

扁宋体分细扁宋和粗扁宋两种规格，其宽长比例约为5∶3，艺术效果较好。

细扁宋体是在长牟体的基础上，将字形压扁而设计的，其笔画基本上保留长牟的风格，只是笔画略细了些；粗扁宋体竖笔画略有加粗，点的下部由圆头变为长头，增加字体的刚性。这两种字体适用于标题字和封面字。

(8)扁黑体　是黑体字的变形，其宽长比例约为3∶2。笔画扁、粗，醒目、艺术效果也好，适用于标题字和封面字。

编签研程标湖明

(9)黑变体(又称美术黑体)　这种字体兼有宋体和黑体两种风格的一种字体。这种字体竖笔画较粗，横笔画较细，适用于报刊标题字和封面字。

中往艺险增告连金国

(10)隶书体　这种字体是参照我国古代书法艺术中的隶书，经过加工设计而成的一种字体。字形保留了隶书扁方的风格，古朴飘逸，适用于报刊标题字和封面字。

利中秩防射

(11)魏体　这种字体是参照我国古代魏碑设计而成的一种印刷字体。其字形为方形，刚劲有力，适用于报刊标题字和封面字。

券制营女嬉批农

(12)小姚体　这种字体是由解放日报刻字工人姚志良于

1958 年设计的。最早在《解放日报》上使用。这种字体字形瘦长，收笔与转角处无肩角和隆起，显得整齐、利落，适用于标题字和封面字。

成单县坚号的购穗事

(13)美术体　普遍用作图书封面字、画册及报刊标题字，以增强印刷品的艺术感染力，达到较好的装帧效果。一般均需制版。字体有自由体、投影体、立体和象形体等。

音乐会

(14)标准体　用特写字体字模铸成铅字，专用来排印在外封、扉页、书脊、版权页上的出版社名称。例如，人民出版社和人民教育出版社社名是毛主席写的；高等教育出版社社名是邓小平同志写的。这类字体称之为标准体或专用体。

人民出版社

人民教育出版社

高等教育出版社

汉字总数约在 70000 字以上。例如，《中文大辞典》收字约 50000 多字，《辞海》收字约 15000 字，《四角号码词典》收字约 9000 字。古籍等繁体字书刊常用字约 7000 字，一般书刊的常用字约 3500 字～4000 字。

二 书边、花边

1. 书边线、水线

书边线又称装饰线，有粗、细不同的各种规格的书边线，细的有小五号四开中线，粗的有四号全身墨书线。书边线可用来版面装饰，也可作栏框线、表格线。书边线中的文武线也有粗和细之分，文武线可用来装饰篇章版头和古典式版面的边框。书边线的压印面有正线和反线之分，刨细的一面叫正线，粗的一面称反线，一般表格外框用反线，表内用正线(图 2—2a)。

水线有五号八分线和小五号八分线两种。其规格有细点线、粗点线、细曲线、粗曲线等(图 2—2b)。

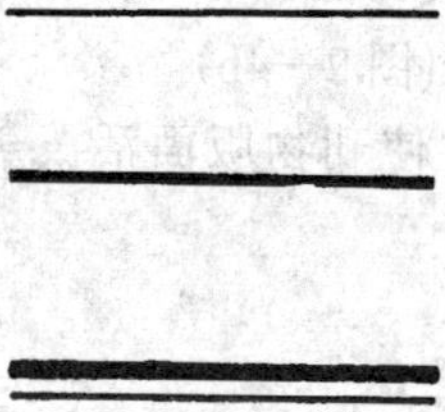

图 2—2a 正线、反线、文武线

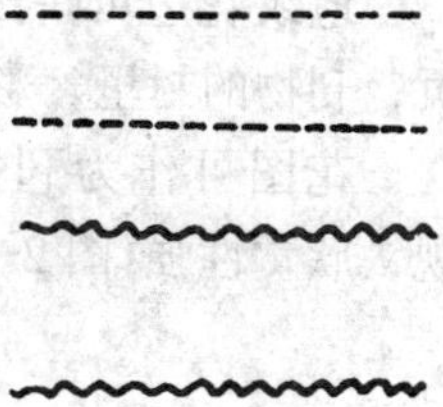

图 2—2b 细、粗点线、细粗曲线

2. 花边、花针

花边用来装饰书刊标题、栏框，组成各种图案，美化版面(图 2—3a)。

花针是用来做文章的界线，也是属于花边一类的版面装饰材料(图 2—3b)。

3. 花书边、地纹花边、花图

花书边主要用来装饰书刊标题和各种栏框，规格有五号对开、五号四开和六号对开三种。花书边花样种类多，可任意选择(图 2—4a)。

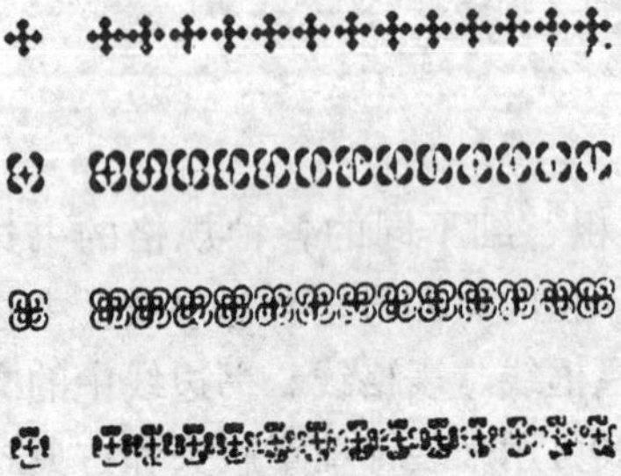

图 2—3a 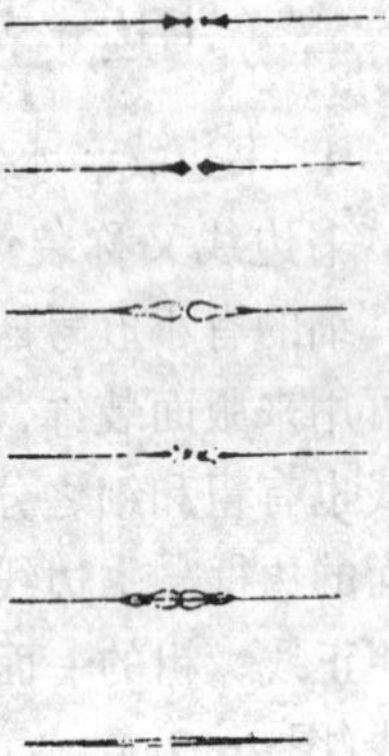　　　　图 2—3b

地纹花边可拼出方块图案，用来装饰图书的环衬和扉页，刊物的封里，彩色印刷，新颖大方(图 2—4b)。

花图可作为刊头和篇末装饰用，使刊物版面活泼美观，欣赏性强(图 2—4c)。

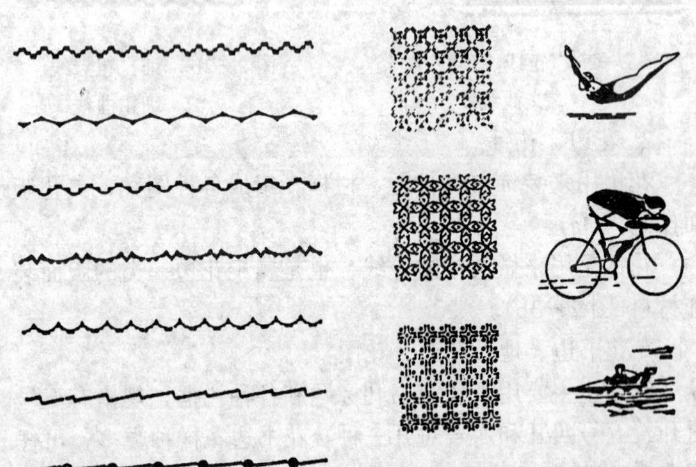

图 2—4a　花书边　　图 2—4b　地纹花边　　图 2—4c　花图

第三节　照排技术

照排技术，是应用照相和电子计算机进行文字存储的原理，在感光材料上感光排版。照排技术从根本上甩掉了熔铅铸字，又称冷排。

我国自 1974 年以来就致力于出版电子化的研究，成绩斐然。目前我国生产的激光汉字排版系统和彩色电子出版系统，均已达到国际先进水平。

一　激光照排机排版工艺及工作原理

1. 激光照排机工艺流程

文字输入→印出校样→校对→改样→输出软片

文字输入后，用点阵打印机或激光打印机印出校样，再经过校对和改样(一般反复三次)，然后由校对员签字，经过改正后的磁盘再通过精密激光照排机输出软片。

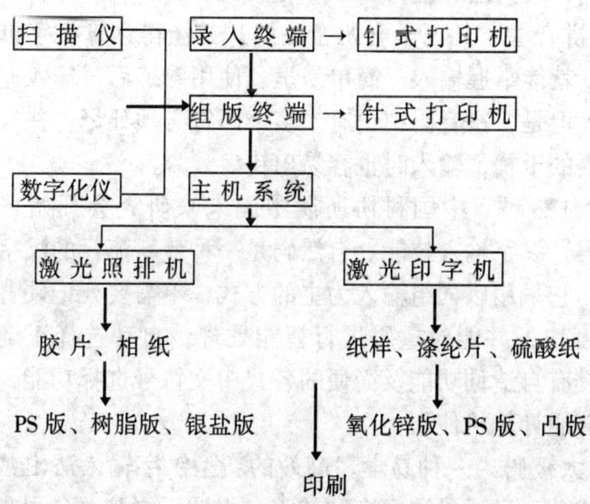

图 2—5　华光 V 型电子出版系统流程图

2. 汉字输入法

为了高速、有效、准确地输入汉字，采用各种汉字编码方案，将庞大的汉字群化解为西文二三十字母键，对应编码输入计算机中。目前常用的汉字输入有许多种，其中有：

(1)五笔字型　王永民发明的“五笔字型计算机汉字输入技术”是实现“汉字电脑化”的理想，对一万多个汉字的字源和结构规律作了全面的历史的、科学的分析，并进行浩繁的统计研究。在此基础上，完全避开读音，从字形入手，把汉字的笔画高度概括为横、竖、撇、捺、折五种，把字型分为左右、上下、杂合三种，采用计算机辅助设计的方法，构思巧妙、体系严整的汉字输入方案。1983年“五笔字型”通过技术鉴定之后，近十年来不断推广应用，不断优化提高，以其简易输入和高效输入兼而有之的突出特点，受到了国内外广大用户的欢迎和广泛采用。一般经过培训，很易掌握。目前“五笔字型”已成为国内装机机种最多、用户最多、用户公认的优秀汉字输入技术，并获得中国、美国、英国的专利，已向国外出口。

(2)拼音法　凡已学会拼音法的，并懂得计算机字母键的使用，就能掌握输入，简单易学。使用熟练后，输入速度也很快。但是，拼音码中仍有十多个码符必须死记，并且受方言土语的干扰，输入时也容易出错。

(3)自然码　中国科协所属中国未来研究会开始普及“自然码”汉字输入技能。自然码是一种最新流行的汉字输入软件，它采用以词组输入为主的方式，不需要死记硬背，输入速度快，并能对重码进行智能处理，自动选择正确词组，还具有自造词功能及简便的各式中文符号选择功能，特别适于普通计算机使用。

(4)太极码　一种易学、高效的新型汉字输入法由戴顺天发明成功，已通过国家专利初审，由顺天电脑总公司与国防科技大学合作已研制出系列软件和硬件。

太极码也称两笔字型，它的最大特点是记忆量小。它将汉字的笔画仅分为直画和折画两类，笔画组合又仅分为相交与不相交两类，绝大部分汉字都可按简单的规则归到键位，字元在键盘的分布简明有序，无须死记硬背。

(5)汉王笔　北京中自汉王科技公司开发的“汉王笔”手写输入软件，在中国软件协会等举办的首届中国 PC 机应用软件设计大奖赛中荣获一等奖。应用这种软件，无须记忆编码，用笔书写，即可将汉字、英文、数字输入电脑。

除以上五种汉字输入法外，还有表形法、“傻瓜”输入法等等。一个技术熟练的操作员，将原稿文字换成字符贮入磁盘，平均每分钟可输入 60 字～100 字，专业操作员用五笔字型词组输入速度每分钟可达 200 多字的记录。

3. 输出精度

输出结果的精度随着系统配置不同而不同。用精密字模的，精度高；用高档印字设备的，精度也高。点阵式打印机的精度在 300dpi 以下，可用作一般校样；激光印字机的精度在 400dpi～600dpi 左右，可用作科技和外文书的校样；精密激光照排机的精度为 742dpi、2016dpi 等几种，可用作印刷的软件。印数几千册的书也可用 600dpi 硫酸纸制版印刷，成本可降低。

4. 内存、外存

内存是设置在电子计算机主机内部，直接和运算器、控制器进行信息交换的内层存储器叫内存储器，简称内存。它分 ROM 和 RAM 两种。RAM 用于临时存放在运行的程序和数据，是可读可写的随机存储器。关机后，内存中的信息将自行消失。要长期保存信息，可用 ROM，但 ROM 的容量一般很有限。

计算机计算之前，程序和数据通过输入设备送入内存，计算机开始工作后，内存不仅要为其他的部件提供信息，也要保存运算中间结果及最终结果。内存存储量的大小和取数操作速度，直接影响计算机运算速度的高低。

为了大量并长期保存有用的信息，就要使用存储容量大的外部存储器，简称外存。目前使用的外存储器，如硬盘存储器、软盘存储器、光盘存储器等。

(1)硬盘存储器　硬盘是一个高精度的部件，它被封装在一个金属盒内，内部磁盘片不可更换。它是电脑的主要随机访问存储设备，它存储量大，存取速度快，是系统资源和信息资源的重要存储设备。

(2)软盘存储器　软盘是一种涂有磁性物质的聚酯薄膜圆盘。软盘取用非常方便，只要有足够的软盘，就可以存储足够量的信息。

(3)光盘存储器　光盘的存储量很大，一次可以存储几百兆的应用软件，使用非常方便。

二　四代照排机的功能和特点

近 50 多年来，照相技术的发展使排版技术从第一代照排机发展到第四代。同时，计算技术和激光技术的加盟，使文字稿、图像稿的照排逐步实现自动化、精确化。从而大大提高了生产效率，缩短了出版周期。

1. 手选式照排机——第一代

第一代照排机于 1950 年发明，是手选式照相排字机，也称手动模版照排机。靠人工在字模版上逐个选字，然后借助光源由光路系统使之在软片上曝光。其原理简单地说是打字机和照相机的结合。

国产 HUZ－1 型手动照相排字机是由上海光学机械厂生产制造的。它装有 20 个不同焦距的变倍镜头，字模版上的每一个文字根据需要可作 20 种不同规格的放大或缩小(7 级

~62级)，同时在镜头通道上面还装有一个变形镜头，通过旋转不同的角度和变换位置的高低，可使字形变换成不同比例的长体、扁体和斜体。这样，通过镜头的变倍和变形，每一个文字就有480种的变化，加上20种不同大小的方形字，共500种，以适应各种字体、字形、字号的需要。每部机器装有四种字体：宋体、黑体、仿宋体、楷体，可以随时调换。

使用HUZ-1型手选式照排机时，根据版面计算要求，由工人从字模版上将字符一个一个地直接选出，并进行拍摄，使装在暗箱的感光材料感光；再把感光材料取出送暗室进行显影、定影处理，经水洗、干燥后，就得到一张阳图文字(白底黑字)，经过校对后，制成相纸或软片。如果稿件质量较差，校对过程中有较大改动，则需先制成相纸经修改后再制成软片。

手选式照相排字机工作时，由玻璃字模版组成的整副字模版框可作左右、前后移动，将所要选出的文字、符号移到拍摄口位置，供主透镜拍摄。每完成一次拍摄过程后，拍摄镜头或暗箱滚筒就在机械带动下移位一次，准备接受下一次的拍摄。随着照相制版技术的发展，在HUZ-1型照排机的基础上，又研制成ZXP-7701型手选照相排字机，某些机件有所创新和改进。

字模版是由两块面积为66mm×106mm、厚度为2mm，没有斑点和气泡的平整玻璃胶合而成的。其中一块玻璃面上晒有透明文字。字模版上的文字排列是横向21个字位，纵向13个字位，每块共273个字位。目前HUZ-1型照排机上使用的字模版，以上海照相制版厂生产的字模版(1块~25块，共计6725字，内有标点符号28个)和北京新华字模厂生产的字模版(1块~26块，共有6994字，内有常用标点、符号63个)为最多，这两种字模版的编排、字体、字形

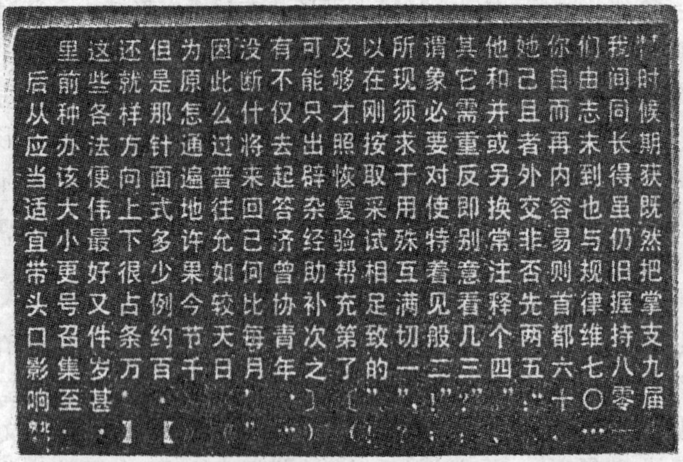

图 2—6　阴图字模版

适合综合印刷厂的需要。字模版如图 2—6 所示。

手选式照相排字机其主要结构，大致可分为：选字系统（包括字模版、版框）、拍摄系统（包括透镜、快门、光源等光学系统）和机械传动与电器控制系统等主要部分组成。其外形如图 2—7 所示。

HUZ—1 型照排机除可以排一般书刊外，还可排零件、表格、外文、公式、铜锌版制版用字、胶印制版用字，尤其是排贴图字、地图字非常方便，又能保证质量。拍摄速度平均每分钟 15 字，每小时约 900 字。

2. 半电子式自动照相排字机——第二代

第二代照排机，是半电子式自动照相排字机，于 1956 年发明。这是一种用小型计算机控制的光机式自动照相排字机，由汉字键盘打字机、程序设计用电子计算机、自动照相排字机等主体设备所组成，实际上是照相机、打字机和电子计算的简单结合，即由单机向机组发展。采用电子计算机选字，其编辑加工、字体变换等主要排版功能，均由计算机控

图 2—7 HUZ－1 型照排机外形图

制。排版时先通过键盘按照原稿在纸带上穿孔，经电子计算机加工处理过的穿孔纸带输入到照排主机作为指令，指挥电子计算机选字曝光进行排字组版，完成照相排版任务。这类机型排汉字书刊的速度比手选式照排机要快些，但由于其他结构仍为光机式，再提高速度有困难，并且文字存储处理和输出方式均以“字”为单位，无法将文字图像等分解为点阵作信息处理。

上海光学机械厂生产的 HDP－3 型电脑控制多功能照相排字机，属于第二代型照排机。这种机型，不仅能用于各种书刊排版，图片、地图文字加注，电影广告和幻灯片等的排版，还能用于较复杂版面的编排，包括中外文混排、画线和制作各种表格等。本机采用电脑控制，脉冲电机推送，按键操作，准确、可靠，文字成像清晰，文字缩小或放大为 7 级～50 级。字盘容量有二块带框大版，六块带框小版共 8502 字。

图 2—8　HDP－3 型照相排字机

电脑附有出错和检测程序，检查方便。如图 2—8。

上海光学机械厂生产的 HDP－4 型是采用先进的微电脑控制，汉字信息人机对话和计算机通用键盘操作，除具有一般电脑控制照相排字机的全部排版功能外，还有画圆、画各种曲线、排外文能显示、能预校改、显示版面状况等功能。这种机型适用于复杂排版、广告、包装、装潢等。文字缩小或放大为 7 级～100 级。字盘容量也是两块带框大版，六块带框小版共 8502 字。

上海光学机械厂 HDP－3、HDP－4 型照排机字模版上的字体如下：

字体	样字	字体	样字
宋二体	品种齐全	仿宋简体	品种齐全
宋三体	品种齐全	圆等简体	品种齐全
长宋体	品种齐全	美术简体	品种齐全
楷　体	品种齐全	隶书简体	品种齐全
行楷体	品种齐全	隶书繁体	品種齊全

字体	样字	字体	样字
黑一体	品种齐全	综艺繁体	品種齊全
黑二体	品种齐全	彩云繁体	品種齊全
新魏体	品种齐全	琥珀繁体	品種齊全
细黑一简体	品种齐全	篆　体	品種齊全

3. 全电子式自动照相排版机——第三代

第三代照排机是全电子式自动照相排版，即阴极射线管(CRT)照排机(又称全电脑照排机)，于1968年发明。它与第二代照排机的最大区别是通过阴极射线管实现文字成像。其基本原理是将文字图像编成数码或制成字模版，存入电子照排机；排字时，数字信号通过光学系统，成行地将文字投射到感光材料进行曝光。

第三代照排机的功能和特点

字体与版面变化多

(1)文字符号的规格变化大，便于版面安排；

(2)可以储存多种字体；

(3)只要改变指令即可调整为直排与横排；

(4)各种字体、字号、中外文混排功能，多栏、横、竖排任意交叉功能；

(5)可画各种宽度的横、直线；

(6)可将方块字拉长或改扁；

(7)可以齐左、齐右、齐中及自动整版，可在所给的排版规格内，根据指令所指示自动整理其所排的行次，不足全行也能均分排足；

(8)可编排附注文字，如英文加注、中文加注和注音符号加注等；

(9)有多种加底线的功能，可做花边、人名号、书名号等使用，可加单线、双线、虚线和书名线等。

校稿改样快速方便

(1)合拼　中外文合拼为一行排中文，一行排英文的排列；

(2)空格　用于预留版面的空间；

(3)表格定位装置　用于多样式的表格排版；

(4)填空　以某一相同的文字或符号填满所余空间；

(5)文字插入　校对时，可插入所漏打的文字，不限字数；

(6)文字移动　校对时，可将前后文字及段落随意对调移动；

(7)找字　校对时，为了快速找到所要修改的字或句子，可在限制字数内指令电脑找字，荧光屏上的光标能自动移至所要找的字的位置上；

(8)自动编页　可在每页的结尾自动加排页码。

20 世纪 80 年代，我国引进第三代照排机主要有日本生产的“写研”和“森泽”全电子照排机。写研公司(Shaken)和森泽—连诺公司(Morisawa - Linotype)同为经营照相打字机的公司，发展中文照排具有先天条件。

写研全电子照排机输入和改样可在一台机器上进行。文字、指示等均能显示在 CRT(显像屏)画面上。因此，可以边看画面，边进行快速输入和改样。输入方式有两种，一是全键盘式，一是笔触式。输入速度一般为每分钟 50 字 ~ 80 字。可以用普通纸印出校样，一次可以输出多张。根据需要可使用不同字体和字号(7 级 ~ 100 级)。

写研字体

宋体	黑体
照相排字	**照相排字**

长宋体	粗黑体
照相排字	**照相排字**
仿宋体	特粗黑体
照相排字	**照相排字**
楷体	隶书体
照相排字	照相排字

森泽·连诺全电脑照排机，采用阴极射线方式将汉字以每英寸1950行线的密度投射在软片或感光纸上，能够得到最清晰的效果，高速扫描每小时达到18万字。在照排过程中，字体的形状，可随意转变；字号的大小从最小的7级递增至100级。

但是，以上两种全电脑照排机也都存在一些问题，比如拼版和打样必须通过编辑机或主机，出校样十分不便；一般毛条样通过行印机印出，即带有排版指令的尚未成版式的校样，不能作为出版社的校对样。这两种照排机所用的胶片、相纸和冲洗药水都必须购买日本产的，成本较高。目前，我国已不再进口这种照排机。

4. 激光照相排版机——第四代

第四代照排机是激光照排机，于1972年发明。它利用电子计算机进行文字存储、编辑处理、激光扫描，在胶片上作高精度曝光记录，文字质量高，排版速度快。从1985年以来国内已引进英国蒙纳(MONO)激光照排机达几十台之多。

激光照排机由于激光束很强，普通底片便能感光，所以进口蒙诺激光照排机，可以采用国产的软片和药水，使用方便，成本也低。

第三、四代照排机均使用软磁盘，一张软磁盘约可储存10万~15万字。根据圆形盘片的直径分5英寸盘和8英寸盘两种。盘外有方形的纸质护套保护软盘，并可防止灰尘粘污，避免盘片上的信息被破坏。一般情况，第三代照排机用的是8英寸盘，第四代照排机用的是5英寸盘。

激光照排机的特点

(1)质量好　由于采用高精度的扫描记录技术，出现的文字字形轮廓和笔锋已能完全满足汉文书刊排版对文字字形的要求。

(2)功能齐　可制出阴图、阳图版；正文文字可变形，可排报刊、图书各种版式；可排表格和公式；可进行中外文混排；可加排各种底线等。

(3)速度高　每小时输出速度368000字，排整版西文报纸的时间约2分钟。

(4)改动方便　文字改动、加字、减字、移动，十分方便。

(5)体积小　整个排版系统是由输入部分、中央处理部分、激光扫描记录部分组成，但非常紧凑，体积小，机器占地面积小。

近几年由北京大学研制的激光汉字排版系统和潍坊华光激光汉字排版系统，在技术上都取得了较大进展，它们的研制成功给汉字照排系统开辟了新的途径，使得高速、廉价的先进汉字激光照排机成为可能。其中，北大方正的激光汉字排版系统、彩色激光照排系统和远程通讯传真系统为国际一流。

目前被广泛采用、技术比较成熟、市场占有率较高的专业电子排版系统有：北大方正、华光、帝冠、科印、四通、前景等等。它们排版功能比较齐全、字模精美、操作方便，并带有一定的编辑功能。其中方正和华光激光汉字排版系统已为较多的出版社、报社和印刷厂所选用，形成了一定的生产能力。

5. 方正精密激光照排系统

(1)构成　这是一套满足正式出版物要求的印前排版系统。其构成如下：

主机 + [FZ—93B 卡及软件（均装在主机中）] + [激光印字机] → 输出纸样等；[激光照排机] → 输出胶片(含阳片、阴片)、相纸

主机均要求 486 以上档次的 PC 机。驱动激光照排机发排，输出胶片和相纸，从而成为专业的、满足或超过国家对正式出版物精度要求的排版系统。

系统输出尺寸分为 16 开、8 开、4 开；照排机产地分为国产和进口两种，输出精度有 742、1016、1524、2032、2400、3048、3600 等。

(2)功能　本系统属专业印前排版，其功能有：①可排各类图书，各种数学公式、化学结构式、表格，以及各类杂志等；②各种简体汉字，如宋体、仿宋、黑体、楷体、隶书、魏碑、行楷、细圆等；③各种科技符号，多种字体的英文、法文、德文、日文、希腊文、国际音标、汉语拼音等字符；④ 2500 种网纹和 100 种花边；⑤每种字体、字号中的每个字符均有多种变体，如空心、立体、倾斜、旋转、变长、变扁、变粗、变细、网纹字等；⑥版面高速自动旋转，横竖单排、混排；⑦单字及整版的无级缩放，中西文混排，简繁体切换、混体；⑧可出正、反字。

(3)技术指标　①输出幅面为 16 开、8 开、4 开；②输出精度：

742DPI：
- 杭州产(CBTX-09、JZP-Ⅱ、CBTX－08、JZP-8)
- 长春产(JZJ-200、JZJ－300、JZJ－380)

1016DPI：杭州产(CBTX-09B、CBTX-08B、JZP-8B)；长春产(JZJ-200B、JZJ-300B)；美国产(ECRM-1030、ECRM-1045)

1524DPI 美国产(ECRM-1545)

③输出速度：输出 1061DPI 的一张 8 开版，只需 2~3 分钟；④输出质量：胶片曝光均匀，密度高。字体边缘光滑，字形美观，小字清晰；⑤输出介质：胶片(国产或进口)，相纸(进口)。

6. 方正彩色激光照排系统

这套系统是目前国内最先进的图文合一整页输出的文中彩色激光照排系统，采用 windows 多窗口操作系统，系统输出曲线字。硬件和软件都是一流的。

(1)硬件　扫描仪选用 SHART SX610(平板式)或 Scanmate 5000 DPI 的滚筒扫描仪，照排机则对应可用 ECRM 公司产 1545 照排机或 Asfa select 5000 照排机。由于采用的控制器(RIP)是最新推出的 FZ－93B－4C，它实际上是由北大计算机研究所研制的专用 PostScript 协处理芯片，及系统软件所组成的 PostScript leve12 解释器，从而提高了文字和图片的输出速度，并使之能接受西文排版软件和图形处理软件的结果。使用三次曲线轮廓描述汉字字形，无论大小字，均美观平滑。

(2)软件　由于在 windows 环境下运行，从而突破了 640K 基本内存的限制，解决了与其他软件共存的问题。彩色版的 wits 软件，彩色拼版与彩色广告制作系统，可对文字和图片进行各种艺术加工。彩色标色系统，可对各种排版结果进行标色和分色，颜色有上万种。

由于是图文合一，整页输出，从而彻底改革了传统工艺，使一些原来手工拼版无法实现的复杂版面，在该系统上可以实现。

文字标色 C(青)、M(品红)、Y(黄)、K(黑)rs10% 为一级，任意比例混色，从屏幕上可直接看到标色结果，各种排版软件中对文字和各种编辑功能，如空心字、立体字、勾边字、网纹字、旋转字、倾斜字以及各种版式，都能做彩色处理。

扫描的图片原稿可用透射稿、反射稿，对图像可进行裁剪、复制、旋转、拼接、拷贝、任意定位、旋转、渐变效果，还可作任意的拉伸变形。图片的输出采用硬件电子加网，速度快，加网线数为 80、100、120、133、150、175、200、250 线(目)任意可调整。输出 400mm×600mm 整版图片的四张分色胶片的时间大约在 40 分钟左右(挂网目数不限，输出精度为 1524DPI 的情况下)，输出 8 开版面仅需 12 分钟(输出时间包含计算机处理时间在内，照排机出片输出时间每张 400mm×600mm 分色片需要 3 分多钟)；若图片只占二分之一或更小，则输出时间将减少。输出图片的效果完全达到电分机分色效果。

这套高档配置最高可挂 250 目，能达到印刷精美彩色插图、杂志封面、挂历、彩色广告等(图 2—9)。

7. 华光 V 型激光照排系统的功能与特点

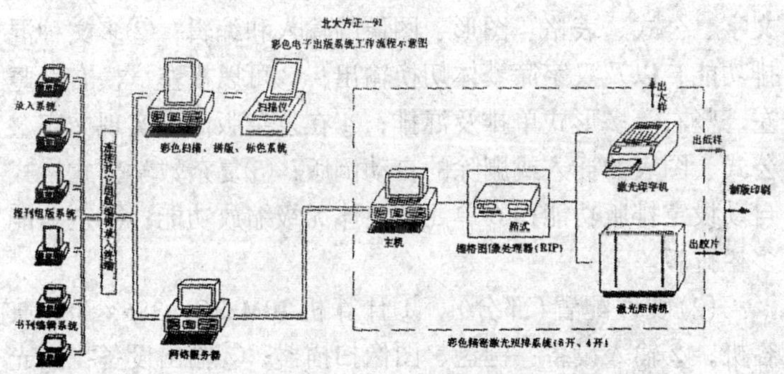

图 2—9　北大方正 -91

(1)系统核心采用国际流行 RISC 最新技术制成的光栅图文处理器(RIP)，以独特的压缩新技术，使华光系统从轻印刷到精密照排的照排控制机高度集成在主系统之中，比分离式可靠性高、功能强、通用性好、安装维修方便；

(2)采用现代化的字模制作技术，可任意扩充字体种类；

(3)华光 V 型的 RIP 非常方便地支持任意字体的空心、立体、旋转、倾斜、阴阳、勾边、线条、网纹等花样输出；

(4)华光 V 型的 RIP 具有字号无级变倍功能，可生成任意长扁方字，比有级增量变培缩印更方便；

(5)采用国际最新编程技术开发的华光 V 型软件，适合于各种排版要求；

(6)有任意比例的版面缩印功能；

(7)有高清晰度多功能图片、照片处理系统，多文种文字处理系统；

(8)RIP 采用了全新方案，使华光系统输出质量更高，可支持多种高精度的激光印字机和激光照排机。

(9)输出精度为 400、742、800、1016、1270DPI。

8. 帝冠 HC—2000 精密激光照排系统

(1)功能　①采用全交互方式，不用换画面，一次完成文字、公式、表格、图形、图像的输入和编辑；②多文种混排功能，以及汉字简繁体切换输出；③可以横左、横右、竖左、竖右等多形式单排及混排；④在复杂版面中实现文字、公式、图表的插入或删除的自动倒版；⑤复杂数学公式格式自动设定排版功能；⑥单元及整体无级缩放功能；⑦全功能多栏排版。

(2)硬件配置(部分)　①计算机 IBM PC/ 386/ 486 兼容机；②输入设备：键盘、图像扫描器；③输出设备：激光印字机、激光照排机。

(3)软件系统：①高精度字库 480—3000DPI；②中文字体 35 种，简体：细宋、中宋、中黑、仿宋、中楷、细隶、粗宋、隶书、古隶、魏碑、特宋、特黑、行书、琥珀、碑艺。繁体：细宋、细圆、中宋、中黑、仿宋、中楷、细隶、粗宋、粗黑、粗圆、隶书、古隶、魏碑、特宋、琥珀、超特宋、超特黑、综艺、创举兰、黑重叠；③字形变化有倾斜、阴字、阴阳字、网纹字、长字、扁字、中空字、立体字、投影字等；④花边 35 种以上；⑤网纹 300 种以上(可扩充)；⑥字号可任意大小；⑦中文输入法可用五笔字型、拼音，并可任意扩充；⑧可编辑符号有各种数码、数学符号、化学符号及其他符号 300 余个；⑨多文种文体有英文字体 25 种以上，日文汉字、俄文、法文、德文、西班牙文、葡萄牙文、希腊文、阿拉伯文、哈萨克文、维吾尔文、蒙古文、朝文等各 3 种至 7 种字体；⑩补字软件。有帝冠字库、华文字库、格力凯旋字库。

目前常选用的照排字体和花边软体有：方正字库、青鸟华光字库、华文字库、汉仪字库、格力凯旋字库、帝冠字库、华光字库、华光花边、华光题花、华光底纹(图 2—10至 2—19)。

目前各类字库的字体可分为三大类。第一类是从宋代活字印刷发展起来的宋体和仿宋体；第二类是由书法演变的字体，如楷书、隶书、魏碑、舒体等；第三类属于美术字体，如综艺、琥珀、彩云等。其他字体多属以上三类字体的变异。

现在使用较为普遍的为宋体。宋体字字体方正稳重，秀丽清晰，阅读醒目，是长期以来被人们接受的一种字体，所以书、报、杂志的正文大都采用这种字体。

楷书、隶书、魏碑、舒体等属书法字体，凡书法字体均可用中国特有的毛笔直接书写。楷书字体典雅，笔画圆润；隶书字体古朴、字形扁平；魏碑字体苍劲有力，笔画粗实；

帝 冠 字 库

细宋简体
最完美的排版艺术

中宋简体
最完美的排版艺术

仿宋简体
最完美的排版艺术

中楷简体
最完美的排版艺术

细隶简体
最完美的排版艺术

古隶简体
最完美的排版艺术

粗宋简体
最完美的排版艺术

特宋简体
最完美的排版艺术

特黑简体
最完美的排版艺术

中黑简体
最完美的排版艺术

图 2—10a　帝冠字库

行书简体

最完美的排版艺术

魏碑简体

最完美的排版艺术

隶书简体

最完美的排版艺

碑艺简体

最完美的排版艺术

琥珀简体

最完美的排版艺术

細圓繁体

最完美的排版藝術

粗圓繁体

最完美的排版藝術

图 2—10b　帝冠字库

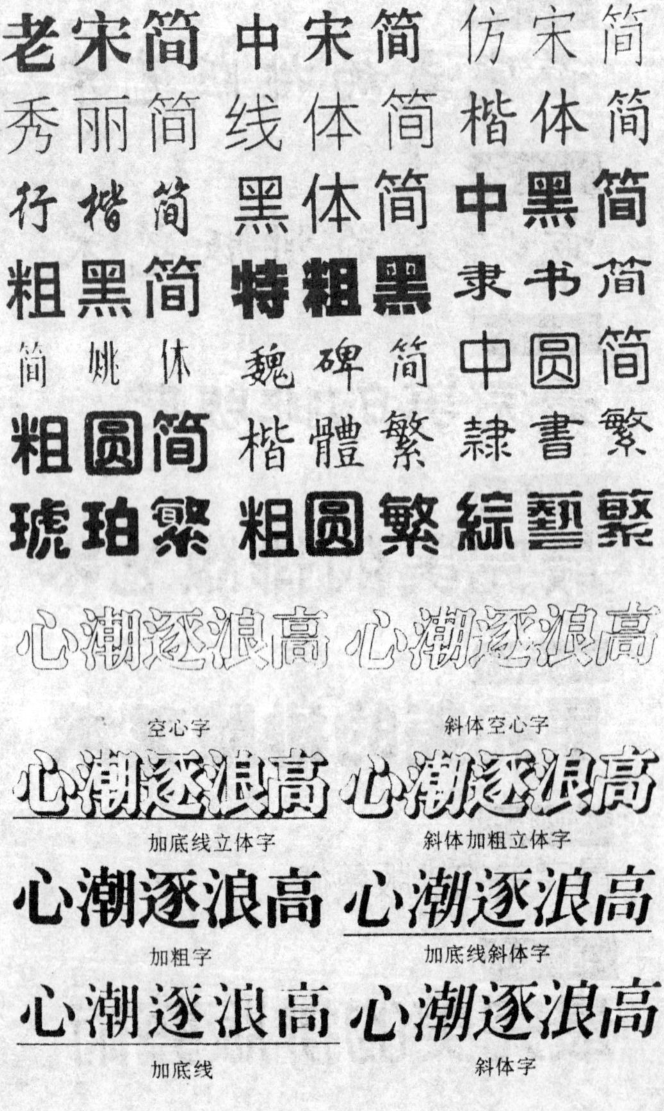

老宋简 中宋简 仿宋简

秀丽简 线体简 楷体简

行楷简 黑体简 中黑简

粗黑简 特粗黑 隶书简

简姚体 魏碑简 中圆简

粗圆简 楷體繁 隸書繁

琥珀繁 粗圓繁 綜藝繁

心潮逐浪高 心潮逐浪高

空心字 斜体空心字

心潮逐浪高 心潮逐浪高

加底线立体字 斜体加粗立体字

心潮逐浪高 心潮逐浪高

加粗字 加底线斜体字

心潮逐浪高 心潮逐浪高

加底线 斜体字

图 2—11　格力凯旋字库

书宋一简
报宋简体
中宋简体
大宋简体
长宋简体
书宋二简
字典宋简
中黑简体
大黑简体
长美黑简
楷体简体
仿宋简体
细圆简体
中圆简体

粗圆简体
大隶书简
小隶书简
细等线简
中等线简
魏碑简体
行楷简体
舒同体简
琥珀简体
彩云简体
黑咪简体
咪咪简体
综艺简体
中细圆简

图 2—12　汉仪字库

华文宋体简体　华文中宋简体

华文仿宋简体　华文粗宋简体

华文黑体简体　华文中黑简体

华文宋黑简体　华文粗黑简体

华文楷体简体　华文中楷简体

华文粗楷简体　华文行楷简体

华文长牟简体　华文小姚简体

华文魏碑简体　华文新魏简体

华文细隶简体　华文报隶简体

华文隶书简体　华文粗隶简体

华文细圆简体　华文中圆简体

华文粗圆简体　华文综艺简体

图 2－13　华文字库

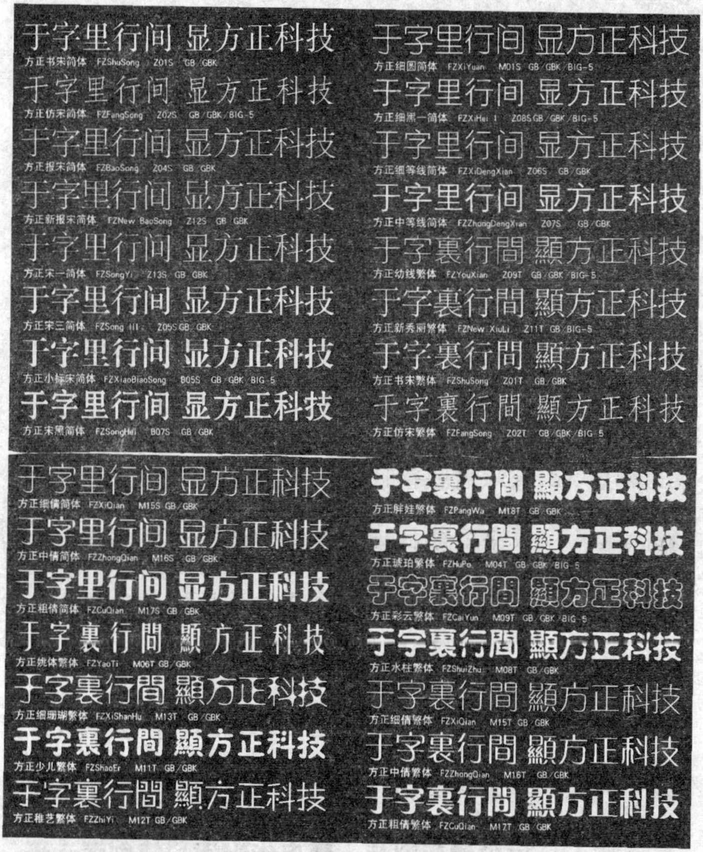

于字里行间 显方正科技
方正书宋简体 FZShuSong Z01S GB/GBK

于字里行间 显方正科技
方正仿宋简体 FZFangSong Z02S GB/GBK/BIG-5

于字里行间 显方正科技
方正报宋简体 FZBaoSong Z04S GB/GBK

于字里行间 显方正科技
方正新报宋简体 FZNew BaoSong Z12S GB/GBK

于字里行间 显方正科技
方正宋一简体 FZSongYi Z13S GB/GBK

于字里行间 显方正科技
方正宋三简体 FZSong III Z05S GB/GBK

于字里行间 显方正科技
方正小标宋简体 FZXiaoBiaoSong B05S GB/GBK/BIG-5

于字里行间 显方正科技
方正宋黑简体 FZSongHei B07S GB/GBK

于字里行间 显方正科技
方正细圆简体 FZXiYuan M01S GB/GBK/BIG-5

于字里行间 显方正科技
方正细黑一简体 FZXiHei I Z08S GB/GBK/BIG-5

于字里行间 显方正科技
方正细等线简体 FZXiDengXian Z06S GB/GBK

于字里行间 显方正科技
方正中等线简体 FZZhongDengXian Z07S GB/GBK

于字裏行間 顯方正科技
方正幼线繁体 FZYouXian Z09T GB/GBK/BIG-5

于字裏行間 顯方正科技
方正新秀丽繁体 FZNew XiuLi Z11T GB/BIG-5

于字裏行間 顯方正科技
方正书宋繁体 FZShuSong Z01T GB/GBK

于字裏行間 顯方正科技
方正仿宋繁体 FZFangSong Z02T GB/GBK/BIG-5

于字里行间 显方正科技
方正细倩简体 FZXiQian M15S GB/GBK

于字里行间 显方正科技
方正中倩简体 FZZhongQian M16S GB/GBK

于字里行间 显方正科技
方正粗倩简体 FZCuQian M17S GB/GBK

于字裏行間 顯方正科技
方正姚体繁体 FZYaoTi M06T GB/GBK

于字裏行間 顯方正科技
方正细珊瑚繁体 FZXiShanHu M13T GB/GBK

于字裏行間 顯方正科技
方正少儿繁体 FZShaoEr M11T GB/GBK

于字裏行間 顯方正科技
方正稚艺繁体 FZZhiYi M12T GB/GBK

于字裏行間 顯方正科技
方正胖娃繁体 FZPangWa M18T GB/GBK

于字裏行間 顯方正科技
方正琥珀繁体 FZHuPo M04T GB/GBK/BIG-5

于字裏行間 顯方正科技
方正彩云繁体 FZCaiYun M09T GB/GBK/BIG-5

于字裏行間 顯方正科技
方正水柱繁体 FZShuiZhu M08T GB/GBK

于字裏行間 顯方正科技
方正细倩繁体 FZXiQian M15T GB/GBK

于字裏行間 顯方正科技
方正中倩繁体 FZZhongQian M16T GB/GBK

于字裏行間 顯方正科技
方正粗倩繁体 FZCuQian M17T GB/GBK

图 2—14 方正字库

简胖头鱼：	未来需要科技，青鸟华光用科技创造未来。
简书宋：	未来需要科技，青鸟华光用科技创造未来。
简书宋一：	未来需要科技，青鸟华光用科技创造未来。
简书宋二：	未来需要科技，青鸟华光用科技创造未来。
简舒同：	未来需要科技，青鸟华光用科技创造未来。
简魏体：	未来需要科技，青鸟华光用科技创造未来。
简小标宋：	未来需要科技，青鸟华光用科技创造未来。
简行草：	未来需要科技，青鸟华光用科技创造未来。
简细黑：	未来需要科技，青鸟华光用科技创造未来。
简细黑一：	未来需要科技，青鸟华光用科技创造未来。
简行楷：	未來需要科技，青鳥華光用科技創造未來。
简细圆：	未来需要科技，青鸟华光用科技创造未来。
简中圆：	未来需要科技，青鸟华光用科技创造未来。
简准圆：	未来需要科技，青鸟华光用科技创造未来。
简粗圆：	未来需要科技，青鸟华光用科技创造未来。
简姚体：	未来需要科技，青鸟华光用科技创造未来。

图 2—15　青鸟华光字库

报宋 华光 隶变 技術 黑二 华光

仿宋 华光 中长宋 技术 粗圆 华光

楷宋 华光 小标宋 技术 黑体 华光

书宋 华光 大标宋 技术 黑变 华光

楷体 华光 细等线 技术 美黑 华光

姚体 华光 中等线 技术 大黑 华光

魏碑 华光 淡古印 技术 综艺 华光

细圆 华光 行草 技术 琥珀 华光

中圆 华光 隶书 技术 准圆 華光

彩云 华光 行楷 技术 超黑 華光

图 2—16 华光字库

0
1
2
3
4
9
10
11
12
13
18
19
20
21
22
25
26
29
30
31
36
37
38
39
40
45
46
47
48
53
54
55
56
57
58
63
64
65
66
67
70
73
74
78
80

图 2—17　华光花边图

图 2—18　华光题花图

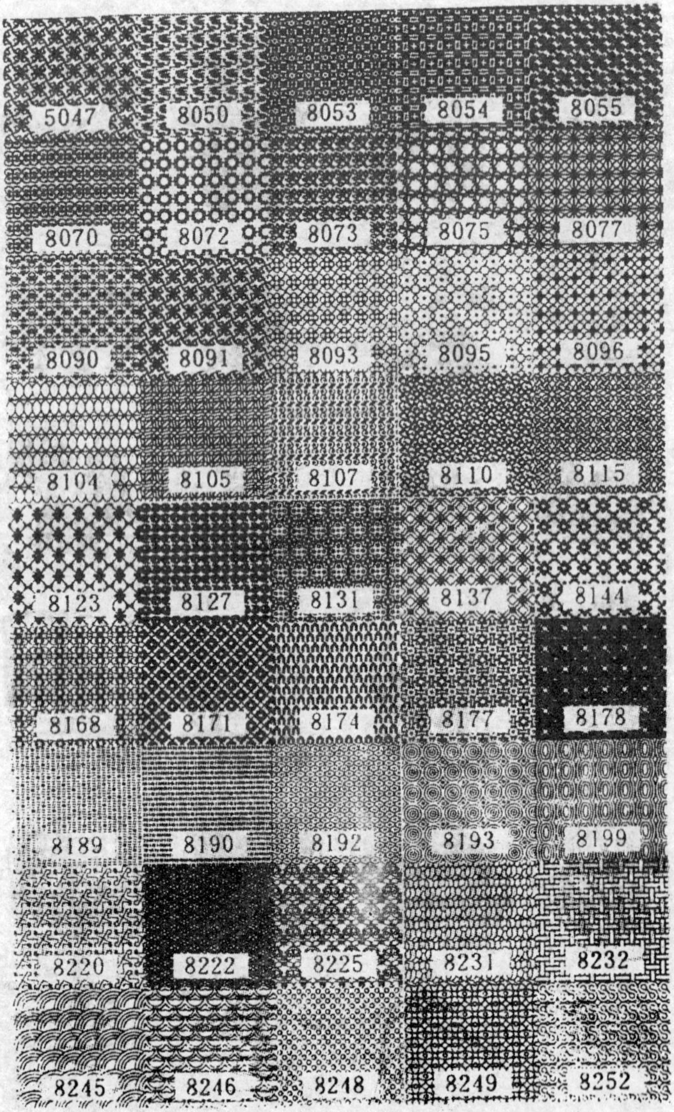

图 2—19　华光底纹图

舒体字体灵活，笔画变化大，且具有随意性。属美术字的综艺体，在字的结构上和笔画上进行了大胆的变化，使其具有艺术美。琥珀体饱满圆润，叠加自然。彩云体空心饱满，有较强的艺术美。其他字体都各有个性和特点。

在了解了字体的种类和特点之后，对设计书、报、杂志的封面和版面时就能正确地使用它，使之能发挥出各种字体的造型特点，增添书、报、杂志的醒目美观，大方得体。

三　各类照排机性能的比较

1. 四种类型照排机校样工艺的比较

(1)手选照排机　只能剪贴挖改相纸或胶片，手续很繁琐，质量也差。

(2)半电子式照排机　采取纸带修改的方式，将校样上校出的差错和增删部分记录在“修改指示书”上，再按修改指示书所记录的内容凿成修改纸带，然后将原始纸带与修改纸带一起输入计算机内，由计算机自动进行修改，手续比手选照排机方便。

(3)全电子式自动照排机　采取荧光屏显像修改的方式，修改信号用键盘直接输入计算机进行修改，手续方便。

激光汉字照排系统文稿的修改在汉字终端机上进行，增删时由计算机自动移动补齐，手续极为简便。

2. 设备投资、使用及维修的比较

手选式照排机结构简单，操作方便灵活，投资额小，保养维修简单方便，对标题字、图注字、封面字、零件的排版还具有一定的优势。出版社、印刷厂可适当配备。但书稿的排版一般不宜用此类机型，原因是照排速度慢，改样十分困难。

半电子式照排机由于技术原因，印刷厂一般不采用，现已基本淘汰。

全电子式照排机主要是日本产的写研和森泽照排机，这种机型价格高，胶片等材料昂贵，维修也困难，设备性能又不如四代机，目前已不再进口。

激光照排机北大方正和潍坊华光等价格比进口的便宜，机器性能完善，国内维修也方便。目前，已成为书刊、报纸照排的主要机型，为各印刷厂、报社、出版社所喜用。

四 照排的文字级数

照排的文字实用毫米制，以“级数”(K或Q)表示文字的大小。级与毫米的关系如下：1级=0.25毫米；1毫米=4级。例如20级大小的文字就是0.25mm×20=5mm见方的文字。10个20级文字的总长为5mm×10=50mm。相反50mm长范围内需排入10个字时：50÷10×4=20(级)，即需排20级文字。照排字的级数与活字的号数或点数，其大小只是近似值(表2—4)。

级数字体大小(图2—20、2—21)和无级倍变(图2—22)如下：

表 2—4　照排的级数与相近的号、点数

级　数	折合毫米数	相近的点数(磅)	相近的号数
7	1.75	4.5	8号
8	2	5.25	7号
9	2.25	6	
10	2.5	7	
11	2.75	8	6号
12	3	8	6号
13	3.25	9	小5号
14	3.5	10	5号
15	3.75	10.5	5号
16	4	12	小4号
18	4.5	12	小4号
20	5	14	4号
24	6	16	3号
		18	小2号
28	7	21	2号
32	8	24	小1号
38	9.5	28	1号
44	11	28	1号
50	12.5	36	小初号
56	14	42	初号
62	15.5	45	五行字
70	17.5	54	六行字
80	20	54	六行字
90	22.5	63	七行字
100	25	/	/

7级 照相排字
8级 照相排字
9级 照相排字
10级 照相排字
11级 照相排字
12级 照相排字
13级 照相排字
14级 照相排字
15级 照相排字
16级 照相排字
18级 照相排字
20级 照相排字
24级 照相排字
28级 照相排字
32级 照相排字
38级 照相排字
44级 照相排字

80级 照相
90级 照相
100级 照相
50级 照相
56级 照相
62级 照相
70级 照相

图 2—20 中文字级数

7级 PHOTO
8级 PHOTO
9级 PHOTO
10级 PHOTO
11级 PHOTO
12级 PHOTO
13级 PHOTO
14级 PHOTO
15级 PHOTO
16级 PHOTO
18级 PHOTO
20级 PHOTO
24级 PHOTO
28级 PHOTO
32级 PHOTO
38级 PHOTO
44级 PHOTO
50级 PHOTO
56级 PHOTO
62级 PHOTO
70级 PHOTO
80级 PH
90级 PH
100级 PH

图2—21 外文字级数

小七号	华光系统	
七　号	华光系统	96 磅 华光
小六号	华光系统	
六　号	华光系统	
小五号	华光系统	
五　号	华光系统	
小四号	华光系统	
四　号	华光系统	
三　号	华光系统	84 磅
小二号	华光系统	
二　号	华光系统	
小一号	华光系统	
一　号	华光系统	72 磅 华光
小初号	华光系统	
初　号	华光系统	
小特号	华光系统	63 磅
特　号	华光系统	
特大号	华光系统	

图 2—22　华光字号无级变倍

表 2—5　　　　照排软件系统文字属性比较表

系统		北大维思	华光Ⅴ	长城笔神	科印	4S	前景
文种		汉、英、希腊、俄、日(假名)、汉语拼音等多种文字	汉、英、日、俄、法、德、希腊等国文字		汉、日、俄、希腊文,国际音标,汉语拼音,英	汉、英、希腊、俄、拼音,国际音标	汉、英、法、德、日、俄、西班牙、世界语
字体	中文	报宋、仿宋、书宋宋三、小标宋、大标宋、中长宋、黑、楷、中等线、细等线、姚体、细圆、粗圆、魏碑、隶书、行楷、美黑、大黑、黑变	报宋、仿宋、书宋、小标宋、大标宋、中长宋、黑体、美黑、黑变体、楷体、行楷、魏碑、小姚体、大黑、圆头黑,日文明体、朝文明体、朝文黑体	宋、楷、黑、仿宋、小标宋、中圆头、细圆头、行楷、魏碑、隶书	宋、黑、仿、楷、标题宋、秀丽体、细圆、粗圆、魏碑、隶书、细黑、粗黑	宋、仿黑、楷、中圆、细圆、隶书、魏碑、明、粗明、综艺、姚体、花体、堪亭流、特粗黑	宋、细宋、仿宋、标题宋、黑、细黑、楷、等线、圆头、魏碑、隶书
	外文	白正体、黑正体、白斜体、黑斜体、方头正、方头斜、白歌德、黑歌德、花体		白正体、白斜体、黑正体、黑斜体	黑白、等线、斜、花体等16种	正、斜、黑、粗等线;正、斜、细等线,正、斜、花及空心	白体、黑体、斜体、等线体、花体
	变形	空心、倾斜、旋转、勾边、立体、阴字、粗细	长体,扁体	空心网纹、立体、阴阳、倾斜、旋转	反白、空心,斜体、长体、扁体、带底网	倾斜、旋转、变形、反白空心、网纹	倾斜、拉长、压扁、空心、立体、阴阳、反白
	有无繁体	秀丽、幼克、中克、粗克、幼线、细圆、中圆、准圆、粗圆、琥珀、综艺、魏碑、隶书、彩云、书宋、中宋、粗宋、小标宋、仿宋、黑楷、大行楷	报宋、书宋、仿宋、标题宋、黑体、楷体、圆头黑、隶书、魏碑、彩云体、琥珀体	仿宋、书宋、楷、黑、标题宋	有	宋、楷、黑、仿、中圆、细圆、隶书、魏碑、特粗黑、空心圆、细黑、正楷、综艺、新楷、琥珀、明体	细圆、中圆、隶书、细黑、秀宋

续表

字号	小七、七、小六、六、小五、五、小四、四、三、小二、二、小一、一、小零号	小七、七、小六、六、小五、五、小四、四、三、小二、二、小一、一、小初号、初号、小特、特大号、63磅、72磅、84磅、96磅	小七、七、小六、六、小五、五、小四、四、小三、三、小二、二、小一、一、小零、零、小特、特、大特号、63磅、72、84、96磅	从初号—七号(与铅字对应)还可以1/4磅为单位变化	5磅—100磅以半磅为增量变化	无级变倍

第四节　Marlin(枪鱼)系列激光照排机

Marlin(枪鱼)系列激光照排机(彩图1)的高输出率来自于ECRM公司的专利成像技术，旋转的全息镜面取代了传统的成像镜，全息镜面每旋转一周能产生五束高速成像激光，从而使Marlin(枪鱼)系列激光照排机的输出速度极快。该系列激光照排机设计严谨，生产符合ISO 9001高质量标准，因而能够长时间高强度作业，维修保养也很方便。该系列照排机全息技术能产生网点清晰的分色图像(彩图2)。该系列照排机可输出从八开至对开幅面，并可选择胶片、相纸、聚酯版材等多种感光材料，分辨率从1000dpi到2540dpi多级可变，还可以根据输出需要灵活选择Mac或pc高效软件RIP。

Marlin(枪鱼)63能输出包括对准线和颜色控制条在内的对开幅面、大幅海报、全张报纸，最大幅宽可达635毫米；Marlin(枪鱼)46可输出四开幅面，最大幅宽可达460毫米。Marlin(枪鱼)63每小时输出88页全张报纸幅面；Marlin

(枪鱼)每小时输出60页全张报纸幅面。成像、传输和冲片可同时进行。

第五节　照排工艺复制凸版版材的制作

照排胶版印刷转变为凸版印刷，可采用照排的软片复制成感光性树脂版。其工艺流程如下：

原稿→照相排版→出样→校对→改样→制出阳图软片→拷贝成阴图软片(或采用激光照排直接制出阴图软片)→制成感光性树脂版→凸版印刷

原稿如果是文字稿，照排直接制成软片；如果有网纹图或线条图，则将所有的图照相制成软片，然后将图的软片拼入文字软片，即形成完整的书版。

感光性树脂版的制版工艺及其优点：

一　制版工艺

用感光性树脂制版机(图2—22)进行制版。其制版过程见图2—23。

(1)底片的乳剂面紧密接触在印版面上；

(2)在感光性树脂版上曝光；

(3)用水为显影剂进行冲洗；

(4)用热风干燥机进行干燥；

(5)后曝光提高版面硬度。

二　感光性树脂版种类

1. 液体固化型树脂版

简称液体树脂版，感光前为液体，感光后变成固体；

2. 固体硬化型树脂版

在感光前为硬度不高的固体，感光后固体的硬度大幅度

图 2—23　感光性树脂制版机

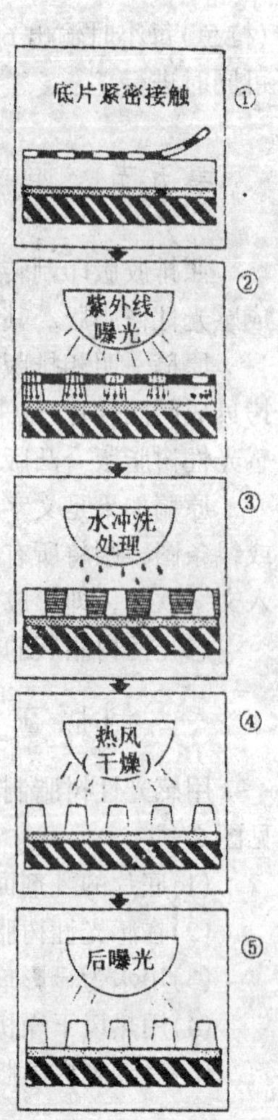

图 2—24　制版过程

提高，目前在工厂中使用的尼龙版就是固体树脂版的一种。

3. 优点

感光性树脂版是目前世界上还在使用的印刷制版工艺

(我国在1957年研制成功)。它具有工艺操作简单、制版迅速、设备简单、质量好等优点。例如:

(1)装版容易,尺寸稳定性好;

(2)油墨的转移性、耐印性优越;

(3)图面网点分辨率可选100线,图纹的再现较清晰。

用照排软片复制成感光性树脂版,这给凸版制版带来了根本性的变化,所以在国内外发展较快。

第六节 其他排版部分

组成书刊的版面,除文字、花边、插图以外,还要有标点符号、数码字、外文字等,与图文部分共同构成完整的版面。

一 标点符号

标点符号是书刊版面不可缺少的组成部分。关于标点符号的应用和种类分述如下:

1. 标点符号的种类

国家技术监督局1995年12月13日发布、1996年6月1日实施标点符号统一的使用法,包括下列16种标点符号。

(1)句号 句号的形式为"。"。句号还有一种形式,即一个小圈点"."，一般在科技文献中使用。陈述句末尾的停顿,用句号。语气舒缓的祈使句末尾,也用句号。

(2)问号 问号的形式为"?"。疑问句末尾的停顿,用问号。反问句的末尾,也用问号。

(3)叹号 叹号的形式为"!"。感叹句末尾的停顿,用叹号。语气强烈的祈使句末尾,也用叹号。语气强烈的反问句末尾,也用叹号。

(4)逗号　逗号的形式为"，"。句子内部主语与谓语之间如需停顿，用逗号。句子内部动词与宾语之间如需停顿，用逗号。句子内部状语后边如需停顿，用逗号。复句内各分句之间的停顿，除了有时要用分号外，都要用逗号。

(5)顿号　顿号的形式为"、"。句子内部并列词语之间的停顿，用顿号。

(6)分号　分号的形式为"；"。复句内部并列分句之间的停顿，用分号。非并列关系(如转折关系、因果关系等)的多重复句，第一层的前后两部分之间也用分号。分行列举的各项之间，也可以用分号。

(7)冒号　冒号的形式为"："。用在称呼语后边，表示提起下文。用在"说、想、是、证明、宣布、指出、透露、例如、如下"等词语后边，表示提起下文。用在总说性话语的后边，表示引起下文的分说。用在需要解释的词语后边，表示引出解释或说明。总结性话语的前边，也可以用冒号，以总结上文。

(8)引号　引号的形式为双引号″"　"″和单引号"'　'"。行文中直接引用的话，用引号标示。需要着重论述的对象，用引号标示。其有特殊含意的词语，也用引号标示。引号里面还要用引号时，外面一层用双引号，里面一层用单引号。

(9)括号　括号常用的形式是圆括号"(　　)"。此外还有方括号"[　　]"、六角括号"〔　　〕"和方头括号"【　　】"。行文中注释性的文字，用括号表明。注释句子里某些词语的，括注紧贴在被注释词语之后；注释整个句子的，括注放在句末标点之后。

(10)破折号　破折号的形式为"——"。行文中解释说明的语句，用破折号表明。话题突然转变，用破折号表明。事项列举分承，各项之前用破折号。

(11)省略号　省略号的形式为“……”。六个小圆点，占两个字的位置。如果是整段或诗行的省略，可以使用十二个小圆点来表示。引文的省略，用省略号表明。列举的省略，用省略号表明。说话断断续续，可以用省略号标示。

(12)着重号　着重号的形式为“.”(排在字的下面)。要求读者特别注意的字、词、句，用着重号标明。

(13)连接号　连接号的形式为“—”，占一个字的位置。连接号还有另外三种形式，即长横“——”(占两个字的长度)、半字线“-”(占半个字长度)和浪纹“~”(占一个字长度)。

两个相关的名词构成一个意义单位，中间用连接号。相关的时间、地点或数目之间用连接号，表示起止。相关的字母、阿拉伯数字等之间，用连接号表示产品型号。几个相关的项目表示递进式发展，中间用连接号。

(14)间隔号　间隔号的形式为“·”(排在字与字的中间)。外国人和某些少数民族人名的各部分的分界，用间隔号表示。书名与篇(章、卷)名之间的分界，用间隔号标示。

(15)书名号　书名号的形式为双书名号“《　》”和单书名号“〈　〉”。

书名、篇名、报纸名、刊物名等，用书名号标示。书名号里边还要用书名号时，外面一层用双书名号，里边一层用单书名号。

(16)专名号　专名号的形式为“——”。人名、地名、朝代名等专名下面，用专名号标示。专名号只用在古籍或某些文史著作里面，为了跟专名号配合，这类著作里的书名号可以用浪线“﹏﹏”。

2. 横排版本的标点符号

(1)在标点符号采用的初期，它们都是装在文句中间，各占一个整字的地位，标点符号铸在字身的中心。以后开明书店对标点符号的大小和部位作过一些改进，就是对表示完整句意的句号、问号、感叹号仍保留占用一个字的地位，而将逗号、顿号、分号、冒号改占半个字地位。经过改进的标点符号被称为开明标点。在目前的横排书中，已普遍应用开明标点符号，另备三开和四开的标点符号供调整字距用，标点符号在字身中所占的地位也得到合理的安排，这些都比开明标点有了更大的改进。

(2)数字中的连接号，阿拉伯数字间应用一字线，汉字则应用二字线。

例如：1949—1995，一九四九——一九九五

(3)横排本三层引号的排法是先用双引号，再用单引号，第三层仍用双引号。

(4)横排本重点号是排在字的下边，有时采取黑体字代替重点号。

3. 标点符号的排版禁则

标点符号的排版禁则就是在排标点符号时不允许出现的情况。它包括以下内容：

(1)要防止顶头点。就是在行首不允许出现句号、逗号、顿号、感叹号、冒号等。后引号、后括号、后书名号也不允许在行首出现。

例如：。□□□□□□□□□□□□

！□□□□□□□□□□□□

》□□□□□□□□□□□□

应改为：□□□□□□□□□□□□。

□□□□□□□□□□□□！

□□□□□□□□□□□□》

(2)在行末不允许出现前引号、前括号、前书名号。

例如：□□□□□□□□□□□□“

□□□□□□□□□□□□(

□□□□□□□□□□□□《

应改为："□□□□□□□□□□□□

(□□□□□□□□□□□□

《□□□□□□□□□□□□

(3)破折号和省略号不能从中间分排在行首和行末。

例如：□□□□□□□□□□□—

—□□□□□□□□□□□

应改为：□□□□□□□□□□□□

——□□□□□□□□□□

例如：□□□□□□□□□□□…

…□□□□□□□□□□□

应改为：□□□□□□□□□□……

□□□□□□□□□□□□

解决标点符号的排版禁则，一般采用伸排法和缩排法两种。伸排法是将一行中的标点符号后加开些，伸出一个字排在下行的行首，避免行首出现禁排的标点符号；缩排法是将全身标点符号换成二分的，缩进一字位置，将行首的禁排标点符号排到上行行末。

4. 纵排又称竖排或直排版本的标点符号

(1)句号、问号、叹号、逗号、顿号、分号和冒号排在字下偏右。

(2)破折号、省略号、连接号和间隔号排在字下居中。

(3)直排在三层引号的排法，一般先用单引号，再用双引号，第三层仍用单引号。双引号用"﹃"，单引号用'﹁'。

(4)着重号排在字的右侧，专名号和浪线式书名号排在字的左侧。

二　各种数码字

1. 阿拉伯数码。有白正体、白斜体、黑正体、黑斜体。白正体和白斜体多用在排页码和排贴图字上。黑正体和黑斜体则用在与外文黑体混排或需采用黑体的重点数字。此外还有圈码、阴码(表2—6)。

2. 汉字数码。有正白体，主要用在直排本上，有宋体、扁宋体、汉文圈码、汉文阴码(表2—6)。

表2—6　各种常用数码活字

名　称	各种数码字
白正体	1 2 3 4 5 6 7 8 9 0
白斜体	*1 2 3 4 5 6 7 8 9 0*
黑正体	**1 2 3 4 5 6 7 8 9 0**
黑斜体	***1 2 3 4 5 6 7 8 9 0***
圈　码	① ② ③ ④ ⑤ ⑥ ⑦ ⑧
阴　码	❶ ❷ ❸ ❹ ❺ ❻ ❼ ❽
汉字圈码	㊀ ㊁ ㊂ ㊃ ㊄ ㊅ ㊆ ㊇
汉字阴码	一 二 三 四 五 六 七 八
扁宋体	一 二 三 四 五 六 七 八

3. 罗马数字。是由七种符号组成：I—1、V—5、X—10、L—50、C—100、D—500、M—1000。

在两种罗马数字符号并列时，小数放在大数的前边(即左边)，是表示大数对小数之差(即大数减小数)，如I与V组成的是Ⅳ，它表示：五减去一等于四。

小数若放在大数的后边(即右边)，是表示大小两数之和(大小数相加)，如V与I组成的是Ⅵ，它表示：五加一等于六。

在符号的上边加一条横线时，是表示这个符号代表的数目增值了一千倍的意思。

如：$\overline{\mathrm{V}}$—5000、$\overline{\mathrm{X}}$—10000、$\overline{\mathrm{L}}$—50000、$\overline{\mathrm{C}}$—100000、$\overline{\mathrm{D}}$—500000、$\overline{\mathrm{M}}$—1000000。

罗马数字的组成(表 2—7)。

表 2—7　　　　罗马数字与阿拉伯数字对照表

罗马	数码	罗马	数码	罗马	数码	罗马	数码
Ⅰ	1	XV	15	XLV	45	CCL	250
Ⅱ	2	XVI	16	L	50	CCC	300
Ⅲ	3	XVII	17	LV	55	CD	400
Ⅳ	4	XVIII	18	LX	60	D	500
Ⅴ	5	XIX	19	LXV	65	DC	600
Ⅵ	6	XX	20	LXX	70	DCC	700
Ⅶ	7	XXI	21	LXXV	75	DCCC	800
Ⅷ	8	XXII	22	LXXX	80	CM	900
Ⅸ	9	XXIII	23	LXXXV	85	M	1 000
Ⅹ	10	XXIV	24	XC	90	$\overline{\mathrm{V}}$	5 000
Ⅺ	11	XXV	25	XCV	95	$\overline{\mathrm{X}}$	10 000
XII	12	XXX	30	C	100	$\overline{\mathrm{C}}$	100 000
XIII	13	XXXV	35	CL	150	$\overline{\mathrm{M}}$	1 000 000
XIV	14	XL	40	CC	200		

三　注音字母和汉语拼音字母

汉语拼音是《汉语拼音方案》中所规定的一套拼写汉语的拼音字母。汉语拼音是帮助学习汉语和推广普通话的工具。汉语词典、小学低年级课本、某些出版物要用上注音字母(表 2—8)和汉语拼音字母(表 2—9)。

表 2—8　　注音字母表

ㄅ伯　ㄆ泼　ㄇ莫　ㄈ佛　ㄪ物(苏音)　ㄉ德　ㄊ特　ㄋ讷　ㄌ肋　ㄍ格
ㄎ客　ㄫ额(苏音)　ㄏ赫　ㄐ基　ㄑ欺　ㄬ尼(苏音)　ㄒ希　ㄓ知　ㄔ痴
ㄕ诗　ㄖ日　ㄗ资　ㄘ雌　ㄙ思 (以上声母)
ㄚ啊　ㄛ喔　ㄜ鹅　ㄝ欸(苏音)　ㄞ哀　ㄟ欸　ㄠ熬　ㄡ欧　ㄢ安　ㄣ恩
ㄤ昂　ㄥ哼　ㄦ儿　ㄧ衣 (直行作一)　ㄨ乌　ㄩ迂 (以上韵母)

表 2—9　　汉语拼音字母表

大写	小写	名　称	大写	小写	名　称	大写	小写	名　称
A	a	ㄚ	J	j	ㄐㄧㄝ	S	s	ㄝㄙ
B	b	ㄅㄝ	K	k	ㄎㄝ	T	t	ㄊㄝ
C	c	ㄘㄝ	L	l	ㄝㄌ	U	u	ㄨ
D	d	ㄉㄝ	M	m	ㄝㄇ	V	v	ㄪㄝ
E	e	ㄜ	N	n	ㄋㄝ	W	w	ㄨㄚ
F	f	ㄝㄈ	O	o	ㄛ	X	x	ㄒㄧ
G	g	ㄍㄝ	P	p	ㄆㄝ	Y	y	ㄧㄚ
H	h	ㄏㄚ	Q	q	ㄑㄧㄡ	Z	z	ㄗㄝ
I	i	ㄧ	R	r	ㄚㄦ			

注：V 只用来拼写外来语、少数民族语言和方言。字母的手写体依照拉丁字母的一般书写习惯。

四　常用的外文字母和字体

在汉文排版中常用的是拉丁字母和希腊字母，其次是俄、德、日字母。外文字体主要有：白正体、白斜体、黑正体、黑斜体、手写体(草体)(表 2—10)。

表 2—10　　常用的几种印刷体

拉丁字黑正体	**ABCDEFGHIJKLMNOPQRSTUVWXYZ**
	abcdefghijklmnopqrstuvwxyz
拉丁字黑斜体	***ABCDEFGHIJKLMNOPQRSTUVWXYZ***
	abcdefghijklmnopqrstuvwxyz
拉丁字白正体	ABCDEFGHIJKLMNOPQRSTUVWXYZ
	abcdefghijklmnopqrstuvwxyz

拉丁字白斜体　　*ABCDEFGHIJKLMNOPQRSTUVWXYZ*

abcdefghijklmnopqrstuvwxyz

拉丁字手写体　　*ABCDEFGHIJKLMNOPQRSTUVWXYZ*

abcdefghijklmnopqrstuvwxyz

外文字母的上下位置是有规格要求的，如拉丁字母有上线、中线、基准线和下线之分，如图 2—24 所示，我们可根据基准线来检查每个字母所占的位置是否正确。基准线分上、中、下三个部分，大写字母是占上两部分；而小写字母是以中间部分为准，其中有的偏上、有的偏下，偏上的字母要以字面的下边对齐基准线(第三条线)，偏下的字母要以字面的上边对齐中线(第二条线)。

图 2—25　拉丁字母基准线

国际上流行和使用的西文字体品种较多，大约有一百多种，归纳起来有 11 大类：

1. 歌德体(即古典体);
2. 普通体(正文常用的字体，也称罗马字体);
3. 粗式普通体(即黑体);
4. 斜体(又称意大利体);
5. 草体(即手写体);
6. 有角等线体(字体起落笔处有装饰角);
7. 无角等线体;
8. 细等线体;
9. 艺术体;
10. 打字体;
11. 装饰体。

五　常用外文字母表

1. 拉丁字母(表2—11)。拉丁文的拼音字母，现在是世界上较通行的字母，如英文、法文、西班牙文都是用它拼写的。它原是古罗马人使用字母，故又叫罗马字母。

2. 俄文字母(表2—12)。

3. 德文字母(表2—13)。德文印刷体就是通用的拉丁字母，歌德体又称花体。

4. 日文字母(表2—14)。

5. 希腊字母(表2—15)。

表 2—11　　　　　　　　拉丁字母

白正体		白斜体		草体		读音
大写	小写	大写	小写	大写	小写	
A	a	*A*	*a*	$\mathscr{A}$	*a*	艾
B	b	*B*	*b*	$\mathscr{B}$	*b*	毕
C	c	*C*	*c*	$\mathscr{C}$	*c*	西
D	d	*D*	*d*	$\mathscr{D}$	*d*	地
E	e	*E*	*e*	$\mathscr{E}$	*e*	意
F	f	*F*	*f*	$\mathscr{F}$	*f*	艾夫
G	g	*G*	*g*	$\mathscr{G}$	*g*	基
H	h	*H*	*h*	$\mathscr{H}$	*h*	艾去
I	i	*I*	*i*	$\mathscr{I}$	*i*	阿伊
J	j	*J*	*j*	$\mathscr{J}$	*j*	吉
K	k	*K*	*k*	$\mathscr{K}$	*k*	开
L	l	*L*	*l*	$\mathscr{L}$	*l*	艾尔
M	m	*M*	*m*	$\mathscr{M}$	*m*	艾姆
N	n	*N*	*n*	$\mathscr{N}$	*n*	艾恩
O	o	*O*	*o*	$\mathscr{O}$	*o*	欧
P	p	*P*	*p*	$\mathscr{P}$	*p*	批
Q	q	*Q*	*q*	$\mathscr{Q}$	*q*	克尤
R	r	*R*	*r*	$\mathscr{R}$	*r*	阿尔
S	s	*S*	*s*	$\mathscr{S}$	*s*	艾斯
T	t	*T*	*t*	$\mathscr{T}$	*t*	梯
U	u	*U*	*u*	$\mathscr{U}$	*u*	由
V	v	*V*	*v*	$\mathscr{V}$	*v*	维依
F	w	*F*	*w*	$\mathscr{F}$	*w*	达勃留
X	x	*X*	*x*	$\mathscr{X}$	*x*	艾克司
Y	y	*Y*	*y*	$\mathscr{Y}$	*y*	歪
Z	z	*Z*	*z*	$\mathscr{Z}$	*z*	载

表 2—12　　俄文字母

白正体		白斜体		手写体		读音
大写	小写	大写	小写	大写	小写	
А	а	*А*	*а*	А	а	啊
Б	б	*Б*	*б*	Б	б	贝
В	в	*В*	*в*	В	в	窝
Г	г	*Г*	*г*	Г	г	该
Д	д	*Д*	*д*	Д	д	待
Е	е	*Е*	*е*	Е	е	耶
Ё	ё	*Ё*	*ё*	Ё	ё	约
Ж	ж	*Ж*	*ж*	Ж	ж	热
З	з	*З*	*з*	З	з	兹
И	и	*И*	*и*	И	и	伊
Й	й	*Й*	*й*		й	依(短音)
К	к	*К*	*к*	К	к	卡
Л	л	*Л*	*л*	Л	л	爱耳
М	м	*М*	*м*	М	м	爱母
Н	н	*Н*	*н*	Н	н	恩
О	о	*О*	*о*	О	о	奥
П	п	*П*	*п*	П	п	派
Р	р	*Р*	*р*	Р	р	爱尔
С	с	*С*	*с*	С	с	爱斯
Т	т	*Т*	*т*	Т	т	泰
У	у	*У*	*у*	У	у	乌
Ф	ф	*Ф*	*ф*	Ф	ф	爱夫
Х	х	*Х*	*х*	Х	х	哈
Ц	ц	*Ц*	*ц*	Ц	ц	采
Ч	ч	*Ч*	*ч*	Ч	ч	切
Ш	ш	*Ш*	*ш*	Ш	ш	师
Щ	щ	*Щ*	*щ*	Щ	щ	希奇
Ь	ь	*Ь*	*ь*		ъ	(硬音符)
Ы	ы	*Ы*	*ы*		ы	诶
Ъ	ъ	*Ъ*	*ъ*		ь	(软音符)
Э	э	*Э*	*э*	Э	э	爱
Ю	ю	*Ю*	*ю*	Ю	ю	尤
Я	я	*Я*	*я*	Я	я	亚

表 2—13 德文字母

哥特体		印刷体		草体		读音
大写	小写	大写	小写	大写	小写	
𝔄	𝔞	A	a	A	a	阿
𝔅	𝔟	B	b	B	b	贝
ℭ	𝔠	C	c	C	c	猜
𝔇	𝔡	D	d	D	d	德
𝔈	𝔢	E	e	E	e	埃
𝔉	𝔣	F	f	F	f	爱夫
𝔊	𝔤	G	g	G	g	给
ℌ	𝔥	H	h	H	h	哈
ℑ	𝔦	I	i	I	i	伊
𝔍	𝔧	J	j	J	j	约特
𝔎	𝔨	K	k	K	k	卡
𝔏	𝔩	L	l	L	l	爱耳
𝔐	𝔪	M	m	M	m	爱姆
𝔑	𝔫	N	n	N	n	恩
𝔒	𝔬	O	o	O	o	欧
𝔓	𝔭	P	p	P	p	佩
𝔔	𝔮	Q	q	Q	q	枯
ℜ	𝔯	R	r	R	r	爱儿
𝔖	𝔰	S	s	S	s	爱司
𝔗	𝔱	T	t	T	t	太
𝔘	𝔲	U	u	U	u	乌
𝔙	𝔳	V	v	V	v	发奥
𝔚	𝔴	W	w	W	w	维
𝔛	𝔵	X	x	X	x	伊克思
𝔜	𝔶	Y	y	Y	y	于普西隆
ℨ	𝔷	Z	z	Z	z	猜特

表 2—14 **日文字母**

片假名	平假名	汉文注音	片假名	平假名	汉文注音	片假名	平假名	汉文注音
ア イ ウ エ オ	あ い う え お	阿 依 乌 挨 喔	ハ ヒ フ ヘ ホ	は ひ ふ へ ほ	哈 希 夫 黑 浩	ガ ギ グ ゲ ゴ	が ぎ ぐ げ ご	嘎 哥意 估 给 够
カ キ ク ケ コ	か き く け こ	咖 柯医 枯 开 扣	マ ミ ム メ モ	ま み む め も	妈 米 姆 玫 摸	ザ ジ ズ ゼ ゾ	ざ じ ず ぜ ぞ	砸 机 资 则衣 燥
サ シ ス セ ソ	さ し す せ そ	撒 西 斯 塞 索	ヤ ィ ユ ェ ョ	や ぃ ゆ ぇ よ	呀 依 优 挨 药	ダ ヂ ブ デ ド	だ ぢ づ で ど	答 机 兹 黛 道
タ チ ツ テ ト	た ち つ て と	他 七 次 帖 托	ラ リ ル レ ロ	ら り る れ ろ	拉 里 陆 累 落	ペ ピ プ ペ ポ	ば び ぶ べ ぼ	巴 逼 不 卑 抱
ナ ニ ヌ ネ ノ	な に ぬ ね の	那 尼 奴 乃 挠	ワ ヰ ウ ユ ヲ	わ ゐ ち を さ	挖 依 乌 挨 喔	ペ ピ プ ペ ポ	ぱ ぴ ぷ ぺ ぽ	趴 批 铺 培 剖
			ン	ん	恩			

注:汉文注音难以准确,仅供参考。

表 2—15　　希腊字母

白正体		白斜体		读音	白正体		白斜体		读音
大写	小写	大写	小写		大写	小写	大写	小写	
Α	α	*Α*	*α*	阿尔发	Ν	ν	*Ν*	*ν*	纽
Β	β	*Β*	*β*	贝塔	Ξ	ξ	*Ξ*	*ξ*	克西
Γ	γ	*Γ*	*γ*	伽马	Ο	ο	*Ο*	*ο*, *δ*	奥密克戎
Δ	δ	*Δ*	*δ*	德尔艾	Π	π	*Π*	*π*	派
Ε	ε	*Ε*	*ε*	艾普西隆	Ρ	ρ	*Ρ*	*ρ*	洛
Ζ	ζ	*Ζ*	*ζ*	截塔	Σ	σ	*Σ*	*σ*, *s*	西格马
Η	η	*Η*	*η*	艾塔	Τ	τ	*Τ*	*τ*	陶
Θ	θ, *v*	*Θ*	*θ*, *v*	西塔	Υ	υ	*Υ*	*υ*	宇普西隆
Ι	ι	*Ι*	*ι*	约塔	Φ	φ, ϕ	*Φ*	*φ*, *ϕ*	斐
Κ	κ	*Κ*	*κ*	卡帕	Χ	χ	*Χ*	*χ*	喜
Λ	λ	*Λ*	*λ*	兰布达	Ψ	ψ	*Ψ*	*ψ*	普西
Μ	μ	*Μ*	*μ*	米尤	Ω	ω	*Ω*	*ω*	奥米伽

第七节　校对知识

校对工作是排版工序中一个重要组成部分，两者是一个整体。因此，印制管理人员应熟悉校对工作和掌握校对符号的使用，这对做好排版管理工作十分重要。

一　基本知识

1. 毛　校

工厂送出的校样，已由厂方进行过一次校对，这叫“毛校”。毛校经过改版后送出版社的校样叫“初校样”。一般初校样的错误率应限制在 1/1000 左右，错误低的应为 1/3000～1/5000 左右。

2. 校对过程

出版社根据初校样错误率的高低，校对过程可相应变动，一般根据实际情况分别采用以下几种做法：

(1)初校→退改→二校→退改→三校→整理→退改→核红→付印(型)。

(2)初校→退改→二、三连校→整理→退改→核红→付印(型)。

(3)初、二连校→退改→三校→整理→退改→核红→付印(型)。

(4)初、二、三连校→整理→退改→核红→付印(型)。

一般书刊都要经过三次校对(特殊、重要的稿子、工具书等还可增加校次)，三次校对完毕，还要进行一次或二次核红，最后的清样还应进行一次检查。

二　校对的基本方法

1. 对校法

将原稿放在工作台上左方(或校样上方)，校样放在右方(或原稿下方)。左手指原稿，右手执笔点着校样，先看原稿，后看校样，逐字逐句对下去。

2. 折校法

校对人员将原稿放在工作台上，两手把校样夹在拇指与食指和中指之间，压在原稿上进行校对。改正错误时，左手仍持原稿，并压住校样的位置不动，以右手持笔改正错误。

3. 读校法

此法由两人合作校对。一人朗读原稿，一人改校样。读稿人要对每个字、句、标点符号、版面设计要求(如另页、另面、接排、占行、字体、字号，以及图表排式等)等要一一读清楚。看稿人改正完毕后，再令读稿人继续往下朗读。

以上3种基本校对方法，校对人员可根据实际情况选用。

4. 校对质量标准(差错率)

(1)初校 1/4000～1/5000。

(2)二校 1/20000～1/25000。

(3)三校 1/40000～1/50000。

各出版社的校对质量标准，因具体情况不同，书稿性质不同，也各有不同。

根据新闻出版总署关于图书质量管理规定的编校质量分级应为：

(1)无严重文字错误，差错率在八万分之一至四万分之一的，为优质品。

(2)有一至二处严重文字错误，差错率在四万分之一至二万分之一的，为良好品。

(3)有三处以上五处以下(包括五处)严重文字错误，或差错率在二万分之一至万分之一的，为合格品。

(4)有六处以上(包括六处)严重文字错误，或差错率在万分之一以下的，为不合格品。

三　校对符号

校对符号是一种代替文字而比文字简单明了的校改符号，用以改正校样中的差错。因此，印制管理人员亦应该熟练地掌握校对符号，便于使用。

下面是新闻出版署、国家标准局于 1996 年正式颁发的《校对符号及其应用法》和校改示例。

中华人民共和国国家标准

校对符号及其用法　　GB1—93

The proofreader's marks and their application

代替 ZB1—81

1　主题内容与适用范围

本标准规定了校对各种排版校样的专用符号及其用法。

本标准适用于中文(包括少数民族文字)各类校样的校对

工作。

2　**引用标准**

GB9851—88 印刷技术术语。

3　**术语**

3.1　校对符号 reader's mark

以特定图形为主要特征的、表达校对要求的符号。

4　**校对符号及用法示例**

编号	符号形态	符号作用	符号在文中和页边用法示例	说　明
一、字符的改动				
1		改　正	增高出版物质量。（提）	改正的字符较多，圈起来有困难时，可用线在页边画清改正的范围
2		删　除	提高出版物物质质量。	
3		增　补	要搞好校工作。（对）	增补的字符较多，圈起来有困难时，可用线在页边画清增补的范围
4		改正上下角	16=42 H2SO4 尼古拉·费欣 0.25+0.25=0.5 举例：2×3=6 X:Y=1:2	
二、字符方向位置的移动				
5		转　正	字符颠倒要转正。	
6		对　调	认真经验总结。 认真验结经总。	用于相邻的字词 用于隔开的字词
7		接　排	要重视校对工作， 提高出版物质量。	
8		另起段	完成了任务。明年……	

续表

编号	符号形态	符号作用	符号在文中和页边用法示例	说 明
9		转 移	校对工作，提高出版物质量要重视。 "。以上引文均见中文新版《列宁全集》。 编者 年 月 ……各位编委	用于行间附近的转移 用于相邻行首末衔接字符的推移 用于相邻页首末衔接行段的推移
10	或	上 下 移	序号 名 称 数量 01 显微镜 2	字符上移到缺口左右水平线处 字符下移到箭头所指的短线处
11	或	左 右 移	要重视校对工作，提高出版物质量。 34 56 5 欢呼 歌 唱	字符左移到箭头所指的短线处 字符左移到缺口上下垂直线处 符号画得太小时，要在页边重标
12		排 齐	校对工作非常重要。 必须提高印刷质量，缩短印制周期。 国家标准	
13		排阶梯形	RH_2	
14		正 图		符号横线表示水平位置，竖线表示垂直位置，箭头表示上方

续表

编号	符号形态	符号作用	符号在文中和页边用法示例	说　　明
三、字符间空距的改动				
15	∨ ＞	加大空距	一、校对程序 ∨ ＞校对胶印读物、影印书刊的注意事项： ＞	表示在一定范围内适当加大空距 横式文字画在字头和行头之间
16	∧ ＜	减小空距	二、校对程 序 ∧ 校对胶印读物、影印 ＜ 书刊的注意事项： ＜	表示不空或在一定范围内适当减小空距 横式文字画在字头和行头之间
17	#	空1字距 空1/2字距 空1/3字距 空1/4字距	第一章校对职责和方法 # 1. 责任校对	多个空距相同的，可用引线连出，只标示一个符号
18	Y	分　　开	Good morning! Y	用于外文
四、其　　他				
19	△	保　　留	认真搞好校对工作。	除在原删除的字符下画△外，并在原删除符号上画两竖线
20	○=	代　　替	㊂色的程度不同，从淡㊂色到深㊂色具有多有层次，如天㊂色、湖㊂色、海㊂色、宝㊂色…… ○＝蓝	同页内，要改正许多相同的字符，用此代号，并要在页边注明： ○＝蓝
21	…	说　　明	第一章 校对的职责 改黑体	说明或指令性文字不要圈起来，在其字下画圈，表示不作为改正的文字。如说明文字较多时，可在首末各三字下画圈

使用要求：

1. 校样中校对引线不可交叉。初、二、三校样中的校对引线，要从行间画出；

2. 校样上改正的字符要书写清楚。校改外文，要用印刷体；

3. 校对校样，应根据校次分别采用红、纯蓝、绿三种不同色笔(墨水笔或圆珠笔)书写校对符号；

4. 作译者改动校样所用笔的颜色，要与校样上已使用的颜色有所区别，但不可用铅笔。

附 录 A

校对符号应用实例

(参考件)

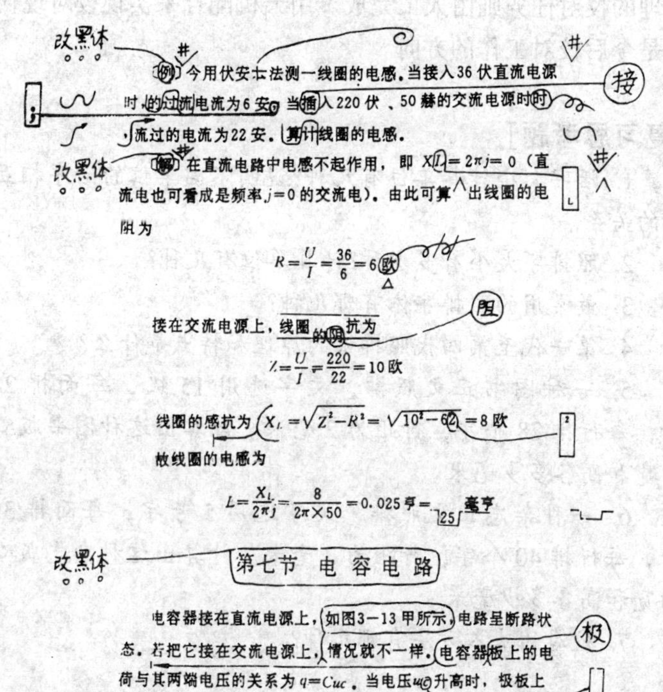

四 电脑校对

近年来，黑马电脑校对系统以其快捷、简便、准确被越来越广泛地认识和采用。黑马查错越来越准确。能查出许多原稿错、标点错、同音或形近字错，甚至还能查出一些专职校对未能发现的错误。作为人校后的把关最为合适，有的单位还用它替代二校，即在人工一校改样后由校对软件进行二校，机校后不改样，接着由人工三校，这种校对流程，能做到快捷、高效、省时、省力。因目前黑马校对软件还存在一些不足之处，还不能完全替代人工校对，只能成为人工校对的辅助手段，所以校对现代化的方向是实现人机协调，将一些机械、重复的校对任务交给计算机完成。对一些需要灵活处理的校对任务则由人工完成。用人机配合来实现校对现代化是今后校对工作的方向。

[复习思考题]

1. 活字大小计算单位有几种?说明不同单位的活字相互间的关系。

2. 照排字大小有多少种?计算单位有几种?

3. 最常用的照排字体有哪几种?

4. 第一代至第四代照排机的原理和特点是什么?

5. 一种图书正文照排，文字选用 15 级，每面排 28 行，每行排 28 个字，行距为 2 毫米。计算出这种图书版心的宽和高各多少毫米。

6. 一种杂志正文照排，文字选用 5 号字，每面排 39 行，每行排 40 个字，行距为 2 毫米。计算出这种杂志版心的宽和高各多少毫米。

7. 校对的基本方法有哪几种?

第三章

制版技术和管理

学习目的

●了解黑白图和彩色图的制版技术

●了解电子分色制版和桌面出版系统的性能和特点

本章要点

●凸版制版技术、电子刻版、感光树脂版、铜锌版

●平版制版技术、制版工艺和晒版设备、彩色制版分色原理

●电子分色技术

●制版基础知识、制版设备

●平版印版的分类

●彩色桌面出版系统

●高端联网技术

●电脑直接制版系统

●制版工作管理、制版方法、网屏线数、制版凭单、软片保管

关键性术语

照相光源　感光材料　正片　负片　网屏　晒版　修版　原色　间色　复色　显影　定影　石版　玻璃版　蛋白版　平凹版　多层金属版　重氮树脂版　纸基版　单色胶印制版

第一节　凸版制版技术

一　感光树脂版

感光树脂版是20世纪50年代以后出现的一种印版。它是利用感光性树脂，在光线的作用下迅速发生光聚合或光交联反应，生成不溶于稀碱、醇或水的网状结构高发子聚合物，未感光部分溶于稀碱、醇和水，制成印版。感光树脂版的原版可以是照相底片或照排底片。

感光树脂版种类较多，概括起来可分为两大类：液体固化型树脂版和固体硬化型树脂版。液体固化型树脂版，简称液体树脂版，感光前为液体，感光后变成固体；固体硬化型树脂版，在感光前为硬度不高的固体，感光后固体的硬度大幅度提高。感光树脂版不但可用于制作图像版而且还可以用来制作文字版。

二　电子刻版

采用凸版电子刻版机制成的凸版，称为电子雕刻凸版。这种制版方法叫电子刻版法。它可分两种：一种利用加热到150℃的钢制雕刻刀将图像的空白部分烙去。这类机器所应用的版材是塑料版。另一种是利用棱锥形雕刻刀将图像的空白部分刻掉，所用的版材大部分是金属版，也可用塑料版。电子刻版机不但可以制作线条图版，还可以雕刻各种线数的网点版。

三　铜锌版

1. 光锌版。可用来凸版印刷封面底色。
2. 普通锌版。用来印封面字版和图案版。

3. 光薄铜版。光薄铜版和光锌版用处相同，只是铜版耐磨、耐用。印数多的书刊封面底色版可采用光薄铜版。

4. 烂深铜版。有两种用法，一种是用来压印精装本外壳的书名和图案，有的压印电化铝，有的烫火印。精装本和豪华本外封装帧设计比较精美，所以，必须采用烂深铜版压印的工艺。

第二节 平版制版技术

一 单色胶印制版工艺

单色平版照相制版的工艺包括以下四个步骤：

1. 照相

(1)单色线条印版的拍摄 仅用单种色相来表达画面或文字的印版，称为单色印版。单色印版有两种：一是网线印版，一是线条印版。目前，拍摄黑白线条、文字等画面，都采用干片感光材料，操作过程分为原稿检查、装稿、对光、曝光、显影、定影等工作。

(2)单色网线印版的拍摄 由明亮到深暗阶调(层次)单色图影稿的复制，要用网线印版才能表现出来，就是利用网点面积的大小来表现原稿的多种阶调(层次)。

2. 修版

利用人工纠正照相中所造成的缺点称为修版。

3. 晒版

晒版是照相制版的最后一道工序，就是将原版(干片或软片)上的图文复制到金属版上，供印刷用。晒版质量的优劣，直接影响印刷效果。晒版工艺操作可以分为版材表面处理、抽真空、曝光、版面的化学处理、质量检查等几道主要工序。

4. 正片、负片

负片又称阴图片，系画稿经照相后所成的底片；正片又称阳图片，系负片经照相后所成的底片。不论阴图或阳图，都有正像、反像之分(图 3—1)。要以感光片的薄膜面为准来判断是正像还是反像。凸版的原版都是负片反像。

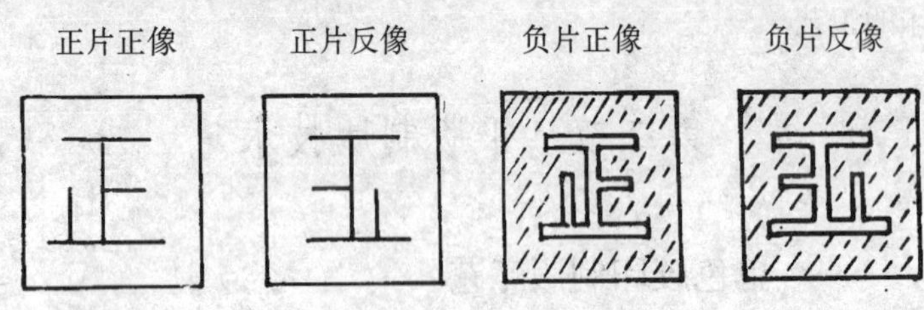

图 3—1　正片、负片

5. 网屏

俗称网版、网线版、网目版。网屏的规格可按网线的粗细来分，网线的粗细以每平方英寸内有多少条线来表示。例如每英寸容纳 80 条细线，就称 80 线。常用的网屏线数有 60、80、85、100、120、133、150、175、200 线/英寸等多种，如图 3—2 所示三种网线的图像。

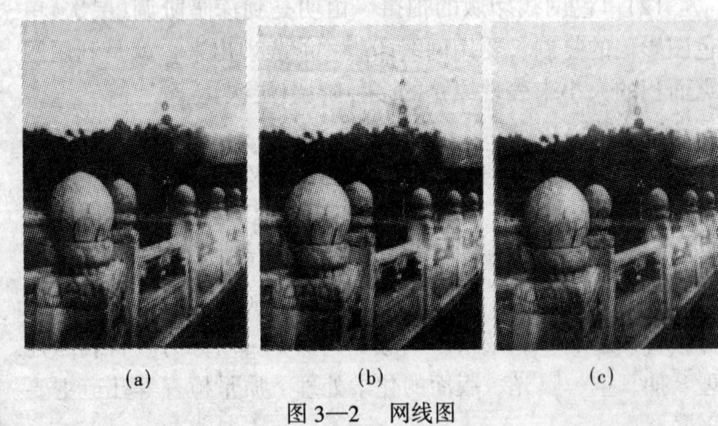

(a)　(b)　(c)

图 3—2　网线图

二 照相设备

平版照相制版所用的照相机主要有以下几种：

1. 卧式制版照相机

机架水平地安放在地面上。工作时，原稿架、镜箱和感光架都垂直地在机架的导轨上移动(图 3—3)。

图 3—3 卧式制版照相机

卧式制版照相机能进行彩色分色，黑白稿复制，线条稿拍摄和加网等工作。规格主要是四开、对开、全张大小。

2. 吊式制版照相机

这种机型的特点是机架放置在支撑架上，原稿架和镜箱用滚轮吊挂在机架的导轨上，可作前后移动，安装时，一般将镜箱后壁安装在暗室内，属于暗室型照相机(图 3—4)。吊式制版照相机一般有对开和全张两种规格。

吊式制版照相机的优点是机身长，原稿架大，操作方便，适合拍摄大型原稿和制作幅面尺寸较大的年画、挂历、招贴画等。

3. 立式制版照相机

这种机型的特点是支架直立，原稿架、镜头、感光屏三

图 3—4　吊式制版照相机

个平面都呈水平状态，装在机身的同一侧。对光时，一般是镜头和原稿架作上下相对移动(图 3—5)。立式制版照相机一般有四开和八开等。

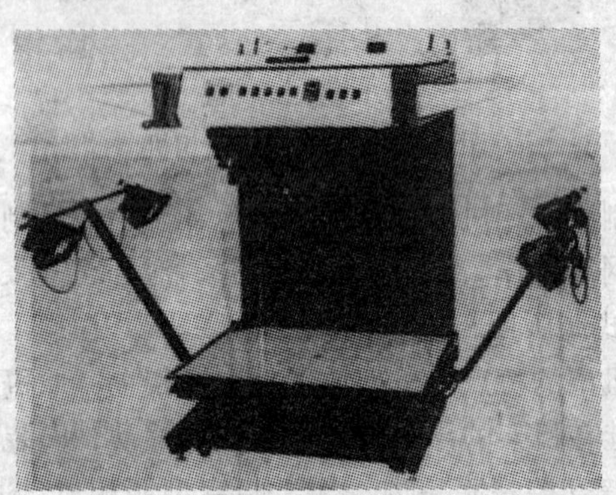

图 3—5　立式制版照相机

立式制版照相机主要用于拍摄线条稿、文字稿，也可用于连续调加网、图像复制等照相制版工艺。另有一种分色放大机，适合天然色片原稿的直接加网分色工作，这种机型自动化程度和放倍率均较高，现在工厂所用的立式制版照相机大都为分色放大机。

日本三菱产的 DTP 系统仅用一道工序便可取得制版用正片软片的一种系统。这种立式制版照相机简化了由负片变换为正片的工序，缩短了时间。

立式制版照相机的优点是体积小，结构紧凑，操作方便，生产效率高，是印刷厂的主要制版照相设备。

三　晒版设备的两部分

1. 晒版机

晒版机是胶印印刷必需设备，专供晒制 PS 版及其他版材。晒版面积有全张和对开等。其机型有以下三种：①反转式双面晒版机　这种机型有上下两个曝光工作面，当一个面进行曝光时，另一个面可预先把另一块版装好，并完成真空吸附，当第一块版曝光结束后，可翻转晒框，立即进行第二块版的曝光，大大提高了生产效率。这种机型有二次曝光装置，经第一次曝光后的 PS 版，再经蒙片进行辅助曝光一次，具有防尘去粘之功效。其晒版面积为 810mm × 1020mm。②双层晒版机　这种机型有两层抽气架，晒版速度快、效率高，其晒版面积为 950mm × 1150mm (图 3—6)。③台式晒版机　这种机型又称水平式晒版机，灯源在机台上方，可以上下左右移动，提供使用者灵活地调整灯源与原稿的距离。真空吸气快速平整，并装有自动胶带痕迹消除装置，晒版品质精美。其晒片面积为 460mm × 600mm、960mm × 1220mm、1070mm × 1370mm 等 (图 3—7)。

2. PS 版冲洗机

喷射式 PS 版冲洗机(图 3—8)的特点：

(1)采用浸缸式喷射显影设计；

(2)24 公升循环药水缸；

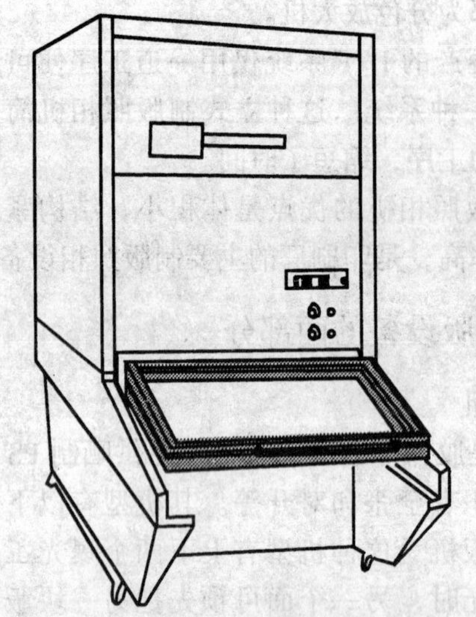

图 3—6　双层晒版机

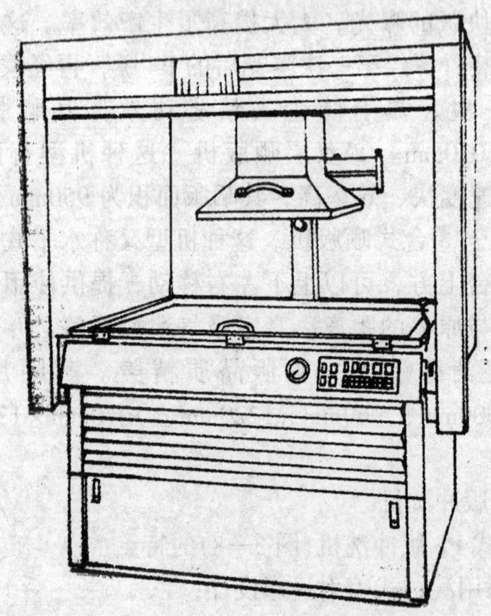

图 3—7　台式晒版机

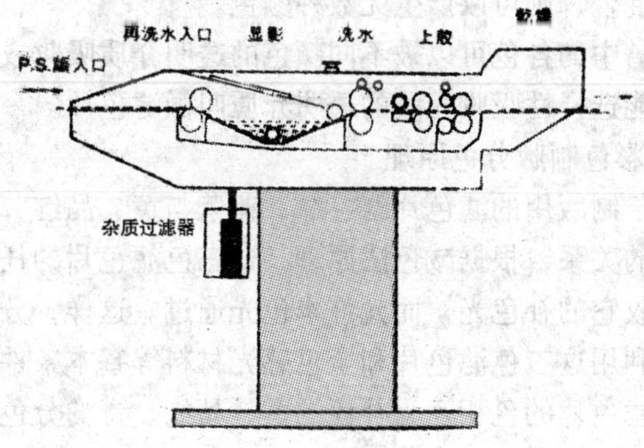

图 3—8　喷射式 PS 版冲洗机

(3)冲版宽度为 850mm；

(4)外置杂质过滤器，延长药水寿命；

(5)显影、水洗、上胶、干燥一气呵成。

3. 打样

用制出的印版在打样机上进行试印的工作称为打样。打样是对制版和修版质量的检查。如符合原稿,即可付印。

四　彩色胶印制版工艺

自然界色彩很丰富，但总的来说，都是由色料的三原色黄、品红、青，按不同的比例组合而成的。

将这三种颜料规定为色料三原色的理由是，以这三种颜料的任意两种或三种以不同的比例混合，从理论上讲，可以得到自然界的一切颜色。而这三种颜色的本身却不能以其他任何颜料混合而得到。

例如，黄色颜料和品红色颜料等比例混合可以得到红颜色；黄色颜料和青色颜料等比例混合可以得到绿颜色；品红色颜料和青色颜料等比例混合可以得到蓝颜色；黄、品红、青三种颜料等比例混合理论上可得到黑色。而这三种原色非等比例混合，则可以产生无数种颜色。

光谱中的各色可以被不同颜色的透明介质吸收或通过，我们把能选择性吸收光线的透明介质叫做滤色片。

1. 彩色制版分色原理

由于制版用的滤色片红、绿、蓝紫与黄、品红、青是互为补色的关系，根据减色法原理，这三色滤色片的任何一种都能吸收它的补色光，而允许本色光通过。这样，分色照相就可以利用这三色滤色片和全色感光材料等基本条件，分别获得与滤色片的色相互为补色的黄、品红、青的分色阴图底片。

(1)分色黄版用蓝紫滤色片　因为蓝紫与黄色互为补色，在分色时原稿上的黄色或其他色彩中的黄色成分，能被蓝紫滤色片吸收，因而在感光片上不感光，经显影、定影后成为透明或比较透明的部位；品红色、青色或其他色彩中含有这两种颜色成分，因能通过该滤色片而使感光片感光，在版面上形成了一定的密度，这样就能获得黄版分色阴图。

(2)分色品红版用绿滤色片　因为绿色与品红色互为补色，在分色时原稿上的品红色或其他色彩中的品红色成分，能被滤色片吸收，因而在感光片上不感光，经显影、定影后成为透明或比较透明的部位；黄色、青色或其他色彩中含有这两种颜色成分，因能通过该滤色片使感光片感光，在版面上形成一定的密度，这样就能获得品红版的分色阴图。

(3)分色青版用红滤色片　因为红色与青色互为补色，在分色时原稿上的青色或其他色彩中的青色成分，能被红滤色片吸收，因而在感光片上不感光，经显影、定影后成为透明或比较透明的部位；黄色、品红色或其他色彩中含有这两种颜色成分，因能通过该滤色片或感光版感光，在版面上形成一定的密度，这样，就能获得青版的分色阴图。

2. 原色、间色、复色三者的关系

色料三原色中以任意两色等量混合，便能产生光的三原色的某一色相。这三种色相从颜色的角度讲，称为间色(或叫第二次色)，如黄、青二色混合形成的绿色，即为间色。间色与间色混合产生的色相称为复色(或称为第三色)。三原色油墨混合成的间色、复色(图 3—9)。

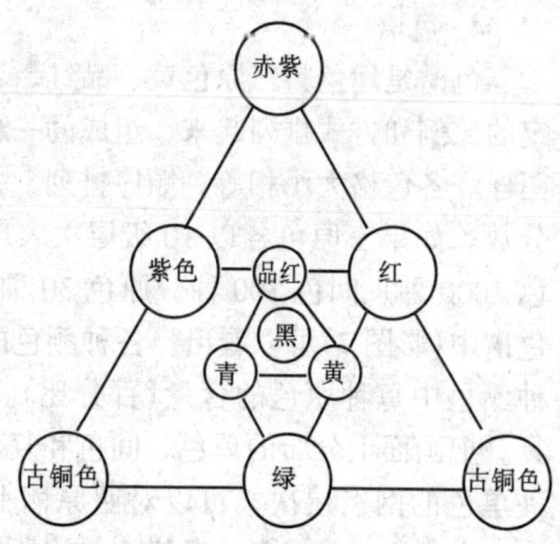

图 3—9 原色、间色、复色的关系

3. 色调、高低调、连续调和半色调

(1)色调　色调是鉴别色彩的特征，它解决色彩的名称，是色与色的主要区别。一定波长的光或某些不同波长的光混合，呈现出不同的色彩表象，这些色彩的表象就叫做色调。例如，红、黄、蓝、绿是不同的色调。

(2)高低调　高低调指的是亮调、中间调和暗调：①亮调是原稿上颜色比较浅淡的部分，其密度范围约 0.2 ~ 0.6。②暗调是原稿上颜色比较阴暗的部分，其密度数值大于 1.05。③中间调是原稿上除亮调和暗调以外，浓淡层次处于两者之间的部分，其密度范围是 0.6 ~ 1.05。

(3)连续调和半色调　反射或透射原稿的画面，从高光(密度低于 0.2)到暗调部分的浓淡层次是连续渐变形成的，叫做连续调。如不加网的分色阴图和黑白照片的底版等都是连续调的。

不论是阴图还是阳图图像，从高光到暗调部分的浓淡层次是用网点表现的，叫做半色调。

4. 色谱

色谱是用色料三原色黄、品红、青油墨和黑油墨，按一定的比例和方式排列起来，组成的一种含有各种色彩的颜色图样。各色格大小相等，顺序排列，并标以各色版的网点百分数。如果三原色各以10级层次表现，则相互交叠可有复色1000种，间色300种，原色30种，共1330种色彩。从色谱中(彩图7)可以看出，各种颜色的组成及变化规律，各种颜色中每种原色的含量(百分比)。色谱是彩色制版的工具。把画面上分布的单色、间色和复色，分门别类并记以四种单色的网点层次，可以对照原稿上最深、最淡和中间层次，在制版时作参考。色谱也是出版印制管理人员和工厂制版人员共同确定色相的依据。

第三节　电子分色技术知识

电子分色是利用电子分色机进行的(图3—10)。电子分色机根据照相分色的原理，将彩色原稿运用电子计算机控制的电子电路，制出符合原稿要求的适用于晒版的分色底片。它的自动化程度较高，制版速度快、时间短、质量好，是较先进的制版设备。规格有四开、对开和全张三种。

图3—10　电子分色机外形图

一　电子分色机的基本原理

电子分色机是采用扫描的手段。光源发出的光汇聚成一个极小的光点，照射到原稿的象元上。扫描头对被照明的象元毫无遗漏地依次扫描。扫描光线依次按照象元的不同色相，而形成相应变化的光信号。

来自原稿的光信号，首先通过分色光学系统(包括分光镜、滤色片等)，分解为红、绿、蓝紫三色光，然后分别送入青、品红、黄版通道，再由各自通道内的光电倍增管转换为相应的电信号，输入电子电路。

电子计算机电路对输入信号进行所需操作的计算和调节，包括彩色校正、层次修正、底色去除、细微层次强调和比例计算等，使电信号发生变化，产生适合需要的输出电信号，送入记录部分。

记录部分通过电光转换元件，把电信号变为光信号，再经过与原稿扫描同步的曝光过程，将色光信号分别记录在感光软片上，从而得到符合制版要求的分色片。

二　电子分色机的功能

电子分色机除了快速之外的优点，还有它的通用性和灵活性，它能调节的范围较广，概括有以下几点：

1. 能调整明暗较强层次的图稿，适用一般印刷的要求，它是利用蒙版压缩原理的电子装置，起到保持原稿的细致层次。

2. 色彩纠正是用计算机校正，校色原理与照相分色一样，使基本色达到饱和，相反色降到最低限度，进行调整颜色的误差，来达到理想的分色片。

3. 它能强调光亮部分和深暗部分层次，能使一张底片内保持高、中、低调全部完整的整体层次。同时，又能对强化图影的轮廓和柔和的特点，并能对黄、品红、蓝色版的深暗调作底色去除也能起调节作用等。

4. 电分机具有可描连续调(不加网点)和有网点的阴图片或阳图片。

5. 还具有把几个图案中所需要的部分扫到一张图片上的功能(通称套图)。

三　电子分色机和制版照相机工作过程的区别

电子分色机和制版照相机的工作过程有两点本质的不同：第一点是电子分色机以扫描方式进行工作，也就是通过滚筒和光点的相对运动，将原稿图像的象元逐个提取、传递并记录到感光材料上；而制版照相机则是将来自原稿各部分的光线通过镜头，一次投射到感光材料上，形成复制的影像。第二点是电子分色机在原稿复制过程中，来自原稿的光信号经过光电、电光两次转换；而制版照相机在成像时，是由光线的直接传播来完成的。

电子分色机中的光电转换，有着极为深刻的意义。电流与光线不同，电流的大小可按计算值直接进行变化，因此，容易进行精细的工艺加工，这样就有可能出色地完成照相技术中用光学方法几乎无法实现的技巧。例如在照相制版工艺中，色彩和层次的修正是通过制作各种蒙版和手工修版等来完成的。这些方法不仅技术要求高，难以掌握，而且受到的限制也很多。而电子分色机则可以通过操作旋钮和开关，根据制版的要求，自如地控制电子电路和电子计算机的输出，自动地完成阶调层次和色彩的修正工作。

第四节 制版基础知识

一 制版设备

1. 自动冲片机

自动冲片机可冲洗各种软片，如暗室软片、拷贝软片、激光照排软片等。全部过程由扫描电脑记录式自动控制，自动补充显影液和补充液，自动补给定影冲水，自动软片烘干，烘干过程可按需要在40°~60°范围内调节烘干温度。当软片放入冲片机时，即能自动开启，冲洗完毕补充系统能自动关闭。

2. 显影和定影的原理

(1)显影 将感光片上已曝光的卤化银形成的潜影，用化学方法将其还原为银原子，组成可见影像，这一反应过程称为显影。在显影过程中使用的药剂称为显影液。显影液在使用过程中应随时加以补充，以保持显影液性能的稳定。

(2)定影 感光材料经过显影，曝过光的卤化银颗粒形成了可见影像，未曝光的卤化银仍然存在于乳剂层中。这些残留的卤化银，待见光后，会继续发生变化。定影的目的就是要把感光材料上未感光的卤化银除去，从而把拍摄的图像稳定地保存下来。

3. 软片拷贝机

软片拷贝机又称软片复片机。拷贝机主要用于复制印版，它能将照相软片拷贝成阳片或阴片，并能将多幅图像利用蒙片经多次曝光拷在同一版面上。有720mm×920mm、950mm×1200mm等规格。一般利用电子数字计时器、准确控制曝光时间。工作玻璃可以掀转除尘，从而保证了高质量的拷贝效果。拷贝机外形见图3—11。

图 3—11 软片拷贝机

4. 全自动连晒机

曲阜师范大学机械厂生产的 SBWL 卧式全自动连晒机，结构设计紧凑的平型自动连晒机，具有屏幕显示，使所输入的数据更加直观，便于修改，配合先进的数据控制装置，具有交替晒、暂停和 X—Y 晒版基本轴优选转换，多套数据贮存等特殊功能，充分发挥广范围的连晒作用。这种机型操作程序简单，价格低廉。其最大原稿尺寸为 350mm×260mm；最大晒版尺寸为 950mm×660mm；曝光有效行程为 600mm×400mm。

日本网目版制造株式会社生产的 PC—395—CL 型是具有原稿旋转装置及最新式数控装置的全自动平型连晒机。从单一晒版到集合晒版，并且由于原稿的旋转装置，除了纸盒展开图，标签的连晒工作特别方便之外，可进行所有的连晒工作。其最大原稿尺寸为 650mm×650mm；最大晒版尺寸为 1800mm×1470mm；曝光有效行程为 1150mm×820mm(图 3—12)。

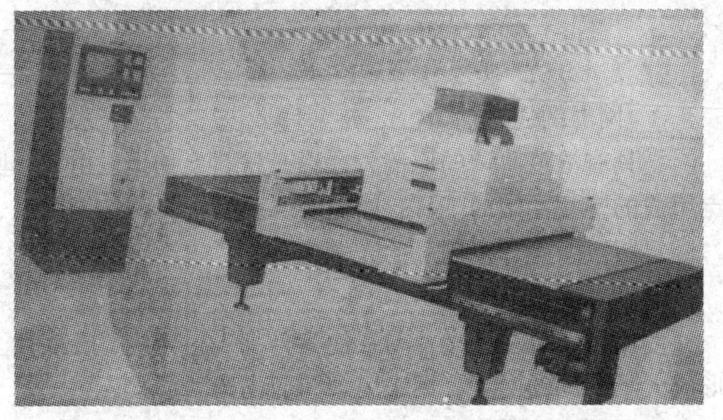

图 3—12　PC—395—CI 平型全自动连晒机

5. PS 版涂布装置和打样版再生装置

使用这种装置既可把感光液十分简便地涂布在经过表面处理的铝版上，得到 PS 版；又可以将使用后的 PS 版剥离再生，一张 PS 版可以反复使用十次以上，一般作为打样用，非常经济。我国各地印刷厂引进的有日本产 WRC—546 感光液涂布装置(见图 3—13)。

图 3—13　WRC—546 感光液涂布装置

二 网 屏

1. 网屏的用途

把具有浓淡阶调的原稿，在感光材料上拍摄成由大小网点组成的网纹图版的工具，叫做网屏。网屏又称“网版”、“网目版”，是分色制版的光学工具。

2. 网屏的作用

使用时，装在感光片前，使其分割入射光线，在底片上形成大小不同的网点，用来表现图面的浓淡层次。

3. 网屏的制作

常用网屏分为玻璃网屏与接触网屏两大类：

(1)玻璃网屏使用历史较久　20世纪70年代西德生产了新型的“格拉达”(Gradarraster)网屏。它和传统的玻璃网屏一样，也是由两块抛光的玻璃相交90°制成的。由于这种网屏上用品红线条组成四个浓淡区域，对入射光线能起到不同程度的阻挡作用，因而能拍摄出更符合原稿细节的层次，提高了图像清晰度和色调再现能力，复制效果较好；

(2)接触网屏是一张均匀分布的网点底片，每个网点的结构是中心密度高、边缘密度低，具有连续调的特性。它可以代替玻璃网屏使用，并能取得玻璃网屏无法实现的制版工艺效果。由于这种网屏在使用时是与感光材料平整地密合在一起(利用抽真空方法使二者紧密接触)，进行加网拍摄或拷贝，所以称为接触网屏。

与玻璃网屏相比，接触网屏具有造价低廉，使用方便，制版效果好等优点。现在照相制版多采用接触网屏。

4. 网屏的线数

网屏的线数表示整版网点的粗细。线数越多，网线越细，网点就越多越小，印刷成品就越能逼真地反映原稿的浓淡层次。网屏的线数以一厘米(cm)或一英寸内含有平行线数目的多少来计算的。例如100线的网屏，即在一英寸内含有透明线和不透明线各100条，即每一平方英寸内含有网点数目为100×100=10000个。每英寸线数是传统的用法，现应改为每厘米线数，英寸线数与厘米线数换算如表3—1，可对照使用。目前，多数印刷厂还采用英寸线数。

表3—1　　英制线数和公制线数换算表

线/英寸	60	80	85	100	120	133	150	170	200
线/厘米	24	32	34	40	48	53	60	70	80

第五节　平版印版的分类

平版印刷因印版材料的不同，可分为石版、玻璃版、金属版和纸基版四种。

一　石　版

它是以天然的碳酸钙矿石作为版材，用脂肪性的转写墨直接把图文描写到经研磨平整的石面上，或用转写纸转印于石面，经过处理，就制成了石版，印刷时先用水润湿版面，使版面上墨时，只有图文部分附着油墨。石版是一种原始的手工平版印版，称为石印，印刷质量及效率很低，现已被金属印版的胶印所代替。在各地小印刷厂偶尔还能见到这种石印，用来印刷零件、复印件，印价低廉。

二　玻　璃　版

又称珂罗版(Collotype)。珂罗版印刷是平版印刷的一种，使用这种印刷技术已有一百多年历史。

出版物上的照片或美术作品，一般都用大小不同的网点来表现图的深浅层次。珂罗版的制作方法不同，它是在涂有胶层的厚磨砂玻璃上制出图像(反像)，图像用曝光后硬化程度不同的胶膜的疏密不同的微细皱纹来表现，皱纹越多吸墨量越大，色调就越暗，反之，色调就明亮。当胶膜图像和纸张接触时，就印出了正像。如果是印彩色图画，就必须根据原稿分别做出几块版，套印几次，这样就可以印出彩色丰富的图画。

珂罗版印刷的优点是：精致、层次丰富、准确，适宜复制一些最精致的真迹手稿和古代绘画艺术品。缺点是：由于珂罗版是用不太牢固的胶膜印刷的，因而不能用来大量印刷。目前，各地美术印刷厂或美术出版社还有用这种印刷设备的，用来印刷美术出版物。

三 金 属 版

金属版是在石版基础上发展起来的，目前，使用的金属版主要有以下四种：

1. 蛋白版

用锌皮制作，其着墨基础是建立在感光硬化的蛋白和重铬酸盐类的胶膜上。但蛋白版耐酸、耐磨性较差，故耐印率较低，一块版只能印一万印左右，而且网点不光洁，易糊易掉，目前印刷网纹彩色版已不再使用。但由于蛋白版还具有晒版时间快、工艺简单、操作方便、节省材料、价格低廉等优点，对印刷数量少的文字线条版，有些小印刷厂仍在使用。

2. 平凹版

以锌皮为版基，用阳图原版晒制的阳图印版。用感光液(聚乙烯醇或阿拉伯树胶和重铬酸盐类混合配制)涂布在锌皮上，经感光硬化、显影、腐蚀等操作过程而成。其着墨基础建立在经过腐蚀而微低于平面的金属版上，故称平凹版。其优点是版材耐用，耐印率一般可达 3 万~5 万印，成本又低，所以有的小型胶印厂仍采用这种晒版工艺。

3. 多层金属版

用两种以上不同的金属制成的胶印印版称为多层金属版。一般以锌皮(或铁)为版基，利用电镀工艺，在版基表面镀上一种或几种金属的镀层，构成复合层的版材，经过晒版在版面上制成以感脂性强的金属镀层为印版的图文基础，亲水性强的金属镀层为空白部分。根据图文部分和空白部分，又有平凸式和平凹式两种。以锌和铜组成双层平凸版，以铜和铬组成双层平凹版，以铁、铜、铬组成三层平凹版。

多层金属平凹版的优点是：印刷质量高，印到纸上的油墨显得厚实、光亮；耐印力高，可达 20 万印以上。非常适合于高速印刷机，适用于印刷数量多、质量要求高的印件。由于它的制作比较复杂，又要使用大量铜、铬、镍等金属，成本也比较高，目前胶版印刷厂已很少使用。

4. 重氮树脂版

简称 PS 版(Pressnirtized Plate)，或称预涂感光版，是一种预先涂好感光液的备用铝版。有国产的，也有进口的，是目前使用最为广泛的一种优良版材。它具有的优点如下：

(1)简化了晒版程序，加快了晒版速度，一般十几分钟就可制出一块版。

(2)网点再现性强，图像分辨力好，晒出印版上的网点基本上与照相底片相同，画面网点光洁实在，层次丰富细腻，光泽滋润，质感较强。

(3)油墨转移性能好，印刷出来的图像层次浓厚鲜艳。

(4)由于感光层是采用高分子感光性树脂，印版底基是用经过处理的铝版，所以具有较高的耐印率，一般每块印版可印 10 万印以上，经过烘版处理后能印到 20 万~30 万印。

(5)便于印刷操作，减少了晒版和上版次数，有利于提高产品质量和效率，特别适合高速机和轮转机使用。

(6)作业受温、湿度影响小，晒版工艺比较简单。

(7)晒版感光液中没有加铬盐，因而没有暗反应，版材可以预先制作，可贮存一年时间备用。

(8)毒性小，污染也小，是目前应用最广泛的平版印刷版材。

5. 直接制版(CTP)版材

CTP 版材种类很多，有曝光光源从 488nm 到 830nm 的印版，有耐印力从 5 万到 200 万印，甚至更高的印版。尤其是蓝激光印版，质量好，令印刷厂十分满意。

在 2001 年国际印刷大展上展示了最新的无须预热的热敏直接制版版材 Electra Excel。这种版材完全在日光下操作，具有高耐印力，而只需使用普通 PS 版冲版机和显影药。另有较好的预热热敏直接制版版材 TH830，这种版材分辨力极高。

使用 CTP 版材，优点很多，既改善了印刷质量，又提高了生产效率。因是直接制版，所以不再需要使用软片晒版。

四 纸 基 版

纸基版又称氧化锌版。是采用静电制版的平版印刷，其原理与静电复印原理相似，只是前者复制的是可供胶印机印刷用的印版，后者则是复印品。静电制版的印刷版材，是以照相原纸作版基，涂上氧化锌等合成的涂料。上海有一家生产氧化锌纸版的工厂，专供应纸基版。纸基版的优点是成本低、制作容易、毒性小。缺点是不耐印，每版只能印两千张左右，印刷网纹图不清晰。所以，只适于印刷数量少、单色的文字印件。

目前，有的大学出版社印刷厂配备了静电制版设备，适合印刷数量少的教材讲义，可降低成本，缩短出书周期。

第六节　印前技术的开发和应用

一　彩色桌面出版系统

印前技术的发展，经历了照相分色、直接分色加网、电子分色加网、彩色桌面系统等阶段。彩色桌面系统经过近十年的开发应用，已成为比较实用的印前技术。

彩色桌面出版系统的出现，伴随着各种高性能的图形、图像、文字处理软件的开发和应用，使充满创意的精美彩色出版物的制作要比其他分色工艺方便得多，用户可以方便地设计出丰富多彩充满创意的出版物。彩色印前技术的发展，对我国印刷业的发展产生了很大的影响。

1. 北大方正彩色桌面印前系统在彩色印前技术的各个领域，均达到了世界领先水平

这一系统集中了北大方正多年来研究开发的成果，荟萃了诸多优秀软件，并将各种先进的高精度彩色扫描与彩色输出设备集成为一整体，配有北大方正多年来开发的精美汉字，使创意设计获得了强有力的制作手段。这一系统具有的特点如下：

(1)采用国际通用的 Postscript level Ⅱ 页面描述语言，使系统纳入国际标准，西文排版软件和图形图像软件的排版结果，可以在同一系统内显示或输出。

(2)采用由专用芯片 OP 为核心的 RIP，具有联接各种输出设备的灵活性。

(3)采用 WINDOWS 运行环境，具有十分友好的人机界面。

(4)具有传统网点和调频网点挂网技术，使各类印刷品

达到尽善尽美的程度。

(5)系统具有极大的开放性，既能运行方正独立开发的文字处理，图形、图像处理软件，同时，又可运用对象连接与嵌入(OLE)技术，可将不同公司开发的优秀软件在同一环境下运行。

(6)采用五十多种中文简繁字体，全部采用 Bezier 三次曲线描述，文字美观。

彩色输出中心流程见图 3—14。

2. 华光Ⅶ型(华光—苹果)彩色电子出版系统

自 1994 年以来，华光集团公司与美国苹果公司联手合作，成功地研制开发出国内领先水平的新一代华光Ⅶ型(华光—苹果)彩色电子出版系统，这是最新研制开发的基于 Power Macintosh 平台的高档彩色电子出版系统，它充分利用 Power Mac 的先进技术，集图文编排、高精变图像图形处理、精密图文版面的高速输出为一体，是一个高度集成、完全开放式系统。其目标是满足中高档彩色出版的要求，可作为彩色报刊、图书、彩色画册、广告、包装装潢及其他精密彩色印刷的印前处理系统。其主要特点有：

(1)系统运行于先进的 Power Macintosh 平台，符合国际彩色桌面出版系统发展潮流，并能与国际流行的彩色桌面出版系统实现无缝接轨。

在国际上流行的彩色桌面出版系统中，Macintosh 平台系统占有较大的比重，代表了国际彩色桌面出版系统的发展方向。基于 Power Macintosh 平台的华光Ⅶ型彩色电子出版系统，正是在研究了国际彩色桌面出版系统的这种发展趋势的前提下研制开发的全新系统，将会对我国电子出版系统的发展产生深远的影响。

(2)华光Ⅶ型彩色电子出版系统是一个完全开放的集成化系统。本系统设计的 HGA—7PS RIP 是一个标准的

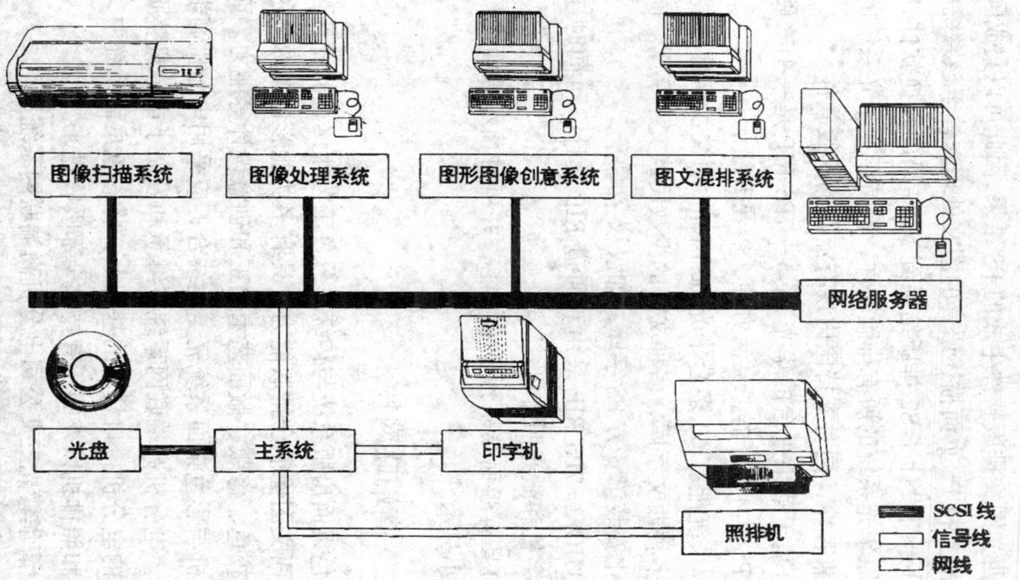

图 3—14　彩色输出中心流程图

Postscript Level Ⅱ解释器，实现 Level Ⅱ全部功能，支持任何复杂版面的支出，能够直接输出 PC 平台和 Mac 平台流行的中西文图文排版软件生成的 PS 结果,因此可以集成国内外优秀的支持 PS 页面描述语言的图文处理软件于该系统中。

(3)专门设计了 S2 排版结果到 PS 结果的转换软件，完全支持原华光系统的所有排版软件，保持了原华光系统的继承性和兼容性，同时支持国内现有流行的排版软件。

(4)基于苹果平台的华光 HGA—7PS RIP 是一个软硬件结合的 PS(二)解释器，灵活方便，容易升级。

(5)系统配有 60 多套华光 postscript 中文汉字曲线轮廓字库和多种西文字库，多种文种的少数民族文字字库。同时可智能化安装第 3 方 PS 字库，如汉仪字库等。

(6)HGA—7PS RIP 采用双通道 RIP 设计，可同时连接激光印字机和激光照排机。

(7)具有版面结果预显示功能，并可对预示版面进行放大或缩小显示。

二　高端联网技术

彩色桌面出版系统与传统电分色工艺相比，前者具有强大的中西文图像混合排版能力；具有多功能彩色图像分色、编辑、校色、修版、版面艺术加工和创意设计等能力。而要使电分机与彩色桌面系统完美地结合，应采用电分机高端联网系统。电分机高端联网系统在继承和发展了电分机整页拼版系统的电分机接口技术的基础上，将彩色桌面系统中，除扫描仪和照排机以外的所有技术全部吸收进来。

1. 清华紫光三艾公司电分机高端联网系统

该系统引进国际领先水平的电分机接口技术，全球已有近千台各种型号电分机采用此项技术进行高端联网，是成熟的、完善的系统。该系统可连接德国 HELL、英国 CROS-

FIELD 和日本 SCREEN 系统电分机。

该系统的特点：

(1)系统输出品质好　色彩品质表现能力不低于电分机原有水平；实现同版面连续调图像挂网，而中西文线条活不挂网混合排版输出；既能实现电脑网点输出，又实现电分机网点输出。

(2)制版生产效率高　系统采用双工双向并行方式工作，充分利用电分机大幅面高精度的优势，生产效率高。

(3)保留了原有电分机的全部功能，联网后电分机仍能按常规工作方式进行正常扫描出片。

(4)创意设计制作能力强　系统拥有图像修拼版能力、线条活修稿和描稿能力、图形创意设计能力、专色和包装设计能力、中西文字特技创意设计能力、整页组排版能力。

(5)符合国际标准的全开放系统　而随着全球印前技术的发展而进步，易于进行系统升级和扩展；系统可接受国际标准 PS 文件及其他开放系统的各种电子文件(如 EDS、PMS、TIF 等)。

(6)系统充分利用原有设备　与原有木星拼版系统、HEL L2000 拼版系统及华光激光照排系统兼容。

2. 北大方正电分机高端联网系统

该系统由方正电分机接口系统、FZ3000 或 FZ4000RIP、图像处理工作站及服务器和文图合一处理机组成。

该系统的特点：

(1)方正电分机接口系统　由一台 PC 机和方正电分机接口专用软硬件组成。其扫描功能，可以接收电分机所扫描的图像数据，生成 TIFF 和方正画廊使用的 HED 格式。其输出功能，可以用电分机网点、文字不挂网方式输出，还可以用 RIP 方式输出。

(2) FZ3000RIP　是符合 Postscript Level Ⅱ 标准的

RIP，在处理中文方面有极强的优势。有52种曲线字模可供使用，具有网络发排的能力，既适合高端联网使用，也可作为桌面系统的RIP使用。

(3)图像处理工作站及服务器　图像处理工作站选用DEC公司的DEC Station或Alpha Station工作站，并运行方正画廊修版拼嵌软件。该软件具有处理500MB以上大图像的能力，在作业管理、文字创艺、书刊封面拼版、画册拼版、商标拼版等方面有特殊支持。图像处理工作站同时还是全系统的网络服务器。

(4)图文合一处理机　选用一台奔腾微机，并选配彩色桌面系统中被广泛使用的优秀软件，如方正研制的WITS软件、FIT软件、Photodraw拼版软件等。此外还选配了Photoshop、Coraldraw等软件，使组版拼版更为方便。

高端联网系统流程见图3—15。

三　电脑直接制版系统

电脑直接制版(Computer - to - plate)是印前技术领域中最显著的成果。电脑直接制版系统，包括图像扫描、排版、打样和制版各工序的软、硬件，为当前最适合报纸出版，效率最高的高质量印前制作系统。

电脑直接制版技术，是一种使用数字式数据和某种光源将图像直接复制在印版上的工艺方法，简称CTP。CTP工艺与传统的软片晒版工艺相比较，可减少工序，印版的制作将更快，可节省劳力和原材料，使制版质量提高。其优点如下：

1. 简化作业工序、节省消耗材料，降低生产成本。
2. 缩短生产周期。
3. 制成的印版质量高，故障少。
4. 减少设备的维修量。

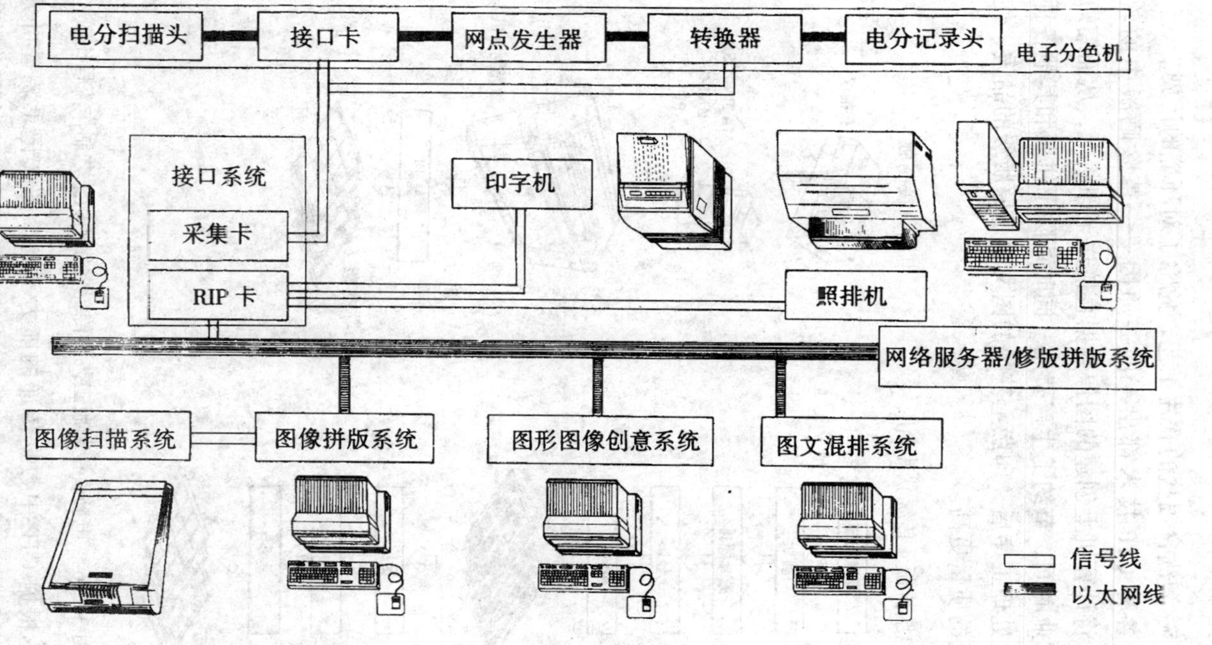

图 3—15　高端联网系统流程图

5. 淘汰含银盐的软片工艺，免除了对环境的污染。

各种 CTP 技术都出于同一原因——革除晒版中的软片。将计算机上创建的图像数据直接送至印版上，从而缩短了作业时间，节约了生产费用。同时革除了拼版和其他各种软片处理工序后，印版上获得的图文属于原版级的品质，使制版的质量更高。

电脑排版＋传统软片晒版

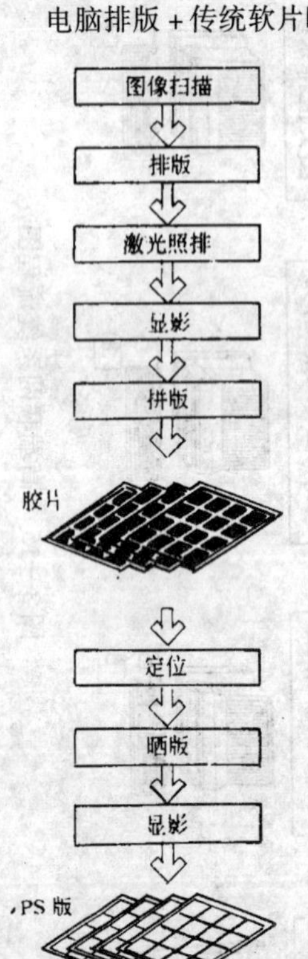

电脑直接制版

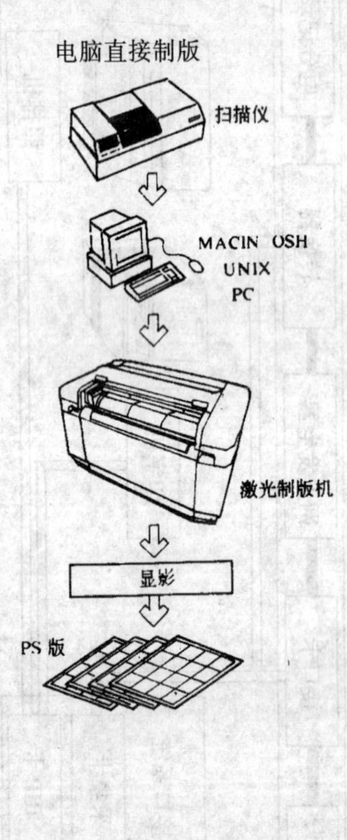

图 3—16　电脑直接制版工艺与传统软片晒版工艺制作流程比较

根据 CTP 中数据传递的能力不同，图文记录装置可分三等：初级的激光打印机，高档的照排机和精密的高端数字式印版记录仪。激光打印机和照排机可用于低耐印力的非金属基1(级基或聚酯片基)印版上记录图文；印版图文记录仪可在铝基版材上形成高质量图文的印版，其耐印力高达50万印以上。

标准的CTP系统(彩图9)应包含以下几个关键部分：带有相关软件的计算机、光栅图像处理器(RIPS)、印版记录仪、印版冲洗机、数字式校样机以及相应的印版。

截止2001年底，我国已有电脑直接制版系统约70套。

电脑直接制版工艺与传统软片晒版工艺印前制作流程的比较见图3—16。

第七节 制版管理

印制管理人员在发制图版时，首先要查看黑白图稿和彩色图稿的质量是否符合制版要求，再查对图稿的幅数是否齐全，然后根据图稿的色调和质量要求而确定采取哪种印刷工艺，最后确定是发制凸版、平版、还是凹版。制版工艺正确与否对书刊印刷质量和成本高低有着较大的影响。因此，印制管理人员必须熟悉制版设备的性能和特点，才能掌握正确的制版方法。

1. 制版方法的选择

书稿中的线条图或较简单的图形，可在照排过程中使用扫描仪直接拼入文字中，图和文合成在一起。这种制图方法既方便，又快捷。但要注意扫描仪的精密度，制成的图质量是否符合要求。制版过程中必须认真检查，以确保图的质量。

黑白图应采用照相制版还是电子分色机制版，这要根据图稿的质量，以及要使图面能达到的清晰度来确定。凡是质量较好，层次丰富的图稿，要制成高质量、高清晰度的图版可采用电子分色机制版。黑白图用电子分色机制版，效果比较接近原图，十分逼真，但成本较高。

一般色彩鲜艳、层次丰富、轮廓清晰的彩图，图形没有变化的，可采用电子分色机制版。这种制版方法既能保证质量，成本又低。如果彩色图形需要另行组合，字形又有变化，则必须采取电脑分色制版。因为这种制版工艺完全可以根据设计者的要求变动图形的组合和字形的变化，但制图费则要高一些。

一般情况，一种书稿中有多幅线条图或照片图，原图的大小可能有不同，或者需要缩小，但图中的文字大小最终必须一致。图注字一般均排 6 号字(8 点)。因此，有的图如需缩小，这幅图上的图注字需相应放大，然后随图缩成 6 号字大小。例如，一个图需要缩去二分之一，那么图注字需放大一倍，应为 3 号字(16 点)，因为 3 号字缩去二分之一即为 6号字。以此类推。计算公式如下：

$$x = 8\text{ 点} \div (1 - \frac{1}{2});\quad x = 8\text{ 点} \times \frac{2}{1};\quad x = 16\text{ 点}$$

2. 印版线数的选择

(1)印版线数的选择　一般是根据印刷品的性质、观赏要求和精美程度来确定。一些近距离观赏的印刷品，如精细的画册、画片等应选用细网点；一般画册、画报等可选用不粗、不细的网点；而广告画、招贴画等则可选用稍粗些的网点。因远距离观赏的画面，如广告画、招贴画等采用细网点反而不如粗网点的效果好，这是因为眼的分辨能力随着视距的增加而减弱的。

(2)印版线数选择的原则有两点　根据对画面的不同观赏距离来确定印版线数，距离远可适当减小网屏线数；根据印版、印刷机、纸张、油墨等印刷条件来确定网屏线数。纸张表面粗糙或油墨质量差，一般不适合选用细网线。

印刷品、纸张和网屏线数的关系如表3—2。

表3—2　　　　印刷品、纸张和网屏线数的关系

印刷品名称	用纸品种	网屏线数　线/英寸
书刊黑白网纹插图	52克或60克胶印纸	80、85、100
彩色年画、广告画	单面胶版纸 单面铜版纸	80、85、100、120
彩色画册、挂历	画报纸、铜版纸	120、133、150
彩色精细图册、图片	铜版纸	175、200

3. 填写制版凭单

印制管理员将图稿发厂制版时，应开列制版凭单(表3—3、3—4)。图稿要填写详细，底片尽可能写得具体，如彩色负片、彩色正片、反转片等。照片可分为黑白照片或彩色照片。制版方法可在附注栏内写明，采用照相、电子分色或电脑分色。网屏线数亦应在附注栏内予以说明。

表3—3　　　　××××出版社发制图版凭单

字第　　　号

承制厂　　　　　　　　　　200　　年　　月　　日发制

<table>
<tr><td colspan="2" rowspan="2">书名</td><td rowspan="2">册</td><td>书　号</td><td></td></tr>
<tr><td>著译者</td><td></td></tr>
<tr><td rowspan="2">图稿</td><td>图　张,照片　张,底片　张</td><td rowspan="2">应打清样　份</td><td colspan="2" rowspan="2">限200　年　月　日交货</td></tr>
<tr><td>书　本,色样　张</td></tr>
<tr><td colspan="3">锌版　　块　　付</td><td colspan="2">网铜(线)块　　付</td></tr>
<tr><td colspan="3">厚铜　　块　　付</td><td colspan="2">软片　　付</td></tr>
<tr><td colspan="3">彩色软片　　付</td><td colspan="2">其　他</td></tr>
<tr><td>附注</td><td colspan="4"></td></tr>
</table>

科长　　　　　　　　　　　　　　开单

表 3—4　　期刊制版单

制版厂　　　　　　　　200　年　月　日

刊　名				期　数	年　卷　期
墨　稿	张	照　片	幅	彩色稿	张
书刊稿	页	效果样	幅	底　片	张
反转片		版	块	版	块
胶印照相说明			备注		

主管签发＿＿＿＿＿　发制人＿＿＿＿＿　签收人＿＿＿＿＿

4. 填写制版工艺单(表 3—5)

5. 软片的保管

(1)保管好　软片要按书刊页码的顺序整理好，在“软片移动情况卡”(表 3—6、3—7)上详细填写发厂日期、发往何厂、收回日期、修改情况等，以备查考。

(2)防晒、防熏　软片不要放在太阳下曝晒，也不要被某种有害气体熏染，这些都会使软片变黄，影响质量，甚至不能使用。

(3)防潮　潮湿会使软片粘连在一起，并出现斑点。粘在一起的软片，使用时要一张一张撕开，这样会损坏软片，严重的就不能再使用。

(4)软片柜　存放软片应备有软片柜(图 3—17)，软片就可以平放，因软片切忌卷起。采用柜子存放，既能做到分类清楚，存放方便，又不会损坏软片。

表 3—5　　　　**制版中心制版工艺单**　　　　NO:________

<table>
<tr><td rowspan="5">客户档案</td><td rowspan="3">总项</td><td colspan="2">客户单位：</td><td colspan="2">电话：</td><td>交接签名</td></tr>
<tr><td colspan="2">稿名：</td><td colspan="2">成品规格：</td><td></td></tr>
<tr><td colspan="2">来稿时间：</td><td colspan="2">完成时间：</td><td></td></tr>
<tr><td rowspan="2">原始资料</td><td colspan="4">照片：　　　印刷品：　　　创意稿：</td><td></td></tr>
<tr><td colspan="4">磁盘：　　　反转片：　　　版式页：</td><td></td></tr>
<tr><td rowspan="2">扫描</td><td colspan="3">扫描线数：</td><td colspan="2">扫描倍率及尺寸见原稿</td><td></td></tr>
<tr><td colspan="3">透射稿：　　张</td><td colspan="2">反射稿：　　张</td><td></td></tr>
<tr><td rowspan="4">DTP</td><td rowspan="2">图像处理</td><td colspan="4">文件夹名：</td><td></td></tr>
<tr><td colspan="4">工作站号：</td><td></td></tr>
<tr><td rowspan="2">图文排版</td><td colspan="4">文件夹名：</td><td></td></tr>
<tr><td colspan="4">成品尺寸：　　　字体：</td><td></td></tr>
<tr><td rowspan="3">输出</td><td rowspan="2">电子文件</td><td colspan="4">ps 文件名：　　网线数：　　色别：</td><td></td></tr>
<tr><td colspan="4">尺寸：　　rit 文件名：　　色数：</td><td></td></tr>
<tr><td>软片</td><td colspan="4">尺寸：A2　A3　A4　色数：</td><td></td></tr>
<tr><td rowspan="3">手工制版</td><td colspan="5">成品尺寸：　　　本单页吗：</td><td></td></tr>
<tr><td colspan="5">台纸规格：</td><td></td></tr>
<tr><td colspan="5">装订方式：</td><td></td></tr>
<tr><td rowspan="4">打样</td><td>名称</td><td>规格</td><td colspan="2">色数</td><td>打样要求</td><td></td></tr>
<tr><td></td><td></td><td colspan="2"></td><td></td><td></td></tr>
<tr><td></td><td></td><td colspan="2"></td><td></td><td></td></tr>
<tr><td></td><td></td><td colspan="2"></td><td></td><td></td></tr>
<tr><td>备注</td><td colspan="6"></td></tr>
</table>

表 3—6

软片、图版移动记录卡

书名编号

<table>
<tr><td>书　号</td><td colspan="3">ISBN</td><td>书　名</td><td colspan="4"></td><td>开　本</td><td></td></tr>
<tr><td>编著者</td><td colspan="4"></td><td>译　者</td><td colspan="3"></td><td>定　价</td><td></td></tr>
<tr><td rowspan="2">软片内容</td><td>正　文</td><td></td><td>封　权</td><td></td><td>目　录</td><td></td><td>序</td><td></td><td colspan="2" rowspan="2">软片总数：　张　付</td></tr>
<tr><td>前　言</td><td></td><td>插　页</td><td></td><td>勘误表</td><td></td><td>外　封</td><td></td></tr>
<tr><td rowspan="3">图版情况</td><td rowspan="2">正　文</td><td colspan="9">铜版图页码：　共　块　锌版图页码：　共　块</td></tr>
<tr><td colspan="2">彩　色　版</td><td colspan="2">双色　张</td><td colspan="2">3 色　张</td><td>4 色　张</td><td colspan="2">图版图稿　张</td></tr>
<tr><td>封　面</td><td colspan="7"></td><td colspan="2">移动记录</td></tr>
<tr><td colspan="4">制版厂</td><td colspan="4">年　月　日完成</td><td colspan="3">备　注</td></tr>
<tr><td colspan="11">软片挖改、补排记录</td></tr>
</table>

发出日期	摘要	收回日期	校对者

表 3—7

软片流动情况记录卡

软　片						存放处：					
发厂日期	承印厂	版次	张数	收回日期	经手人	发厂日期	承印厂	版次/印次	张数	收回日期	经手人

图 3—17　软片柜

[复习思考题]

1. 彩色制版的分色原理是什么?
2. 电子分色机的基本原理是什么?
3. 彩色桌面系统具有什么优点?
4. 选择网屏线数的原则是什么?
5. 电脑直接制版系统有什么优点?

第四章

书刊印刷技术和管理

学习目的

●了解凸版印刷、平版印刷、凹版印刷和特种印刷的技术

●熟悉各种印刷设备的功能和特点，重点要熟悉多色胶印机、多色凹印机和数字式彩色印刷系统的功能和特点

本章要点

●印刷管理工作

●凸版印刷

●平版印刷

●凹版印刷

●特种印刷

●数字式彩色印刷系统

●“九五”期间我国印刷技术发展特点、“十五”期间我国印刷技术发展方针和网络出版

关键性术语

印装凭单　印制质量检查　图版印刷　胶印　无水胶印　平版胶印机　数字印刷工艺　按需印刷　水刻水印　凹凸压印　电化铝烫印　上光　贴塑　丝网印刷　柔性版印刷　网络出版

第一节 书刊印刷管理

一 印刷任务的安排

一种书刊经过照排制出软片，再通过软片将图文晒在PS版上，即制成胶印的印版。另外，根据印刷工艺的需要，还可用阴图软片制出感光树脂版、尼龙版、塑料版等，它们均为凸版印刷版材。印制管理人员应按照书刊设计的要求，再根据正文、封面、插图(单色或彩色)、印数大小等情况来确定采用凸版印刷还是胶版印刷。然后再根据印刷厂的设备情况和技术力量，最后确定发到哪家工厂去印刷最为适宜。根据以上情况制订出的印刷方案，既能保证书刊的印刷质量，又能按时完成印刷任务。

二 印装凭单的内容

在发印前印制管理人员要开出印装凭单。内容要填写详细，计算纸张要准确，对工厂各项要求要写得具体明确。印装凭单上应填写的内容有以下各项：

1. 承印厂、装订厂、发印日期、要求完成日期；
2. 书号、书名、著译者、定价、印数；
3. 版次年月、印次年月、印张、插页；
4. 开本规格、天头规格、切口规格(或地脚、订口规格)；
5. 封面和彩色插页色数和印法说明、正文印法说明和装订顺序；
6. 用纸名称和规格、封面用纸数、插页用纸数、正文用纸数，以及每项印、装加放数；

其他注意事项应在备注栏内填写清楚。出版社印装凭单格式如表4—1；全国各地出版社图书期刊印制委托书如表4—2。

三 纸张的计算

1. 正文用纸计算法如下。

(1)正文用纸两种不同的计算公式。

公式①：印张×印数÷1000印张=令数

算式：10×30000÷1000=300令

公式②：印张×印数(以千为单位)=令数

算式：10×30=300令

(2)正文凸版印刷、装版、装订加放数计算公式。

公式①：用纸数×印刷加放率=印刷加放令数

算式：300×8‰=2.4令

公式②：印刷装版次数×15张÷500张=装版加放令数

算式：20×15÷500=0.6令

公式③：用纸数×装订加放率=装订加放令数

算式：300×13‰=3.9令

(3)正文胶版印刷、装订加放数计算公式。

公式①：用纸数×印刷加放率=印刷加放令数

算式：300×18‰=5.4令

公式②：用纸数×装订加放率=装订加放令数

算式：300×13‰=3.9令

(4)正文用纸、加放共计令数。

公式①：用纸令数+凸版印刷加放令数+装版加放令数+装订加放令数=共计用纸令数

算式：300+2.4+0.6+3.9=306.9令

公式②：用纸令数+胶版印刷加放令数+装订加放令数=共计用纸令数

算式：300+5.4+3.9=309.3令

红卡片号[　　　]
供应季别

表 4—1　　　　××××××社书刊印装凭单

承印厂　　　　承装厂　　　　20　　年　　月　　日　　　　字第　　　号

<table>
<tr><td colspan="3">书号 ISBN7—04
－/</td><td colspan="4">书名</td><td colspan="2">著译者</td><td>定价　　元</td><td>印数　　册</td></tr>
<tr><td colspan="3">版次　年　月第　版　次</td><td>印张插页</td><td colspan="2">开本尺寸　mm × mm</td><td colspan="4">装版规格　天头地脚(齐页码)　切口 mm　订口 mm</td><td>订法　装</td></tr>
<tr><td rowspan="5">全书装订顺序</td><td colspan="2">封一　　色</td><td colspan="8" rowspan="5">正文装订顺序
①
②
③
④
⑤
合计:正文共　　页:插页　　页</td></tr>
<tr><td colspan="2">封二</td></tr>
<tr><td colspan="2">封三</td></tr>
<tr><td colspan="2">封四</td></tr>
<tr><td colspan="2">封面共印　色</td></tr>
<tr><td>项目</td><td>页数</td><td>用纸名称</td><td>用纸规格</td><td>开数</td><td>用纸正数</td><td>加放率%</td><td>装版(次)</td><td>加放数</td><td>共计用纸</td><td>印法说明</td></tr>
<tr><td>正文</td><td></td><td></td><td></td><td></td><td></td><td></td><td></td><td></td><td></td><td></td></tr>
<tr><td></td><td></td><td></td><td></td><td></td><td></td><td></td><td></td><td></td><td></td><td></td></tr>
<tr><td></td><td></td><td></td><td></td><td></td><td></td><td></td><td></td><td></td><td></td><td></td></tr>
<tr><td></td><td></td><td></td><td></td><td></td><td></td><td></td><td></td><td></td><td></td><td></td></tr>
<tr><td>封面</td><td></td><td></td><td></td><td></td><td></td><td></td><td></td><td></td><td></td><td></td></tr>
<tr><td colspan="11">1. 送本社样书　本。(其中　省出版局留　本)。
2. 送本社发行部　本(请事先向本社储运科预告)
3. 送交新华书店储运公司　册
4. 本书系　教材,请于　日以前全部装完交货。
5. 本书铜版　块、封面版　块,印毕随同软片、纸型退回我社。如有丢失,由工厂负责赔偿。</td></tr>
</table>

出版科　　　　　　复核　　　　　　开单

表 4—2　　　　　　　　图书、期刊印制委托书

<table>
<tr><td colspan="2">出版单位(委托方)名称</td><td colspan="4"></td></tr>
<tr><td colspan="2">印制企业(受托方)名称</td><td colspan="4"></td></tr>
<tr><td colspan="2">书(刊)　　名</td><td colspan="4"></td></tr>
<tr><td colspan="2">国际标准书(刊)号</td><td colspan="4"></td></tr>
<tr><td>版　次</td><td></td><td>印　数</td><td></td><td>责　编</td><td></td></tr>
<tr><td>页　数</td><td></td><td>印　张</td><td></td><td>著译者</td><td></td></tr>
<tr><td>字　数</td><td></td><td>开　本</td><td></td><td>定　价</td><td></td></tr>
<tr><td rowspan="2">排　版</td><td colspan="2">原稿页数：</td><td colspan="3">版　式：</td></tr>
<tr><td colspan="2">正文用字：</td><td colspan="3">校样份数：</td></tr>
<tr><td rowspan="2">制　版</td><td colspan="5">图稿数量：</td></tr>
<tr><td colspan="2">图版色数：</td><td colspan="3">铜版　　块　锌版　　块</td></tr>
<tr><td rowspan="2">印　刷</td><td colspan="2">用纸规格：</td><td colspan="3">印刷方法：</td></tr>
<tr><td colspan="2">用纸数量：</td><td colspan="3">印完日期：</td></tr>
<tr><td rowspan="2">装　订</td><td colspan="5">装订方法：</td></tr>
<tr><td colspan="2">装订册数：</td><td colspan="3">交书日期：</td></tr>
<tr><td colspan="2">委托方经办人姓名：</td><td colspan="2">联系电话：</td><td colspan="2">身份证号码：</td></tr>
<tr><td colspan="2">受托方经办人姓名：</td><td colspan="2">联系电话：</td><td colspan="2">单位地址：</td></tr>
<tr><td colspan="2">出版单位(委托方)所在省、自治区、直辖市新闻出版局盖章：
经办人：
年　月　日</td><td colspan="2">印制企业(受托方)所在省、自治区、直辖市新闻出版局盖章：
经办人：
年　月　日</td><td colspan="2">出版单位(委托方)盖章：
负责人：
年　月　日</td></tr>
</table>

注：1. 此委托书由新闻出版总署统一监制，出版单位每次委托印制(包括重印、加印、单个品种分别排版、制版、印刷、装订)均需认真填写此委托书。2. 此委托书涂改、翻印、复印无效。无出版单位公章无效。3. 出版单位到所在地领有书报刊印刷许可证的非书刊定点印刷企业印制书刊，此委托书需经所在地省、自治区、直辖市新闻出版局审核批准并加盖公章，跨省印制的书刊，此委托书必须由两地省、自治区、直辖市新闻出版局分别审核批准并加盖公章，否则承印单位不得承接。4. 此委托书一式四联，一联由印制企业留存，二联由印制企业在接受后 10 日内报所在地省、自治区、直辖市新闻出版局，三联由出版单位在开出后 10 日内报所在地省、自治区、直辖市新闻出版局，四联由出版单位留存。5. 出版单位在工艺和材料方面有具体要求，可另附工艺、材料单或说明书，印刷费用、付款方式及其他要求可由双方另立合同。6. 各省、自治区、直辖市新闻出版局负责本辖区内委托书的发放及管理，解放军系统委托书的发放及管理由总政治部宣传部负责。

2. 封面用纸计算法

(1)封面用纸五种不同的计算公式(以 8 开为例)

公式①：印张 × 印数 ÷ 1000 印张 = 令数

算式：0.25 × 30000 ÷ 1000 = 7.5 令

公式②：印张 × 印数(以千为单位) = 令数

算式：0.25 × 30 = 7.5 令

公式③：印数 ÷ 开数 ÷ 500 张 = 令数

算式：30000 ÷ 8 ÷ 500 = 7.5 令

公式④：印数 ÷ (开数 ÷ 2) ÷ 1000 印张 = 令数

算式：30000 ÷ (8 ÷ 2) ÷ 1000 = 7.5 令

公式⑤：印数(以千为单位) ÷ (开数 ÷ 2) = 令数

算式：30 ÷ (8 ÷ 2) = 7.5 令

(2)封面凸版印刷、装版、装订加放数计算公式。

公式①：用纸数 ×4 色印刷加放率 = 印刷加放数

算式：7.5 × 24‰ = 0.18 令

公式②：装版次数 × 15 小张 ÷ 开数 ÷ 500 张 = 装版加放令数

算式：4 × 15 ÷ 8 ÷ 500 = 0.015 令

公式③：用纸数 × 装订加放率 = 装订加放数

算式：7.5 × 13‰ = 0.0975 令

(3)封面胶版印刷、装订加放数计算公式。

公式①：用纸数 ×4 色印刷加放率 = 印刷加放数

算式：7.5 × 36‰ = 0.27 令

公式②：用纸数 × 装订加放率 = 装订加放数

算式：7.5 × 13‰ = 0.0975 令

(4)封面用纸共计令数。

公式①：用纸令数 + 凸版印刷加放令数 + 装版加放令数 + 装订加放令数 = 共计用纸令数

算式：7.5 + 0.18 + 0.015 + 0.0975 = 7.7925 令

四　印刷、装订纸张的加放率

印制管理人员在开印单时，除了要懂得如何计算正文、插页、封面的用纸数量外，还要熟悉当地不同印刷、装订的加放率，这样才能计算出实际用纸数量。

全国各地出版物的印刷、装订加放率都由当地出版印刷部门制定适合于当地用的标准。以下是北京地区出版物的印刷、装订加放率。如表 4—3、表 4—4、表 4—5、表 4—6、表 4—7。

表 4—3　　凸印印刷、装订加放率(单面、平台)

印　数（万）	加　放　率(‰)	
	印　刷	装　订
5000 以下	10	15
5001—10000	9	14
10001—30000	8	13
30001—50000	7	12
50001 以上	6	11

注： 1. 上版纸，每台版 15 张，超过十万印按两次计。

2. 印数不足 2000 按 2000 计。

3. 米力机印薄纸，印、装各 20‰，单面刷印薄纸印刷 25‰，装订 20‰。

4. 三本以上（包括三本）的配套书印刷不动，装订增加 5‰。

5. 纸质过次由厂、社双方另议。

表 4—4　　图版印刷、装订加放率

印　数 （万）	加　放　率（‰）		
	印　刷 （每色）	装　订	
		封　衬	其　他
5000 以下	7	14	9
5001—10000	6.5	14	8.5
10001—30000	6	13	8
30001—50000	6	13	8
50001 以上	5	13	7.5

注：1．上版纸，每色 15 小张（按实际开数计算）。
2．印数不足 2000 按 2000 计。
3．45 克以下薄纸另议。

表 4—5　　胶印单张纸印刷（书版）、装订加放率

印　数 （万）	加　放　率（‰）	
	印刷（每色）	装　订
5000 以下	9	15
5001—10000	9	14
10001—30000	9	13
30001—50000	9	12
50001 以上	9	11

注：1．印刷加放每色不足 60 张，按 60 张计。
2．装订印数不足 2000 按 2000 计。
3．45 克以下薄纸另议。

表 4—6　　彩色印刷、装订加放率

印　数（万）	印　刷（每色）	装订		
		加放率（‰）		
		期刊封图	图书封衬	其　他
5000 以下	9	9	14	9
5001—10000	9	8.5	14	8.5
10001—30000	9	8	13	8
30001—50000	9	7.5	13	8
50001 以上	9	7.5	13	7.5

注：1．印刷加放每色不足 60 张，按 60 张计。

2．装订印数不足 2000 按 2000 计。

表 4—7　　卷筒纸包干定额数量表（轮转）

类　别	纸张标准		包干每吨出纸令数	
	每吨应出令数	每令平均重量	铅　轮	胶　轮
52 克凸版	44.345	22.55	41	40
51 克新闻	45.208	22.12	42	41
49 克新闻	47.059	21.25	44	43

注：1．以上指标为丹东、金城、岳阳、柳江、石砚、南平、吉林纸厂的纸张。

2．其他纸厂的纸张，根据纸张的优劣由厂、社另议。

五　印刷品质量检查

印制管理人员应牢固树立质量意识，要主动、认真地加强对印刷质量的检查，督促印刷厂以高质量完成印刷任务。如果印刷质量差，就会影响书刊的整体质量，严重的会造成经济损失。因此，加强印刷质量的检查，是印制管理人员义不容辞的职责。

检查书刊印刷质量采取两种办法：一是下厂批量抽查成品；二是检查样书。在批量抽查中如发现问题，应及时纠正。如出现严重问题又无法补救时，应予重印。

印刷质量检查可参考以下标准。

1. 凸版印刷品

(1)合格产品　印刷品尺寸应符合 GB788 的规定。非标准开本由委印和承印单位商定。版面无明显轻重，文字清楚，允许个别字的细小笔画有轻微麻花，但不致影响字义。全书墨色深浅基本接近,无悬殊差别。正反面套印基本准确,少量书页套印不准误差在 2. 5mm 以内。版面干净,不糊版。图版轮廓清楚,无明显糊花现象,无严重的断线。

(2)优质产品

版面基本平整，笔道清楚，无糊瞎现象。全书墨色基本均匀。图版轮廓清楚，不糊不花，一般线条不断线。版面干净。正反面套印规矩，个别书页套印不准误差在 1. 5mm 以内。

(3)特优产品

版面平整，书页背面无凸影，字迹清晰，不损失笔锋，无缺笔断画。全书墨色均匀一致，浓淡符合标准色样。版面干净，不糊版，无瞎字。图版色泽鲜艳，套印准确，网点光洁，层次分明，线条不断线。正反面套印正确。允许有个别书页套印不准，误差在 1mm 以内。

2. 平版印刷品

(1)合格产品　印刷品尺寸应符合 GB788 的规定。非标准开本由委印和承印单位商定。文字完整不瞎，前后墨色无明显差别。无脏污、油渍。版面端正，正反面套印一般准确，误差小于 3mm。图面的主要部位套印规矩，轮廓清楚，不模糊，无明显印脏。

(2)优质产品　文字、标点清晰，不瞎，不花。版面端正，正反面套印误差小于 2mm。图面墨色鲜艳，无印脏，层次分明，能保持原稿层次不受损失。网点干净，不糊版。美术作品要求基本接近原作，照片一般能接近实际。同一批印品墨色基本一致。

(3)特优产品　文字、标点清晰，不瞎，不花。版面端正，正反面套印误差小于 1.5mm。图面色泽鲜艳厚实，无印脏，层次丰富，高低调都不受损失。网点清晰，光洁不毛。套印正确。美术作品要求符合原作，照片要求做到与实际逼真。同一批印品墨色应达到一致。

3. 凹版印刷品

印刷品尺寸符合 GB788 的规定。非标准开本尺寸由委印和承印单位商定。成品版面干净、均匀、无明显脏痕。网点角度准确，清晰完整。图像颜色自然、协调。层次亮、中、暗调分明、协调、细腻。图轮廓清楚，套印允差合格产品(表 4－8)，优质产品(表 4－9)。

表 4－8　合格产品　mm

部位 开数	一般部位	主体部位
四开	0.3	0.2
对开	0.4	0.3
全张	0.6	0.5

表 4－9　优质产品　mm

部位 开数	一般部位	主体部位
四开	0.15	0.1
对开	0.2	0.15
全张	0.3	0.2

第二节　印刷厂的分类

我国现有的印刷厂，按其承担的任务来区别，大体上可分以下几类：

一　报纸印刷厂

以印报纸为主的印刷厂。这类专业印刷厂，除了印刷报纸外，多余的生产力也能承担一些印量大的杂志和图书。以下介绍两家报纸印刷厂的情况。

1. 新华日报报业集团

这是现代化的彩色印刷基地，它位于南京栖霞区。新华日报印刷产业具有独特的技术优势。该报社印刷厂将引进代表当今世界最高水平的印刷设备，一是引进瑞士维发报纸彩印高速轮转机；二是引进海德堡商业轮转机。新开工的基地将构筑高技术平台，建设成国内一流的彩色印刷基地。将拥有代表21世纪最新技术的全自动印刷生产线和配套的打包发送系统，可以承印目前国内各种形式和技术水平的纸质印刷品。该基地不但印刷自己的报刊，并将承接来自社会的彩色报刊、彩色广告、彩色包装品等印刷业务。计划2002年下半年新设备可投入使用。

2. 解放军报印刷厂

该厂是印刷报纸、期刊、书籍、画刊的自动化、高速度、高质量和较高生产能力的综合印刷企业。该厂具有现代化的印刷设备。由激光照排、分色、打样、自动晒版组成印前配套系统，由多台从日本和德国引进的高速彩色轮转印刷机，德国罗兰商业轮转机等组成先进印刷系统，使用新闻纸、轻涂纸、铜版纸生产的胶印彩色报纸和书刊。目前，解放军报印刷厂在不断创新和开拓中向新的高度迈进。

二　书刊印刷厂

以印刷书籍、杂志、画册、图片等出版物为主的印刷厂。这类印刷厂遍及全国各地，其中国家和省级定点厂约一千余家。在各大城市，都有规模较大、设备较先进、能承担印刷高质量出版物的书刊印刷厂。以下介绍三家书刊印刷厂的情况。

1. 人民教育出版社印刷厂

该厂是我国解放以来建立的第一个教科书印刷厂，也是我国在联合国儿童基金会援助基础上成立的第一个儿童彩色教材印制中心。主要承担全国幼师、中学、小学、各类师范、中等职业、成人教育、卫星教育等教材部分制版、印刷和装订任务。对教材的印制具有较强的适应性。是国家书刊印刷定点企业。该厂的印刷设备有：德国普天 D7100 滚筒扫描仪一台、美国 656 电分机一台、激光照排系统一套、PC 机和苹果机数十台、打样机两台、德国天马明室拷贝机两台、PC—701—G 连晒机两台、海德堡 CP2000 型对四色机两台、海德堡 102V 对开四色机两台、德国米勒对开四色机一台、787 书刊平印轮转机三台、880 书刊平印轮转机两台、双面平印印刷机两台、瑞士马天尼胶订联动流水线一条、骑马订联动流水线一条。该厂印刷设备先进，能承担印刷高质量的教材、图书、期刊的印刷。

2. 中国青年出版社印刷厂

该厂建于 1949 年 5 月，现有激光照排、电子分色、彩印、书刊印刷、无线胶订、骑马订等先进设备，系综合型国有印刷企业。彩印设备以国际先进的海德堡 CD 机为主导机型；书刊高速设备以上海高斯机型为主；装订以马天尼胶订联动线为主。目前企业的印刷设备基本实现了照制系统计算机高端联网数字化处理和彩印机一次制成品，书刊产品一次加工成书的目标。该厂被国家新闻管理部门评为全国质量百强单位。

3. 文物出版社印刷厂

该厂是国家文物局文物出版社所属的国家指定书刊印刷企业，1957 年建厂。主导设备有先进的英国 6230 电分机和苹果电脑制版系统，两台海德堡 CD102 和 CD102CP2000 型四色高速印刷机和装订设备，是集制版、印刷、装订为一体的现代印刷企业，可加工大型画册、书刊及各种高、中档印品。该厂的珂罗版印刷代表了国内印制水平具有较强的复制、装裱名人字画能力。企业的宗旨是：优良工艺，优秀质量，优质服务。

三　包装装潢印刷品印刷厂

主要印刷商标、包装用品如纸包装、塑料包装、箱包装、罐包装、复合包装、玻璃纸包装等。目前，全国县以上这类专业印刷厂约 6000 家，一般设备轻型、小而精。其中规模较大的装潢印刷厂，都配备有较先进的设备，能印刷较精美的产品。

四　零件印刷厂

这类印刷厂小型印刷机较多，采取快速制版轻印印刷，规模不大，主要印刷社会用品，如簿册、单据、表格、文件、内部资料等印件。

五　邮票印刷厂

这类印刷厂专门印刷邮票和邮制品等，设备以平版和凹版印刷机为主。北京、上海、辽宁、河南等省市都设有邮票印刷厂。

六　票证印刷厂

又称印钞厂。主要以印刷钞票、国库券和各种有价证券等。设备以平版印刷机和凹版印刷机为主，另有防伪处理设备。

印刷品的种类很多，如图书、报刊、画册、画片、广告画、挂历、邮票、票证、包装用品等等。有的黑白印刷，有的彩色印刷。有的印刷质量达到一般水平即可，有的印刷质量要求达到精美、豪华。因此，就需要采取多种印刷方法，才能达到预期的效果。

目前，印刷方法分为：凸版印刷、平版印刷、凹版印刷和特种印刷四大类。

第三节　凸版印刷

凸版印刷，其图文凸出于印版表面(图 4—1)。凸版印刷的印版有感光树脂版、塑料版和尼龙版等。在凸版印刷中的铅版、铜版、锌版已逐渐被淘汰，目前很少使用。凸版印刷属于直接印刷，其图文部分的油墨直接从印版的凸起部分转印到承印物上。近几年来，凸版印刷在整个出版物印刷生产中，所占的比重已逐渐下降。但有少部分书籍的正文、封面、插页，其他如表格、单据等零件印刷品仍采用凸版印刷，这有利于降低成本。

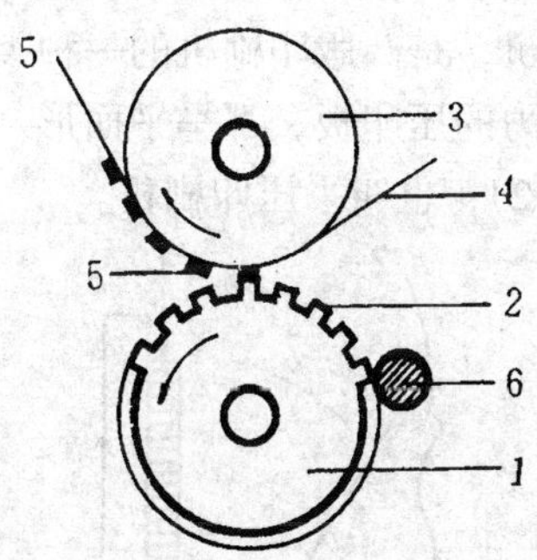

1　装版滚筒　2　印版　3　压印滚筒　4　承印物
5　印刷图文　6　墨辊

图 4—1　凸版印刷原理示意图

一　凸版印刷机的分类

凸版印刷机的种类很多，分类方法大致有以下几种：

1. 根据印刷纸张的形状划分

有平板纸和卷筒纸印刷机两大类。

2. 根据印刷纸张的幅面来划分

有八开、四开、对开、全张机等四种。书刊正文一般用全张、对开机印刷，封面、插页等零件一般用四开、八开机印刷。

3. 根据每一次印刷所获得的印迹来划分

有单面单色、双面单色和单面双色。

4. 根据输纸设备的自动化程度来划分

有人工输纸、自动输纸；脚踏、电动，即半自动印刷和全自动印刷机两大类。

5. 根据压印机构的形式来划分

有平压平型印刷机、圆压平型印刷机及圆压圆型印刷机三大类。

二　平压平印刷机

平压平印刷机，是凸版印刷机的一种类型。其装置印版的版台和施加压力的压印板，都呈平面形，所以称作为平压平印刷机(图 4—2)，也叫平压印刷机。

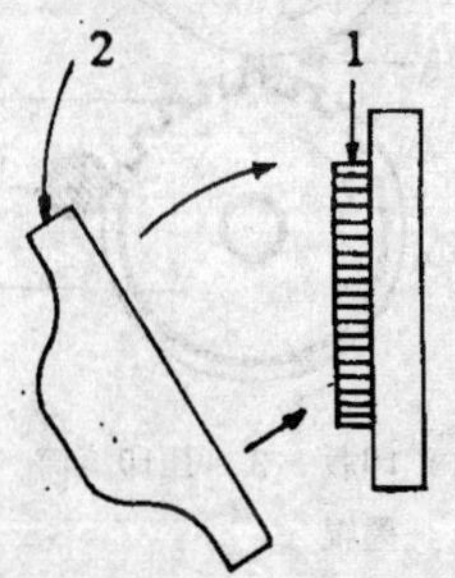

1. 活版或铅版　2. 压印平版

图 4—2　平压平印刷机原理示意图

平压平印刷机的特点：压印时，整个压印版和印版全面接触。压印时间长，总的印刷压力大，所以产品墨色厚实，笔画饱满。这类机器体积小，只能印刷四开幅面以下的印刷品；而且运转速度较慢，生产效率不高。目前，中小印刷厂还在使用的圆盘机、方箱机、鲁林机均属于这一类机型。俗称零件印刷机。

三 圆压平印刷机

版台为平面，而压印装置是圆筒形的凸版印刷机，称做圆压平印刷机(图 4—3)。

圆压平印刷机，分卧式和立式两种。卧式圆压平印刷机一般印刷幅面比较大，有四开、对开和全张。装置印版的版台是水平装置，它们都是由版台作往复运动，压印滚筒在固定位置，带动印刷物旋转实现印刷。

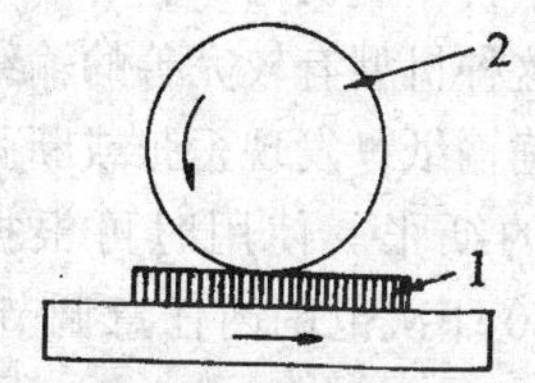

1. 活版与铅版 2. 压印滚筒

图 4—3 圆压平印刷机原理示意图

卧式圆压平印刷机，简称卧飞。这类机型是根据压印滚筒在一次印刷过程中旋转次数，分为：停回转、一回转、二回转圆压平印刷机。另一种是印刷幅面较小的圆压平印刷机，版台垂直于地面，由版台和压印滚筒相互作反向上下运动，来实现印刷，这类印刷机称为立式平台印刷机，简称立飞。

圆压平印刷机在平压平的基础上发展而成，由于采用圆柱体压印滚筒代替压印平版，印刷时不是面与面接触，而是通过圆柱滚筒与印版平面的线接触压印，所以总的工作压力较小，印刷幅面能做得较大，印刷速度比平压印刷机快，提高了机器的印刷效率。目前，在使用的凸版印刷机中，圆压平印刷机已逐渐取代平压平印刷机。

根据其印刷幅面大小不同，圆压平印刷机可分为两大类，一类是八开和四开的圆压平印刷机，以印刷封面、插页等为主的零件印刷机；一类是对开和全张的圆压平印刷机，以印刷书版为主的书刊印刷机。

圆压平零件印刷机的机型、性能和用途。

1. TR801A 型立式平台印刷机

这种机型(图 4—4)适于各种多色套印、网线铜版图、书籍插图、彩色封面和商标广告等印刷，是效率较高的八开立式平台印刷机之一。

这种机型有较完善的输纸机构，能保证在印刷速度较高时准确输纸，发现歪张或断张自动停车。并能适应各种厚薄不同的纸张。使用时可根据印件质量的需要，在每分钟 30 ~ 60 印次范围内任意调节，不需停车进行。可印最大纸

图 4—4　TR801A 型立式平台印刷机

张尺寸为 330mm×490mm；最大印刷面积为 310mm×470mm；印刷速度为 1800 印次/时～3600 印次/时。

2. TY615 四开一回转凸版印刷机

这种机型(图 4—5)由上海光华印刷机械有限公司最新制造，上海市和机械工业部评定为优质产品。这种机型是在 TY401 型一回转平台印刷机的基础上改进的，为各大、中、小型凸版印刷厂所普遍采用。

图 4—5　TY615 四开一回转凸版印刷机

这种印刷机结构紧凑，印刷效率高。机器运转平稳，印刷压力均匀，网点清晰结实，套印精确。输纸、收纸自动化，当发生空张或双张时，即能自动停机。这种印刷机性能好，是当今较佳的凸版印刷机。可使用铜版、锌版、塑料版、感光树脂版等印刷精美的彩色图片、插图、封面、广告商标和各类高档包装产品，尤其是对大面积的实地满版印刷效果极好。对 30g/m² ～350g/m² 各种纸张均能适应。可印最大纸张尺寸为 440mm×615mm；最大印刷面积为 425mm×590mm；最大印刷速度为 4500 印次/时。

3. 海德堡单色圆压平凸版印刷机

这类机型有 KSB 型、KSBA 型、KSD 型、SBG 型、SBB 型、SBD 型六种型号，是德国产品。这类机型除适宜于印刷四开幅面的印件外，有的机台还能印刷对开大小幅面的纸张。除印刷彩色封面、插图、图片和各种精致印件外；有的机台还具有压线、印号码、打针孔、裁切等多种功能。

这类机型的特点是：装版时间短，压力大，印刷质量好，速度快，最高每小时可达 5000 张左右。目前这类机器已成为凸版印刷厂零件印刷的主要设备。上海仿制生产的海德堡机型被全国各地印刷厂普遍采用，机器的质量和性能都较好。其技术规格如表 4—9。

表 4—9　　海德堡单色圆压平凸版印刷机技术规格

型　号	ASB 型	KSBA 型	KSD 型	SBG 型	SBB 型	SBD 型
纸张最大尺寸(mm)	400×585	460×585	460×640	570×770	570×820	640×900
纸张最小尺寸(mm)	125×150	140×180	140×180	210×280	210×280	290×400
印版最大尺寸(mm)	380×537	435×537	435×618	540×720	540×722	620×850
最高印数(张/时)	5000	5000	5000	4600	4600	4000

圆压平书版印刷机的机型、性能和用途。

1. TT201、TT202 型对开平台印刷机(停回转)

TT201 型由人工输纸，印刷速度较慢。适用于短版书刊、不够一印张的零页和一般文字版面的印刷。书刊印刷厂作为辅助印刷设备使用。可印最大纸张尺寸为 640mm×900mm；最大印刷尺寸为 590mm×850mm；最大印刷速度为 1800 印次/时～2200 印次/时。

TT202 型是在 TT201 型的基础上，增加自动输纸装置，提高了印刷能力，减轻了劳动强度。其他性能和用途与 TT201 型基本相同。

2. TY820 对开一回转凸版印刷机

这种机型(图 4—6)是一种形式新颖、结构合理、性能

图 4—6　TY820 对开一回转凸版印刷机

良好，适用于对开幅面纸张印刷高质量印刷品的全自动凸版印刷机。这种机器可使用铜版、锌版、尼龙版、塑料版、感光树脂版，既适应书刊文字版的印刷，又可印刷各种精致彩色图片、插图、封面、商标广告、包装装潢产品以及大面积实地满版等。对 50g/m² ~ 400g/m² 各种纸张均能适应。各地凸版印刷厂有不少家采用了这种产品。

这种机型有以下特点：

(1)结构紧凑，制造精度较高，印刷效率高。

(2)机器运转平稳，印刷压力均匀，网点清晰，套印准确。

(3)供墨系统设计合理，采用不同直径胶辊，匀墨均匀，确保印刷质量。

(4)输纸、收纸实现自动化，当发生空张、双张现象时即能自动停机。

技术参数如下：

(1)最大纸张尺寸 570mm × 820mm

(2)最大印刷面积　530mm × 772mm

(3)铅字高度　23. 44mm

(4)最大印刷速度　每小时 4000 张

这种印刷机是由上海光华印刷机械有限公司制造。

3. 全张自动二回转印刷机

俗称米利机。这种印刷机传动和运转平稳，是圆压平印刷机中印刷质量最好，而转动结构较为复杂的一种。其版台前进时，压印滚筒旋转一周，版台返回时，压印滚筒抬升，继续旋转一周，即版台往返一次，压印滚筒旋转二周。这种印刷机通常用于感光树脂版、尼龙版、塑料版和铜锌版；单张纸单面印刷。主要用来印刷书籍和杂志。其机型有以下几种：

(1)TE102 型全张自动二回转凸版印刷机　这种机型(图 4—7)分长型和短型两种。长型有自动收纸、自动堆纸台，短型没有自动收纸台，由人工搬放。其他性能和用途基本相同。其技术规格如表 4—10。

表 4—10　　技术规格

型　　号	长　型	短　型
最大纸张尺寸(mm)	850×1168	880×1230
最大印刷面积(mm)	841×1160	855×1205
最高速度(印次/时)	2500	2040

图 4—7　TE102 型全张自动二回转平台印刷机

适应印刷16开，大或小32开木的书籍和杂志。

(2)TE108型全张自动二回转凸版印刷机　这种机型自动化程度较高。适应印刷大或小32开、16开的书籍和杂志。用于印刷40g/m² 字典纸到150g/m² 胶版纸的文字，清晰、结实，图案墨色均匀醒目。

这种机型是使用单张平板纸，印刷高质量印件的印刷机。可印最大纸张尺寸为880mm×1230mm；最大面积855mm×1205mm；最大印刷速度2040印次/时。

四　圆压圆印刷机

圆压圆印刷机的压印滚筒和印版滚筒都呈圆形(图4—8)，俗称凸版轮转印刷机。这种印刷机的印版滚筒和压印滚筒连续相向旋转，而纸张通过两滚筒之间接受压印来实现印刷的。由于两滚筒在旋转时，不必再改变运转速度和运转方向，所以它的印刷速度远远地超过平压平型、圆压平型印刷机的速度。

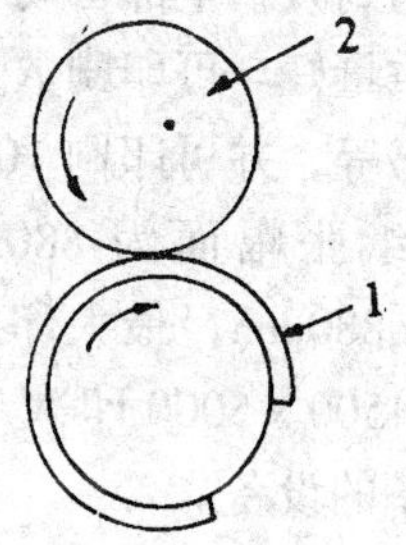

1. 凸版　2. 压印滚筒

图4—8　圆压圆印刷机原理示意图

目前国内生产、使用的凸版轮转印刷机，一般根据印刷用纸分为平板纸和卷筒纸凸版轮转印刷机。平板纸在印刷过程中，纸张只承受印刷压力，印刷速度较卷筒纸型慢，相对压印时间长，印迹也就较清晰、结实。而卷筒纸在印刷过程中纸张除了承受印刷压力外，还要承受牵引张力而产生纸张与版面的相对滑移，因此印迹不如单张纸的清晰，墨色不饱和，色度差。所以，平板纸轮转机的印刷质量，要比卷筒纸轮转机的印刷质量好。平板纸轮转印刷机适宜印刷精装书、经典著作、工具书等一类的质量要求高的书籍和网纹插图等印刷品，而卷筒纸轮转印刷机只宜印刷报纸、杂志、一般书籍等，质量要求不太高而印数较大的印刷品。

按规格 LP 系列为平板纸轮转印刷机，有单面印刷和双面印刷两种；LS 系列为卷筒纸书版轮转印刷机、LB 系列为卷筒纸报版轮转印刷机、LSB 为卷筒纸书报两用轮转印刷机，一般都是正、反两面同时印刷。

凸版轮转印刷机的机型、性能和用途如下：

1. LP1101 型全张单面轮转印刷机

简称单平，又称单面刷。这种机型使用平板纸，从给纸、印刷到收纸全部自动化，效率高。印品字迹清晰，墨色均匀，质量好。可印刷数量较大的科技书、教科书、杂志和各类图书等，并可印刷 100 网线以下的单色书籍插图。其印刷最大纸张幅面为 880mm×1230mm；最小纸张幅面为 615mm×880mm；最大印刷面积为 855mm×1205mm；印刷速度为 4500×5000 印次/时。这种机型是大、中型凸版印刷厂必备的设备。

2. LP1103 型全张薄凸版轮转印刷机

这是一种全张平板纸薄凸版单面轮转印刷机，是在 LP1101 型的基础上改进设计的，使用薄卷筒型凸印版，用于印刷图书和杂志及 100 网线以下的单色插图。

这种机型自动化程度较高，印刷速度较快，印刷质量较好。

可印最大纸张幅面为 880mm×1230mm；最小纸张幅面为 615mm×880mm；最大印刷面积为 840mm×1190mm；最高印刷速度为 6500 印次/时。

3. LP1201 型全张双面轮转印刷机

俗称双面刷。这种机型可以用来印刷大批量图书、杂志、教科书等。自动化程度高，产量大。一次可双面印，效率高。一般均装备在大型凸版印刷厂，但由于技术上等原因，产品质量较差，大厂已逐渐淘汰。

可印最大纸张幅面为 880mm×1230mm；最小纸张幅面为 615mm×880mm；最大印刷面积为 840mm×1190mm；印刷速度为 4000 印次/时～4500 印次/时。

4. LS201 型书版二面轮转印刷机

这种机型是一种卷筒纸凸版两面印刷机，主要用来印刷印数较大的单色书籍和杂志，版面中可以有少量的插图，网点以 60 线为宜。能自动裁切，折叠成 32 开或 16 开两种书帖。

使用卷筒纸的宽度为 840mm 或 700mm；印刷品展开尺寸为 840mm×500mm 或 700mm×500mm；印刷转筒速度为 8500 转/时。

5. LB203 型报版轮转印刷机

这种机型是卷筒纸凸版轮转印刷机，使用 787mm 宽度卷筒纸，报纸展开尺寸为 787×550mm。印刷滚筒最高时速可达 18000 转，双面印刷，自动裁切，自动折叠两次。在一、四版可套印第二色。主要供小型报社印刷厂印刷报纸之用。

6. LBS201 型书、报两用轮转印刷机

这种机型既可印刷新闻报纸，又可印刷书籍或杂志，大大提高了使用效率，大小报社或印刷厂均为适用。

本机采用卷筒纸连续双面印刷，并可在第一版和第四版套印二色。纸张进入折页机后折叠三次，或为双连 32 开本。进入杂志折页机时，亦折叠三次，成为 16 开刊物。在印刷报纸时移动折报机构，折叠两次，成 8 开大小报纸尺寸，一机三用。

可用卷筒纸宽度为 700mm～840mm；切纸长度为 550mm；印刷速度：印书刊每小时 10000 转，印报纸每小时

12500 转。

五 文字版印刷的特点

凸版书刊印刷是用凸版印刷书刊正文的，其特点有：

1. 印件要求

印件一般用感光树脂版、尼龙版、塑料版或铜锌版印刷。

2. 单色印件

大都是单色印件，其中绝大多数为黑色。

3. 计量单位

印刷成品的计量单位是“印张”。

假如有一本 32 开本的书刊，正文是 128 面，即 64 页，是用两张全张幅面的纸印刷的。即第一张全张纸，正面印页码 1～64 中的 32 个页码的印面，反面印页码 1～64 面中的另外 32 个页码的印面。第二张全张纸则印页码 65～128 面。把 128 面的印件称为“四版活”，印正面叫“印白面”，印反面叫“印套版”。

为提高装订机折页、配页、订书、包封面等工序的生产效率，凸印书版印刷对 32 开图书常用双付印。

一张全张纸印一面为一个印张，正反两面印刷为两个印张，这是印刷上计算印张的方法。一本 128 面的 32 开本图书是由四个印张，就是用两张全张纸经正反面印刷而成。

4. 书版印刷的质量

书的印刷质量要求立足于印张，着眼于全书。书有厚有薄，印张有多有少。以一本 10 个印张的书为例，印刷时是分 10 版印在 5 张全张纸上的，经装订成册后，其印刷质量就集中体现在一本书上了。所以，在印刷每版印件时，还需着眼于全书的印刷质量，使其基本统一。如每面书版的天头、地脚、切口、订口应该统一；全书压力一致以保持墨色相同，文字笔迹清秀，图像清晰。

六 图版印刷的特点

图版印刷也称零件印刷，品种繁多，规格不一。产品有书刊的封面、插图、表格、装潢印刷等。它的特点是：

1. 印件一般用尼龙版、铜版、锌版印刷。

2. 印件大都是多色印刷，印刷时要求符合设计要求，成品色彩鲜艳美观。

3. 计量单位为千印，印数少的可单联印，印数多的可采取双联印或四联印，以节省成本。

第四节 平版印刷

平版印刷的图文(着墨)部分和空白(非着墨)部分，在印版上是处在同一平面上的。平版因其版材的不同，可以分为石版、玻璃版(即珂罗版)、金属版和纸基版四种。

现在日常所说的平版印刷，实际上只是指采用金属印版、纸基版进行胶印印刷的方法。这种平版胶印属于间接印刷方法，俗称胶印。平版胶印的原理见图 4—9。

一 胶 印

1. 胶印的基本原理

胶印是利用油、水不相混合的原理，在印版表面使图文形成亲油区，非印刷的空白部分形成亲水区。印刷时，印版的图文部分着墨拒水，空白部分亲水拒墨，经过橡皮布的转印，在承印材料上留下色彩的印迹。

根据上述原理，使用最理想的胶印金属版材应当是既具有高度的亲油性，又有良好的亲水性。经过试验发现锌和铝既有亲油性又有亲水性，所以胶印金属版材一般都采用锌版和铝版。

为了在印版表面形成稳定的亲油图文区域，必须在图文上涂布脂肪酸、脂肪酸盐等表面活性物质。它涂布于处理过的锌、铝板表面后，一方面产生物理吸附，另一方面还产生化学作用。最终在版材表面形成一层难溶于水的薄膜，从而产生了较强抗水亲油性能的图文区域。

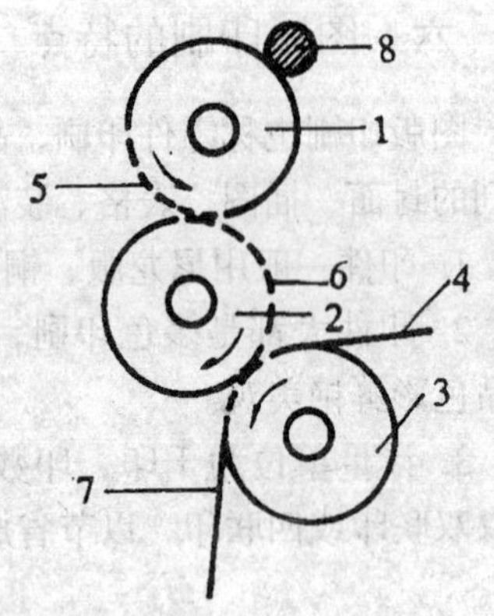

1. 印版滚筒 2. 橡皮滚筒 3. 压印滚筒 4. 承印物 5. 印版 6. 橡皮布 7. 印刷图文 8. 墨辊

图 4—9 平版胶印原理示意图

印版上的非印刷部分，即空白部分，在印刷过程中，应能始终保持亲水但不吸附油墨的稳定性能，所以在版面形成印刷部分之后，必须用亲水化溶液加以处理。处理过程中，溶液中的酸、盐与金属版材发生化学作用，生成难溶于水的金属盐，溶液中的亲水性胶质附着于空白部分，组成亲水性薄膜，从而产生了亲水拒油墨空白区域。

经过版面的亲油、亲水性能的处理之后，使同一版面上形成了性质相反的两部分：图文部分和空白部分，经过上水、上墨、转印，就会在承印物上留下印迹。

2. 胶印的应用和发展

胶印是现代印刷中的主要方法。由于所印产品色调丰富多彩，能将原稿特性完整地还原在产品上，因此，绝大部分彩色印件都采用胶印。例如，画册、彩色封面、彩色插图、挂历、年画、广告画、装潢印品等等。近几年来，在推行图文并茂的小学彩色课本已经取得很好的效果。另外，北京、上海、广州、深圳、海口、沈阳等大城市都先后出版彩色报纸，鲜艳夺目，一改过去清一色的黑白报纸。总的趋势，彩印的比重在逐年增加。

目前，书籍、杂志照排胶印也在大幅度增加。特别是省、市以上报纸印刷已淘汰了铅印和感光树脂版印刷，而采用了胶印。

胶印印刷速度快、质量高，这对教材课前到书，杂志按期出刊，重大印件高速优质完成都能得到保证。同时，胶印工艺完全适应书刊的“多品种、小批量、短周期、高质量”的要求，有很大的优越性。

二 无水胶印

胶印必须用胶印药水来润湿印版的空白部分，使其形成稳定的拒墨亲水层，但是，水常常会引起油墨的乳化，如不适量又会使印版起脏，水量过大还会使油墨色泽降低，纸张变形，套印不准等。为了克服胶印过程中，由于润版液带来的水——墨平衡问题对印刷品质量的影响，欧、美、日等国家经过多年来的探索，开发出一种无水胶印的新技术。无水胶印的原理是亲油的图区同一般胶印一样，空白区是一层亲水斥油的硅橡胶层。这种新技术具有以下优点：

1. 不用润版液色彩饱和度高；
2. 纸张损耗少；
3. 可印线数较细的网目；
4. 印刷效率高；
5. 耐印力强。

无水胶印目前国外主要用于印刷证券、邮票、高网线数的美术作品及防伪印刷、薄膜印刷等。今后将向印刷卷筒纸等方向发展。

无水胶印新技术已引起我国印刷界的重视，我国也已开始引进这种设备。国家新闻出版总署并已将这项新技术列为国家开发项目。

三　平版胶印机生产和供应的状况

平版胶印机的生产厂家很多，目前，各胶印厂使用的胶印机，有国内各厂家生产、供应的，也有进口的，已形成了较大规模的彩色和书刊生产能力。

近几年来，国产的北京“北人牌”系列胶印机有了较大的发展，很受各大、中、小型胶印厂的欢迎，产品供不应求。上海光华印刷机械有限公司、上海高斯印刷设备有限公司、上海紫明机械有限公司、上海通亚印刷机械有限公司、哈尔滨印刷机械厂、威海市印刷机械厂等生产厂家也不断推出胶印机新产品，品种多、质量高、价格低廉。目前各地胶印厂在技术改造中纷纷采用国产胶印机，以提高胶印生产能力。

从 20 世纪 80 年代开始我国引进的彩色胶印机的数量也不少。其中有德国生产的海德堡、罗兰、密勒；日本生产的小森、三菱、滨田；捷克生产的阿达斯特机型。特别是海德堡和罗兰彩色胶印机分布在各大型胶印厂，台数已不少，形成不小的生产能力。

四　平版胶印机的分类

平版胶印机的种类很多，但压印机构均为圆压圆型印刷机。近几年来，在新材料、新工艺的应用、改革、扩大功能、提高自动化等方面均有较大改进。其种类分为平板纸胶印机系列和卷筒纸胶印机系列。根据印刷纸张的幅面来分，有八开、四开、对开、全张机；根据每一次印刷所获得的印迹来分，有单色、双色、四色、五色、六色、八色、双面单色、双面双色、双面四色等。将以上各种机型归纳起来则可分为书刊胶印机和彩色胶印机两大类。

1. 书刊胶印机

用于书刊的胶印机与彩色胶印机有所不同。书刊胶印机不是单面印刷而是正反两面同时印刷，有的是双面单色(即正反两面同时各印一色)，有的是双面双色(即正反两面同时各印两色)；一般用对开机或全张机，因为书刊印刷很少用对开以下的纸张印刷；有的用单张纸印刷，有的用卷筒纸印刷。

(1)单张纸胶印机　JS2101 型对开双面胶印机。这种机型的生产，是为了适应平印工艺替代凸印工艺印刷书籍、杂志的重大变化。双面胶印机是以纸张经传纸滚筒直接送至橡皮滚筒，经过两个橡皮滚筒相互压印，双面同时印刷的一种胶印机。因为英文和法文中橡皮布的第一个字母都是 B，所以把这种机型简称为 B—B 型胶印机(图 4—10)。这种机型印刷质量较好，又因为纸张不需翻转，所以只要一个咬纸边，比一般印刷机节省纸张。由于正反面同时印刷，因此正反面套印更为精确。再有，印版滚筒在装卸印版时，采用快速卡版机构，操作方便、省时，所以上版速度很快。

这种机型是北京人民机器厂于 1981 年生产的。其最高印刷速度为每小时 8000 张；最大纸张尺寸 650mm ×

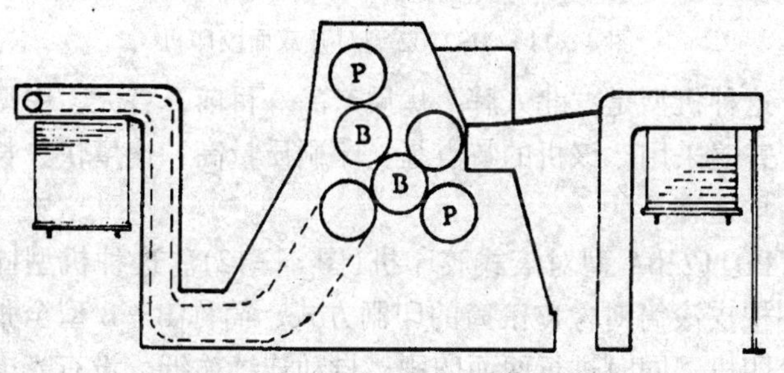

P. 印版滚筒　B. 橡皮滚筒

图 4—10　双面单色 B—B 型胶印机

920mm；最大印刷面积 640mm×920mm；最小纸张面积 393mm×546mm；印刷纸张厚度 0.04mm~0.2mm。

JS2102 型对开双面胶印机(图 4—11)。这种机型也是采用橡皮滚筒对橡皮滚筒的印刷方式，简称 B—B 型对开书刊胶印机。同时进行两面印刷，自动连续输纸，适用于书籍、杂志等印刷。其最高印刷速度为每小时 9000 张；最大纸张规格 650mm×920mm；最大印刷面积 638mm×920mm；最小纸张规格 393mm×546mm；印刷纸张厚度 0.04mm×0.2mm。

图 4—11　JS2102 型对开双面胶印机

这种机型是“北人牌”优质产品。目前，各大、中型胶印厂普遍采用。该机的特点是：印刷质量高，速度快，长短版活均适宜。

PD11230A 型对滚式胶印机(图 4—12)。这种机型同样采用橡皮滚筒对橡皮滚筒的印刷方式，简称 B—B 型全张书刊胶印机。同时进行两面印刷，自动连续输纸，设有光电自动检测及控制装置，在印刷过程中出现双张、空张、纸张歪斜等情况均能自动停止给纸和印刷。其最高印刷速度每小时为 7000 张；最大纸张规格 880mm × 1230mm；最大印刷面积 868mm × 1230mm；最小纸张规格 546mm × 787mm；印刷纸张厚度 0.04mm ~ 0.2mm。

图 4—12 PD11230A 型对滚式胶印机

这种全张书刊胶印机，产量高，适用于印刷印数大的书籍和杂志。从长远来看，这种机型应重点发展，对缩短出书周期十分有利。

三菱牌 B—B 型全张书刊胶印机和 JM 全张书刊胶印机。这两种机型在 20 世纪 80 年代北京新华厂、新华二厂和上海中华厂、新华厂从日本引进，双面印刷，质量高，速度快，每小时最高速度均能达到 8000 张。其中 JMB—B 型全张书刊胶印机使用国产纸适应性很强，主要印刷图书、工具书、教科书、杂志等。

(2)卷筒纸胶印机 JJ102A 型卷筒纸双面单色平版印刷机(图 4—13)。

这种机型是“北人牌”新产品，从给纸、印刷、折页和堆集全部自动化。采用双倍径印刷滚筒，可同时进行两张对开纸的单色印刷。适宜印刷大数量的书籍、杂志和报纸。一般大型印刷厂装备有这种机型。其最高印刷速度为每小时

图 4—13　JJ102A 型卷筒纸双面单色平版印刷机

30000 张；卷筒纸宽度 787mm；裁切幅面 550mm × 787mm；印刷幅面为 520mm × 767mm；折叠开本为 8 开、16 开、32 开双联。

JJ204 型卷筒纸双面双色平版印刷机(图 4—14)。这种机型从给纸、印刷到折页全部自动化。配备有电动卡紧、电动升降、夹顶式双纸卷给纸机。

该机通过不同的穿纸路线可印双面双色或一面三色、一面单色或单面四色。适合于印刷小学彩色课本、少儿读物、彩色期刊和彩色报纸。

该机自动化程度高。配有适合高速的收页机。其最高印刷速度为每小时 25000 张；卷筒纸宽度 787mm；裁切幅面 550mm × 787mm；印刷幅面 520mm × 767mm；折叠开本为 8 开、16 开、32 开。

卷筒纸书刊 880 系列平版印刷机。这类机型是按照国家新标准开本规格及其幅面规格进行设计的系列卷筒纸平版印刷机最新产品。

图 4—14　JJ204 型卷筒纸双面双色平版印刷机

本系列产品可用于规格 880mm 纸张的字典纸、新闻纸和胶版纸等，印刷大规格书籍、期刊、教科书等单色、双色和四色印品。

本系列产品可进行单纸路或双纸路印刷双面单色、双面双色、双面四色印品，从给纸、张力控制、印刷、折页、收页全部自动化。

本系列共有三种型号：PJS1880—01、PJS2880—01(图 4—15)PJS4880—01。

图 4—15　PJS2880—01 型卷筒纸书刊 880 系列平版印刷机

其主要技术规格如表4—11。

表4—11

型号	PJS1880—01	PJS2880—01	PJS4880—01
卷筒纸宽度(mm)	880		
裁切幅面(mm^2)	620×880		
最大印刷面积(mm^2)	605×860		
最高印刷速度(张/小时)	27000	27000	25000
折叠开本	8开、16开、32开双联		
印刷色数	双面单色(共二色)	双面双色(共四色)	双面四色(共八色)

PJ787—01型卷筒纸平版印刷机(图4—16)。这种机型从给纸、印刷、折页到收页全部自动化，适应于书籍、杂志、报纸等印刷，可单面套印。其最高印刷速度为每小时25000张；卷筒纸宽度787mm；裁切幅面550mm×787mm；最大印刷面积520mm×767mm；印刷色数为双面单色或一面双色一面单色；折叠开本为8开、16开、32开双联。

卷筒纸2787系列平版印刷机。这组系列平版印刷机，主要有四种机型：PJ2787—02型、PJ2787—03型、PJ2787—04型、PJ2787—05型。

PJ2787—02型卷筒纸平版印刷机(图4—17)。这种机型是由两个给纸、两个印刷机组和两个折页收页机组组成。可以印刷一面四色一面双色(4+2)的彩色印品，可同时印两张对开报纸(8版)。一面双色一面单色(2+1)的套红报纸。也可将机器分成两台独立机组分别操作使用。具有速度快，自动化程度高。适用于书籍、杂志、报纸等黑白与彩色印刷。装版套印准确。折页部分设有存页装置，具有每50帖或100帖记数功能，便于报纸发行。

PJ2787—03型卷筒纸平版印刷机。这种机型是PJ2787—02型派生机型，主要适用报纸印刷，两个折页机

图 4—16 PJ787—01 卷筒纸平版印刷机

图 4—17 PJ2787—02 型卷筒纸平版印刷机

组只折 8 开。其他性能与 PJ2787—02 型相同。

PJ2787—04 型卷筒纸平版印刷机。这种机型是 PJ2787—02 型另一种派生机型，其最高印刷速度为每小时 45000 张；两个折页机组的功能分别为：

A 组 8 开、16 开、32 开双联

B 组 8 开

PJ2787—05 型卷筒纸平版印刷机。这种机型是 PJ2787—04 型的派生机型，主要适用于报纸印刷。两个折页机组只折 8 开，最高印刷速度为每小时 45000 张。其他性能与 PJ2787—04 型相同。

这四种机型的主要技术规格如表 4—12。

表 4—12

型　　号	PJ2787—02	PJ2787—03	PJ2787—04	PJ2787—05
最高印刷速度（张/小时）	36000	36000	45000	45000
卷筒纸宽度(mm)	787			
裁切幅面(mm^2)	550×787			
印刷幅面(mm^2)	520×767			
印刷纸张定量(g/m^2)	48～60			
折叠开本	8 开、16 开、32 开双联	8 开	A 组 8 开 16 开 32 开双联 B 组 8 开	8 开

YPB4787 型高速报版卷筒纸平版印刷机(图 4—18)。这种机型适用于大型报社印刷黑白、套红及彩色报纸用。采用模块式设计可组合成各种机型，满足 8 版、12 版等报纸出版。其最高印刷速度为每小时 60000 张；卷筒纸宽度 787mm；裁切幅面 546mm×787mm；印刷纸张定量为 52 克；折叠开本为 8 开。

2. 单张多色胶印机

单张多色胶印机主要用于印刷精致的彩色印刷品，如画册、图片、美术作品、彩色小学课本、彩色封面、插页、宣传画、年画、挂历、商标、装潢印品等。

单张多色胶印机一般为单面印刷，但也可变换为双面套印。胶印机类型分为单色、双色、四色、五色、六色、八色机等，再按所印纸张幅面分为八开、四开、对开和全张机四种规格。进口机是以小型、中型、大型等形式来区别。

图 4—18　YPB4787 型高速报版卷筒纸平版印刷机

单张多色胶印机种类繁多。近几年来，国产机如“北人牌”的产量和品种逐年上升；同时，也进口一部分较先进的机型，如“海德堡”(HEIDELBERG)“罗兰”(ROLAND)等。这对印刷技术的改造和彩印质量的提高起到了良好的作用。

目前，各大、中、小型胶印厂在使用的彩印胶印机大致有以下各种机型：

J81—1 型八开胶印机。这种机型是营口复印机总厂制造的简易台式小型胶印机，印版可用纸基版(氧化锌版)或 PS 版，具有速度快、成本低、操作方便、适应性广泛等优点。本机适用于印刷文件、资料、报表、图像、讲义等印刷品，也能印刷简单的套色。其印刷速度为每小时 2600 张 ~ 6200 张；最大纸张规格 290mm × 390mm；最大印刷面积 246mm × 335mm；用纸定量为 $40g/m^2 \sim 120g/m^2$。

PZ1520 型平版印刷机。这种机型是上海光华印刷机械有限公司制造的一种大八开单色平版胶印机，一般中、小胶印厂用于印刷书刊封面、插图、图片、不干胶、贺卡、商标、广告样本等印品。从各种极薄的纸张到 0.4mm 的白板纸均能适应。可作单色或多色套印印刷。还可以另选加多功能装置，在印刷的同时，能印号码、压痕、打孔和添印附加色。印品墨量充足，套印精确。对常见的任何胶印版都可使用。是一种较精良的小型印刷设备。其最高印刷速度为每小时 8000 张；最大纸张规格 360mm × 520mm；最小纸张规格 105mm × 180mm；最大印刷面积 340mm × 505mm。

单面小型(八开)胶印机。这种机型(图 4—19)是威海市印刷机械厂制造。该机自动连续输纸，走纸平稳，性能可靠。适用于小型印刷厂印刷单面文字图片、表格、报表等印品。印版版材可用纸基版(氧化锌版)或 PS 版。印量小的印件可选用纸基版，采用静电制版，成本低廉。其印刷速度为每小时 2500 张 ~ 8000 张；最大纸张规格 350mm × 432mm；最小纸张规格 136mm × 192mm；纸张厚度为 0. 04mm ~ 0. 2mm。

图 4—19 单面小型(八开)胶印机

YP—T132 型四开单色双号码平版印刷机。这种机型是北京人民机器总厂与德国 ZEISE 公司联合设计和制造的新型印刷机。本机由输纸、胶印、印号和收纸组成。具有平张纸胶印机和印号码功能，可印刷单色或套印多色彩色印品和印刷带号码的印品。本机有两个号码滚筒，可交错布置号码器，从而可印刷小幅面带号码的印品。适用于印刷包装装潢、书刊封面、插图、商标、票证及其他彩色印品的印刷。其最高印刷速度为每小时 12000 张；号码印制最高速度为每小时 7500 张；最大纸张规格 520mm × 720mm；最小纸张规格 273mm × 393mm；最大印刷面积 510mm × 720mm；纸张厚度为 0. 04mm ~ 0. 6mm。

P615 型四开平版印刷机。这种机型(图 4—20)是上海光华印刷机械有限公司(中外合资，中方原名：上海第一印刷机械厂)制造的一种新颖单色胶印机，其性能良好，适应性强，整机结构合理，操作方便，使用安全，运转平稳，套印精确，网点清晰，印刷效率高。输纸收纸全部自动，当发生空张或双张即自动停机。本机适宜印刷彩色图片、书刊封面、插图、商标、不干胶及各种包装装潢等产品。其最高印刷速度为每小时 5000 张；最大纸张规格 440mm × 615mm；最大印刷面积 420mm × 600mm。

图 4—20　P615 型四开平版印刷机

PZD2650A 型机组式四开双色平版胶印机。这种机型(图 4—21)是上海通亚印刷机械有限公司制造。该机型质量稳定，性能可靠。其印刷速度为每小时 3600 张～8000 张；最大纸张规格 480mm×650mm；最小纸张规格 140mm×270mm；最大印刷面积 464mm×645mm；印刷纸张最薄为 $35g/m^2$、最厚可达 $400g/m^2$。

图 4—21　PZD2650A 型机组式四开双色平版胶印机

本机可印刷精美的印刷品，如画片、书刊封面、插图、单张地图、商标、包装装潢印品等。印数大的图书和杂志的彩色封面和插图用对开机或四开机印刷都可以，但印数少的彩色封面和插图尽可能采用八开机印刷。

机组式四开 615、720 系列平版印刷机。本系列印刷机是“北人牌”产品，适用胶版纸、铜版纸、新闻纸、白板纸等作单色、双色、四色、五色、六色印刷。

本系列印刷机采用倍径压印滚筒和传纸滚筒，纸张交接次数少，有利于提高套印精度和网点质量。适宜于厚度印刷。

本系列印刷机设有快速卡版装置，低速运转机构，多色机还设有遥控微调印版机构并带数字显示，以及自动循环上水的湿润系统，静电喷粉装置。

图 4—22　PZ4720－01 型四开四色平版印刷机

本系列印刷机中的四开四色平版印刷机(图 4—22)，适宜印刷封面、彩色插图、画片、商标、包装装潢及各种小幅画精致彩色印品。

本系列平版印刷机的技术规格见表 4—13。

PZ4650 型机组式平版印刷机是上海光华印刷机械有限公司制造。该机配有 DYK 电脑印刷控制系统，可对墨斗、墨辊、套准精确定位遥控，并可对印刷作业进行存储，与目前国外的印刷遥控系统功能完全兼容。该机可用于印刷富有艺术价值的精美印刷品。对 $35g/m^2 \sim 350g/m^2$ 各种纸张均能适应。

该机自动化程度较高，操作安全方便，用此机器，一张多色印品可以一次印刷完成，便于及时检查、调整，提高了印品质量。由于四色色序基本固定(图 4—23)，墨斗和匀墨装置不需经常为换色而彻底清洗，节约大量时间。由于印品一次快速完成，减少了车间温度和湿度对印件的影响，以及套印不准、重影等弊端。由于成品出得快，堆放场地周转及

表 4—13

型　号	色数	最　高 印刷速度 (张/小时)	最　大 纸张规格 (mm)	最　小 纸张规格 (mm)	最　大 印刷面积 (mm)	印　刷 纸张厚度 (mm)
PZ1615－01	1	12000	440×615 (460×640)	273×393	430×615 (450×640)	0.04～0.6
PZ2615－01	2	12000	440×615 (460×640)	273×393	430×615 (450×640)	0.04～0.6
PZ4615－01	4	12000	440×615 (460×640)	273×393	430×615 (450×640)	0.04～0.6
PZ5615－01	5	12000	440×615 (460×640)	273×393	430×615 (450×640)	0.04～0.6
PZ6615－01	6	12000	440×615 (460×640)	273×393	430×615 (450×640)	0.04～0.6
PZ1720－01	1	12000	520×720	273×393	510×720	0.04～0.6
PZ2720－01	2	12000	520×720	273×393	510×720	0.04～0.6
PZ4720－01	4	12000	520×720	273×393	510×720	0.04～0.6
PZ5720－01	5	12000	520×720	273×393	510×720	0.04～0.6
PZ6720－01	6	12000	520×720	273×393	510×720	0.04～0.6

时，符合印刷厂科学管理。对目前短版和多色的产品越来越多等特点也能满足要求。

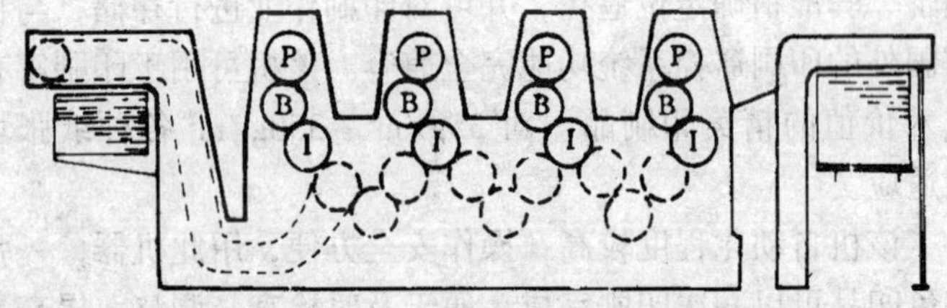

P. 印版滚筒　B. 橡皮滚筒　I. 压印滚筒

图 4—23　机组式四色平版印刷机

以 PZ4650 型机组式平版印刷机为基础机型，上海光华印刷机械有限公司采用模块成组化设计开发了 PZ6650 型机组式六色平版印刷机、PZ5650 型、PZ5650A 型机组式五色平版印刷机、PZ4650A 型机组式四色平版印刷机等产品。

PZ4650、5650、6650 型机组式平版印刷机的技术规格如表 4－14。

表 4—14

型　号	PZ4650 PZ4650A	PZ5650 PZ5650A	PZ6650
最高印刷速度(张/时)	10000	10000	10000
最大纸张规格(mm)	480×650	480×650	480×650
最小纸张规格(mm)	273×393	273×393	273×393
最大印刷面积(mm^2)	464×645	464×645	464×645
套印精度(mm)	<0.1	<0.1	<0.1
纸张适用范围(g/m^2)	35～350	35～350	35～350

J2101A 型胶印机。这种单张多色胶印机型印速虽慢，但能印刷较精致的产品，还适应各种厚薄的纸张，对短版和补版印件更为方便，适用于小型胶印厂。印刷厂配备了这种机型，用纸基版印刷教材讲义，十分适用。其最高印刷速度为每小时 2500 张；最大纸张规格 650mm×915mm；最小纸张规格 272mm×392mm；最大印刷面积 635mm×902mm。

J2108B 型对开单色平版印刷机(图 4－24)是“北人牌”的新产品。该机是国内彩色印刷的主力设备，可做单色或分色套印印刷，适用于书报、图片、宣传画等彩色印品的印刷。该机性能较佳，采用变频技术实现印刷速度的调节，电气控制系统采用 PLC 可编程控制器，主电器箱由原来的独立结构改为与主机一体，结构紧凑、方便。其最高印刷速度为每小时 1000 张；最大纸张幅面 650mm×920mm；最小纸张幅面 393mm×546mm；最大印刷面积 640mm×920mm。

J2205 型对开双色平版印刷机(图 4—25)是“北人牌”新产品。该机给纸、湿润、匀墨、收纸等过程全部自动化。

图 4—24　J2108B 型对开单色平版印刷机

可用胶版纸、铜版纸、新闻纸等作单色或多色套印印刷。每次可印两印，套印准确，网点清晰，墨色均匀，适用于大批量印刷精致的画报、宣传画、图片、地图、幼儿读物、书刊封面、插图、挂历、商标、包装装潢等彩色印刷品。

自动连续输纸，走纸平稳，性能可靠。印刷部分由两个印版滚筒和两个橡皮滚筒、一个压印滚筒组成，排列合理，便于机器安装、调整和使用。并设有自动控制装置，在印刷过程中出现双张、空张、纸晚到、纸歪斜等情况能自动停止给纸和印刷。在各操作位置上都装有按钮盒，以便于擦洗胶皮、印版、看印品墨色，调节出墨量等。

其最高印刷速度为每小时 10000 张；最大纸张规格 650mm × 920mm；最小纸张规格 393mm × 546mm；最大印刷面积 640mm × 920mm；印刷纸张厚度 0. 04mm × 0. 6mm。

机组式对开 880、1020 系列平版印刷机是“北人牌”产品。该产品电器控制部分采用可编程序控制器，操作方便，安全可靠，自动化程度高。采用连续输纸装置，设有不停车给纸，不停车收纸机构，可以连续作业，纸张更换迅速，运

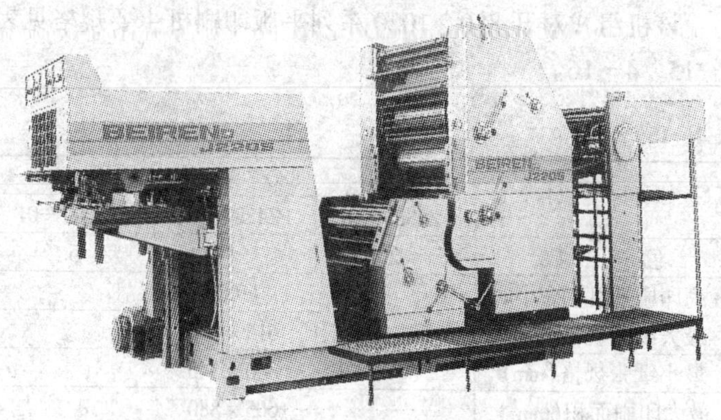

图 4—25　J2205 对开双色平版印刷机

行平稳，套印精确。前规部分设有光电检测，防止纸张出现空张、歪斜、过头。印版卡紧采用快速卡版结构，并设有印版定位销孔，装版快速。版滚筒的轴向和周向位置微调，由电动机通过减速装置实现，可迅速调准各色组的印版。

图 4—26　PZ4880—01B 型四色平版印刷机

本机组适用于印刷画报、画册、宣传画、小学彩色课本、彩色教学挂图、挂历、图片等高级彩色印刷品。

近几年来为了印刷小学彩色课本和彩色教学挂图的需要，各省市大型印刷厂和部分大学出版社印刷厂都配备有这系列中的 PZ4880—01B 型四色平版印刷机(图 4—26)，全国彩色印刷生产能力有了较大的提高。

该机组式对开 880、1020 系列平版印刷机主要规格见表 4—15、4—16。

表 4—15

型　　号	880　系　列		
	PZ2880—01	PZ4880—01	PZ5880—01
色　　数	2	4	5
最高印刷速度(张/小时)	11000		
最大纸张规格(mm)	615×880		
最小纸张规格(mm)	360×546		
最大印刷面积(mm^2)	605×880		
印刷纸张厚度(mm)	0.04~0.6		

表 4—16

型　　号	1020　系　列		
	PZ21020—01	PZ41020—01	PZ51020—01
色　　数	2	4	5
最高印刷速度(张/小时)	11000		
最大纸张规格(mm)	720×1020		
最小纸张规格(mm)	360×546		
最大印刷面积(mm^2)	710×1020		
印刷纸张厚度(mm)	0.04~0.6		

本系列机器有以下特点：高速输纸，设有四个分纸嘴和四个递纸嘴，输纸平稳；滚筒排列合理，压印和传纸滚筒采用超精密滚柱轴承，提高印品套印精度和网点质量；窜墨系统采用相位窜墨提高墨色均匀性；具有联机上亮光油功能，紫外线或红外线干燥两种。

该系列产品技术规格如表 4—17。

本系列产品中 YP6A1 型对开六色平版印刷机外形图(图 4—27)。

表 4—17

型　号	色　数	最高印刷速度	最大纸张规格（mm）	最小纸张规格（mm）	印刷纸张厚度（mm）
YP2A1A	2	13000	650×920	360×520	0.04～0.3 0.35～0.8(选用)
YP4A1	4	13000	650×920	360×520	0.04～0.3 0.35～0.8(选用)
YP5A1	5	13000	650×920	360×520	0.04～0.3 0.35～0.8(选用)
YP6A1	6	13000	650×920	360×520	0.04～0.3 0.35～0.8(选用)
YP2B1A	2	13000	720×1040	360×520	0.04～0.3 0.35～0.8(选用)
YP4B1	4	13000	720×1040	360×520	0.04～0.3 0.35～0.8(选用)
YP5B1	5	13000	720×1040	360×520	0.04～0.3 0.35～0.8(选用)

图 4—27　YP6A1 型对开六色平版印刷机

SSC 半商业卷筒纸胶印机。这种机型(彩图 10)是上海高斯设备有限公司引进美国高斯公司设计资料，在 SSC 基础上进行改进设计的卷筒纸胶印机。该机除了可印刷报纸、书籍、杂志等，还可印刷比较高级的半商业印件。机组组合有广泛的选择性，四机组组合可供全彩色印刷，可选择八开、十六开、三十二开双联折页机。其速度根据机器结构有所不同，在一般印品印刷时为每小时 35000 张，在半商业印件时为每小时 30000 张。SSC 半商业卷筒纸胶印机可以和 SSC 卷筒纸混合排列组合。

该机主要技术参数如表 4—18。

表 4—18

名　　称	标　　准
卷筒纸最大幅宽	880mm
裁切规格	546mm
折叠开本	8 开　16 开　32 开(双联)
最高印刷速度	报纸、书刊印刷 35000 转/小时 半商业印件印刷 30000 转/小时
B—B 单元印刷色数	双面单色、双面双色、双面四色

海德堡(HEIDELBERG)胶印机系列产品。目前德国生产的海德堡胶印机总共有 50 多种不同的基本机型，从小型胶印机直至卷筒纸轮转胶印机，适用于各种各样的印刷任务。海德堡胶印机全部采用最新的技术，印刷质量卓越。其主要产品有以下系列：

海德堡 S 系列胶印机。本系列胶印机单色有 SORM、SORD、SORS；双色有 SORMZ、SORDZ、SORSZ 各三种机型。单色(图 4—28)和双色机型,分别有 520mm × 740mm、640mm × 915mm 和 720mm × 1020mm 三种不同的纸张规格。纸张厚度从薄纸张直至 0. 8mm 厚的纸张。印刷速度每小时可达 12000 张,并配备有快动版夹和固定于滚筒上的套准装置,从而达到印刷速度快,上版时间短,印刷质量高。本系列机型既适合于短版活印刷,又适合于大批量的长版活印刷。

海德堡 GTO 系列胶印机。本系列胶印机机型有单色(GTO)、双色(GTOZ)、双面二色(GTOZP)、四色(GTOV)、双面四色(GTOVP)、五色(GTOF)、双面五色(GTOFP)、印刷速度每小时为 8000 张；另有四色(GTOV—S)、双面四色(GTOVP—S)、五色(GTOV—S)、双面五色(GTOVP—S)，印刷速度为每小时 12000 张。以上各种机型印刷最大纸张规

图 4—28　海德堡 S 系列单色单张纸胶印机

格均为 360mm×650mm。

GTO 系列胶印机可印色数以“Z”代表双色，“V”代表四色，“F”代表五色。可变双面印刷的机器附加“P”。例如：“ZP”为双色，可变双面印刷 ▼▼、$\frac{\blacktriangledown}{\blacktriangle}$，“VP”为四色，可变双面印刷 ▼▼▼▼、$\frac{\blacktriangledown\blacktriangledown\blacktriangledown}{\blacktriangle}$、$\frac{\blacktriangledown\blacktriangledown}{\blacktriangle\blacktriangle}$，“FP”为五色，可变双面印刷 ▼▼▼▼▼、$\frac{\blacktriangledown\blacktriangledown\blacktriangledown\blacktriangledown}{\blacktriangle}$、$\frac{\blacktriangledown\blacktriangledown\blacktriangledown}{\blacktriangle\blacktriangle}$。

图 4—29 为海德堡四色胶印机。图 4—30 为可变双面五色胶印机。

海德堡 M 系列胶印机。本系列多色胶印机都配备有 CPTronic 作为标准部件。CPTronic(图 4—31)是全数字化印刷机中央控制系统。它与 CPC 系统结合使用，可大大提高

图 4—29　海德堡四色胶印机

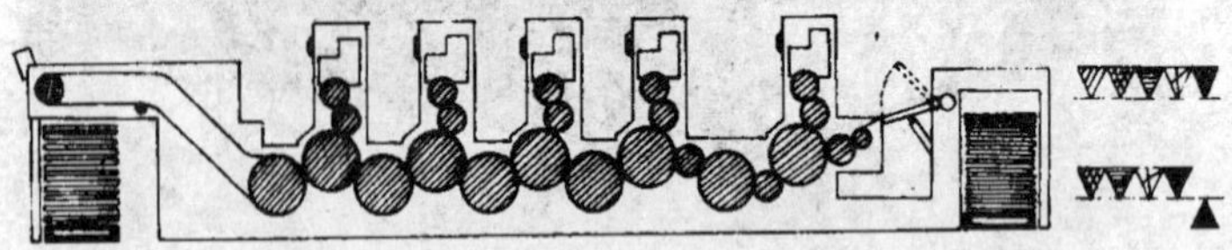

图 4—30　可变双面五色胶印机

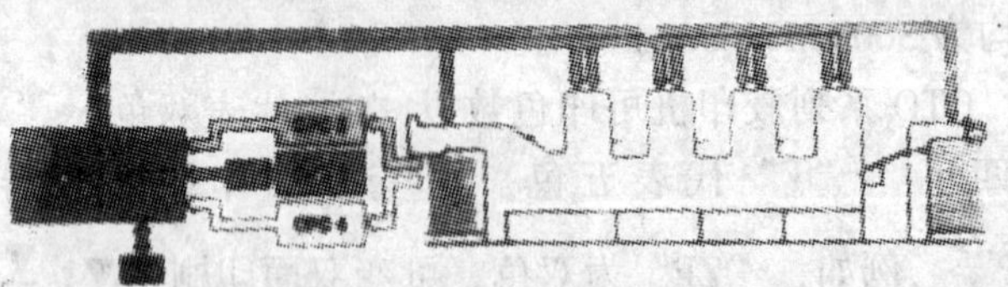

图 4—31　全数字印刷机中央控制系统

操作的简便性和可靠性。CPC1 为遥控给墨量和套准的控制台；CPC2 为利用光谱或光密度测定法进行油墨测量的印刷质量控制装置，可通过 CPC1 自动跟踪；CPC3 自动预调给墨量的印版图像阅读装置，与 CPC1 结合使用；CPC4 套准控制装置，通过 CPC1 自动校正。印刷工人可以从一个中心位置控制印刷机的整个操作过程。

M 系列胶印机印刷速度快、质量高，多色机均为可变式双面印刷机。本系列胶印机的技术规格见表 4—19。

表 4—19

型　号	MO—E	MO	MOZ/MOZP	MOV/MOVP	MOF/MOFP
色　数	单色	单色	双色/双面单色	四色/双面共四色	五色/双面共五色
最大纸张规格(mm)	480×650	480×650	480×650	480×650	480×650
最高印刷速度(张/时)	8000	12000	12000	12000	12000

型　号	MOZ—H/MOZP—H	MOV—H/MOVP—H	MOF—H/MOFP—H	MOS—H/MOSP—H
色　数	双色/双面单色	四色/双面共四色	五色/双面共五色	六色/双面共六色
最大纸张规格(mm)	480×650	480×650	480×650	480×650
最高印刷速度(张/时)	12000	12000	12000	12000

说明：①P＝双面印刷机型，即可转换为双面印刷。

②E＝单张纸分开续纸装置。

③H＝高堆收纸台。

3. 海德堡印霸 GTO52 胶印机

印霸 GTO52 有单色、双色、四色和五色机型。首次在 2001 年第五届北京国际印刷展览会上展出的新型海德堡印霸 GTO52 五色印刷机(图 4—32)，一出现就引起了广泛的关注。这是印霸 GTO52 由四色向五色的一大飞跃，它的出现，将为短版快印印刷带来更大的方便。加之配上在线上光、翻转装置、打号或上打孔功能，GTO52 五色机更是面面俱到。同四色机相比，GTO52 五色机极大地缩短了印刷准备时间和生产运转时间，提高了生产效率。国内首台 GTO52 五色印刷机已由上海一家印刷厂购得。本机型的技术参数见表 4—20。

海德堡速霸 Speedmaster 系列胶印机。本系列胶印机分为 72 型、102 型和 CD 型三大类，都配备有 CPTronic 作为

表 4—20

技 术 参 数	标 准
最大纸张规格	360×520mm
最小纸张规格	105×180mm
最大印刷面积	340×505mm
最大生产速度	8000 张/小时
最小生产速度	3000 张/小时

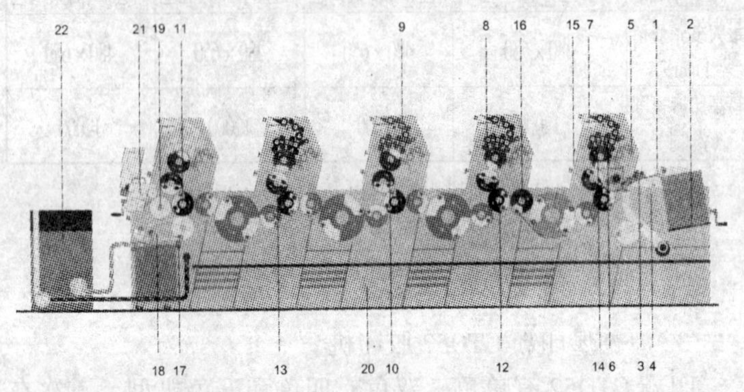

图 4—32 印霸 GTO52—5 内部视图

标准部件。CPTronic 可以为印刷工人提供有关印刷机的全面信息，而且所有信息清楚地呈现在眼前供他自由使用，操作方便、精确。CPTronic 控制台和 CPC 控制台一起，是印刷机操作员的中心工作站，他可以从这里控制和监测整个印刷机，包括给纸装置、印刷机组、涂布系统、收纸装置以及其他辅助设备。显示印刷质量的等离子显示器为操作人员提供清楚的指引，使他能迅速作选择性的查询并在需要时进行干预。

本系列胶印机的功能可达到：尽可能缩短非生产性的辅助操作和印刷作业准备时间；连续操作和高生产量；卓越的

印刷质量；操作方便；容易维修，使用寿命长等。

本系列胶印机双色、四色、五色和六色机型的设计印刷速度为每小时 13000 张。可变式机型无论在进行单面印刷和双面印刷时都能达到每小时 12000 张的最高印刷速度。

速霸 102 型五色胶印机如图 4—33。

图 4—33　速霸 102 型五色胶印机

海德堡速霸 SM102

带有 CP2000 中央控制系统的速霸 SM102 是第一台应用了翻转印刷单元的海德堡胶印机(彩图 3)。该机 2001 年首次在第五届北京国际印刷展览会展出。速霸 SM102 是该幅面印刷机中惟一一个配置能达到 12 个印刷机组的设备,它既能在一面印 12 个颜色,也能应付六色双面印刷或五色双面带上光的印件,具有真正意义上的“一次走纸生产率”。

海德堡全新的完美互衬技术提高了速霸 SM102 纸张翻转后的印刷质量。这种新型的可更换式压印滚筒外套大大提高了翻转型印刷机的生产质量和效率。除了表面耐磨，它的主要优点还在于减少清洗次数和延长免清洗生产周期。海德堡的完美互衬不仅使单面质量日臻完善，也成为 SM102 印刷机的一个特殊标志。

2001 年初，河南瑞光印务股份有限公司购置了国内第一台海德堡速霸 SM102 八色胶印机(图 4—34)，用来印刷书刊和包装产品。

速霸型系列胶印机技术规格见表 4—21。

图 4—34　海德堡速霸 SM102 八色胶印机

表 4—21

型号		72 型 单面	72 型 双面	102 型 单面	102 型 双面	CD102 型(专用于纸板印刷)
色数	双色	Z	ZP	Z	ZP	Z
	四色	V	VP	V	VP	V
	五色	F	FP	F	FP	F
	六色	S	SP	S	SP	S
最大纸张规格(mm)		520×720	520×720	720×1020	720×1020	720×1020
最小纸张规格(mm)		280×400	280×400	280×420	280×420	280×420
最大图文面积(mm^2)		500×720	500×720	700×1020	700×1020	700×1020
最高速度(张/时)		12000	12000	13000	12000	13000

海德堡—哈利斯(HEIDELBERG—HARRIS)卷筒纸胶印机。海德堡 哈利斯是创立于1991年的新公司。新公司将海德堡印刷机械有限公司、哈利斯印刷有限公司及哈利斯—马里诺尼有限公司的胶印机业务联合起来，而且集中于一类产品——卷筒纸胶印机。该产品包括印刷图书、杂志及报纸卷筒纸胶印机，机型有16种。其中48页M—850L型卷筒纸胶印机，适用于印刷长短版的刊物和书籍；N—1700型报纸印刷机适用于印刷报纸。

海德堡Harris的最重要产品是M—1000B型卷筒纸书刊胶印机，印刷速度达每小时63000份。最大型的卷筒纸胶印机产品是N—9000D，最高速度达每秒12.7米。

图4—35为新的M—100C型卷筒纸胶印机。

图4—35 海德堡Harris M—100C型卷筒纸胶印机

曼·罗兰(MAN ROLAND)公司胶印机系列产品。目前德国曼·罗兰公司生产的胶印机是国际上生产胶印机较有声誉的工厂之一。曼·罗兰公司原为西德“罗兰”公司和西德“曼”公司合并而成，力量十分雄厚。当前提供的各类高品质平板纸胶印机包括：R100、R200、R300、REKORD、R600、R700、R800，适用于书刊和包装装潢印刷。

罗兰 200 型胶印机。本机型(图 4—36)不论是短版或长版印件均适宜，因转换时间短，产量亦高。本机最大印刷纸张规格为 520mm×740mm；最小印刷纸张规格为 210mm×280mm；最大印刷面积为 510mm×735mm；每小时最高印刷速度为 12000 张；适用于从 0.04mm 的薄纸到 0.8mm 厚卡纸。从单色机到六色机印刷高质量的多色印品到简单的单色印件。其中四色、五色、六色机，均可选配一个上光装置。若印件不用上光，可以将此装置摇开 6cm 脱离与印件接触。

图 4—36　罗兰 200 型胶印机

罗兰 300 型胶印机。本机型运用数字技术的中心控制与 PECOM 联系起来，多色单面印刷与双面印刷自由转换。转换是半自动的，只需大约一分钟即可迅速而安全地完成。多色单面印刷最高印速为每小时 15000 张，双面印刷时亦可达每小时 15000 张；最大纸张规格为 520mm×740mm；最小纸张规格为 260mm×400mm；最大印刷面积为 510(500) mm×735mm；色数有：双色▼▼、▼▲，四色▼▼▼▼、

装备了 PECOM 印刷中心的曼·罗兰出品的罗兰 300 型胶印机是集成电子印刷观念的组成，将自动化技术与 PECOM 中心控制的主要印刷功能相结合，保证了产量高、品质可靠、质量完美。在 PECOM 印刷中心全图形功能监示器显示出控制和调整的过程，可使操作者非常清晰地观察到印刷过程中的各种情况。

罗兰 300 型系列可选配上光装置，它的优点：减少消耗，提高产量；上光液经由分配喉管供给得到理想上光效果；上光滚筒配有夹版条可使胶布版和特别版进行高精度高品质上光。

罗兰 700 型胶印机。本机型属中型胶印机，是由集成数字结构组成。这一技术是通过 PECOM 印刷中心集中操作所有主要印刷功能，自动化程度高，通过光纤传输数据信号，保证了高产量和高质量。PECOM 印刷中心操作功能包括：纸张规格设定、墨量调整、墨量控制、调整规矩、供润版液、墨辊操作、胶皮清洗系统、喷粉装置和润版液调整部分。

控制系统集中于每个机组单元机身墙板中(图 4—37a、b)，每个控制单元机组均有自己的中央处理器(CPU)，信息传输线很短，数据可在机组之间转换，并可在机组与主印刷控制中心之间转换，所有这些信息均为光导纤维完成，已编好的程序可以显示机器故障原因，并且提出解除故障的建议。

本机型的色数分为双色、三色、四色、五色、六色、七

(a)

(b)

图 4—37　单元机身墙板中的控制系统

色、八色 7 种，可单面印刷，也可双面印刷。单面印刷最高印速为每小时 15000 张，双面印刷最高印速为每小时 11000 张；最大印刷面积为 715mm×1020mm；最大纸张规格为 740mm×1040mm；最小纸张规格为 340mm×480mm。

本机型上光与印刷可同步进行，同步上光系统减少了分步进行时所需的大量的机器和人力。同步进行的上光机与最后一个机组之间有一个传输装置，增加丁上光前的干燥时间。这样就可以在一个相对干燥的墨层上进行上光，可获得较好的光泽。

德国密勒(MILLER)胶印机。密勒胶印机为高效率、高品质的单面、双面多色胶印机，规格齐全。可配上全自动遥控装置 C^3，准确地自动控制套色及墨量，以保证印件质量。机型有密勒 TP74 型，最大纸张幅面为 520mm×740mm，最高印刷速度为每小时 12000 张；密勒 TP84 型，最大纸张幅面为 610mm×840mm，最高印刷速度为每小时 10000 张；密勒 TP94 型，最大纸张幅面为 650mm×940mm，最高印刷速度为每小时 10000 张；密勒 TP104 型，最大纸张幅面为 720mm×1040mm，最高印刷速度为每小时 10000 张。

小森多色胶印机。日本小森印刷机械株式会社生产的多色胶印机，20 世纪 80 年代我国曾引进几台，目前有的印刷厂还在使用，是性能较先进的胶印机。

小森立索尼 LITHRONE26 型系列四开四色胶印机。本系列胶印机属于小型、高速、高质量，性能较先进的胶印机。在 4、5 色机上将 KOMORIMATIC(连续自动润湿水装置)作为标准装置。胶版印刷的历史即所谓水和油墨的历史 KOMORIMATIC 装置就能保持经常适当的水和油墨的平衡，以达到较高的印刷效果。

本系列机型的技术规格见表 4—22。

小森埃客萨 EXCEL32 型胶印机。本机型(图 4—38)是日本小森印刷机械株式会社生产的对开四色胶印机，是一种使用简便的中型高速、高质贞印机。其技术规格如表 4—23。

小森丽色龙 LITHRONE44 型胶印机。本机型分全张四

表 4—22

型　　号	L—226	L—426	L—526P
色　　数	2	4	5
最高印刷速度(张/时)	13000		
最大用纸规格(mm)	480×660		
最大印刷面积(mm^2)	468×650		
纸厚范围(mm)	0.04×0.3		

图 4—38　EXCEL32 型四色胶印机

表 4—23

型　　号	32
色　　数	4
最高印刷速度(张/时)	10000
最大用纸规格(mm)	560×820
最大印刷面积(mm^2)	550×810
纸厚范围(mm)	0.05×0.3

色和五色两种，其特点是采用了对纸质适应的旋转数的风扇，印刷速度可任意调换其旋转数，从而减少纸张的损耗。

丽色龙 44 型技术规格见表 4—24。

表 4—24

型　　号	L－444	L－544
色　　数	4	5
最高印刷速度(张/时)	12000	
最大用纸规格(mm)	820×1130	
最大印刷面积(mm^2)	810×1120	
纸厚范围(mm)	0.04×0.3	

小森丽色龙 LITHRONE40 型胶印机。本机型(彩图 6)可配备成 2 色～8 色，并可以配备小森联线上光系统。最高印刷速度为每小时 15000 张；最大纸张规格 720mm×1030mm；最小纸张规格 360mm×520mm；纸张厚度 0.04mm～1.0mm。本机型对纸张的适应性好，并能达到较高的印刷精度，印刷质量卓越。

小胶印机。小胶印机结构简单，使用十分简便。该机型用的印版，既可采用纸基版(氧化锌版)，也可采用金属版(PS 版)。一般印量小的样本、资料、文件、讲义及各种杂志等均可采用此类机型印刷。无论是黑白印刷或彩色印刷都能保证质量，印价也较低廉。

威海滨田(中日合资)WH47 型小型胶印机。本机型(图 4—39)最大印刷面积为 454mm×345mm；最大纸张规格为 470mm×365mm；最小纸张规格为 140mm×90mm，印刷速度为每小时 3000 张～9000 张。

日本滨田(HAMAPA)A52 型小型胶印机。本机型最大印刷面积为 515mm×350mm；最大纸张规格为 470mm×365mm；最小纸张规格为 148mm×100mm；用纸厚度为 0.03mm～0.4mm；印刷速度为每小时 3000 张～12000 张。

滨田 B452 型五开四色胶印机(图 4—40)。该机型印刷

图 4—39　威海滨田 WH47 小型胶印机

图 4—40　滨田 B452 型五开四色胶印机

速度为每小时 10000 张；最大纸张尺寸 520mm × 365mm；最小纸张规格 257mm × 182mm；最大印刷面积 505mm × 350mm；纸张厚度范围 0.04mm ~ 0.3mm。

滨田小型胶印机机种共七种，由中国电子进出口总公司迅捷公司代理。

日本良明(RYOBI)2800CD 八开胶印机。车机型(图 4—41)最大印刷面积为 424mm×280mm；最大纸张规格为 432mm×305mm；最小纸张规格为 130mm×90mm；纸张厚度为 0.04mm～0.3mm；印刷速度为每小时 3000 张～10000 张。

图 4—41　良明 2800CD 八开胶印机

良明小型胶印机机型共八种，由北大方正集团公司代理。

英国罗塔小型胶印机。罗塔印刷设备公司生产的小型胶印机，有 APACHE7 型八开单色和 APACHE27 型八开双色小胶印机，均为标准大八开，印刷幅面为 330mm×432mm，适合国产纸张的气动给纸机构，纸张克重范围为 35g/m^2～350g/m^2。

该公司生产的小型胶印机由北京富瓷印刷设备部总代理。

第五节　凹版印刷

凹版印刷的印版，其图文凹于印版表面。凹版印刷恰好和凸版相反，它的文字、图像部分低于版面。印刷时，印版浸在油墨槽里转动（图4—42），使整个印版表面都涂有油墨，再经过特别的刮墨刀将印版表面的油墨刮净；填充于凹入部分的油墨被保留下来，经压力作用转印到承印物表面而完成印刷过程。凹印油墨传墨方式分直接传墨和间接传墨两种(图4—43)。

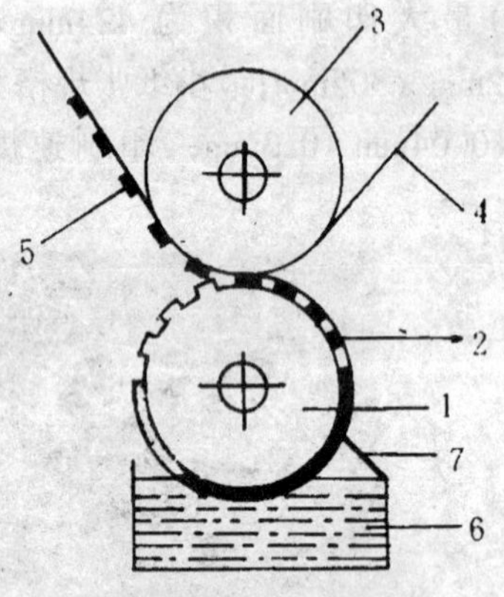

1. 印刷滚筒　2. 印版图文
3. 压印滚筒　4. 印刷物
5. 印刷图文　6. 墨槽
7. 括墨机构

图4—42　凹版印刷原理示意图

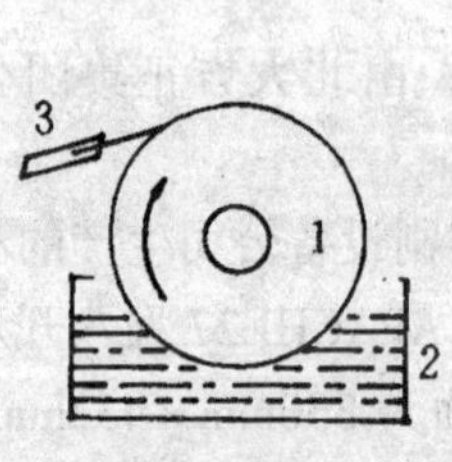

(a)直接传墨

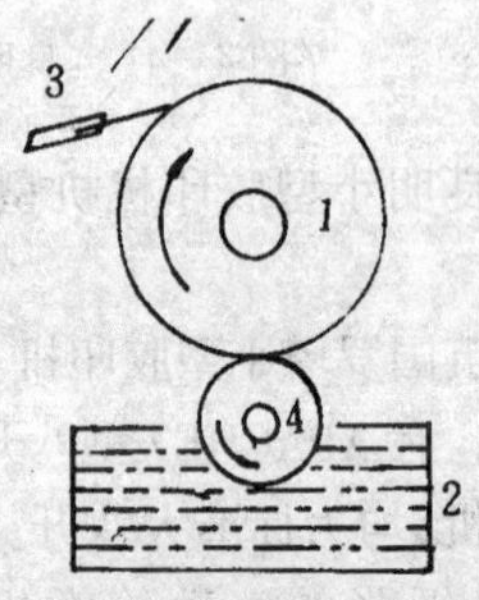

(b)间接传墨

1. 印版滚筒　2. 油墨槽　3. 刮刀　4. 传墨辊

图4—43　凹印油墨传墨方式

凹版印刷属于直接印刷，其图文部分的油墨直接从印版的凹入部分转印到承印物上，凹版印版上的图文部分凹得越深，填入的油墨层就越厚，反之就薄。由于凹版印刷的油墨转移量远比凸版、平版的多，因而凹版印刷的产品，其图文有微微凸起的感觉，具有质感强、质量好、层次丰富的优点，而且凹版的耐印力比平版和凸版的高得多。由于设备投资大加之凹版印版的制作较为复杂，成本也高，因而一些大型凹版设备只用来印刷精美画册、彩色图片和印量较大的画报、青少年读物、电影连环画、包装装潢、塑料薄膜等。现在凹版印刷大量地用于印刷彩色印件，除了印品精美之外，还具有不易被仿造的特点，因而纸币、邮票以及各种有价证券等，一般也都采用凹版印刷方法印刷。

一　凹版印版滚筒的制作

凹版印版与印版滚筒筒体实际为一体，即凹版印版的图文就制作在印版滚筒的筒体表面上。凹版滚筒的筒体是铁质的，再用电镀方法镀上铜层，最后在铜层上制作凹版印版。

1. 凹版印版滚筒制作过程

把铁筒体放在氰化物镀铜液中，镀上一层约 0.08mm 厚的基础铜层。用硫酸铜和硫酸溶液在基础铜上再镀一层铜保护层。保护铜层的厚度为 0.17mm～0.2mm。用硫酸铜和硫酸溶液在铜保护层上再镀一层制版铜层，厚度为 0.12mm～0.15mm，这是用于制版的铜层。制版铜层只使用一次，印完后可将旧铜层剥

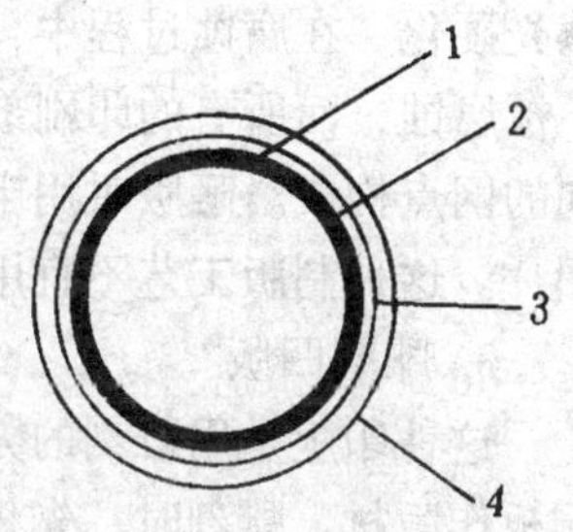

1. 铁滚筒　2. 基础铜
3. 保护铜层　4. 制版铜层
图 4—44　凹版印版滚筒截面图

下，重新电镀后再晒制新印版。

2. 凹版印版滚筒的构成(图 4—44)

二　凹版印版的制作

凹版的印版，包括照相凹版、照相网目凹版、雕刻凹版和电子雕刻凹版。

1. 照相凹印版

照相凹印版，俗称影写版。这种印版是凹版印刷中使用最为广泛的一种。它根据图文部分在印版上凹下的深度与墨层厚度成正比例的关系，呈现原稿的阶调层次。它的制版工艺经过以下几个步骤：

照相→拼版→晒制碳素纸→过版→腐蚀

在对印版滚筒进行腐蚀之前，首先要把滚筒表面上的图像和文字以外的，不需腐蚀的地方，利用耐酸的沥青漆涂盖起来，称之填版。

2. 照相网目凹印版

这种印版和照相凹印版，在制版中的最大区别是，它可不经过碳素纸的转移，直接在印版滚筒表面涂布感光液，然后密附带网点的半色调阳图片晒版，光线使空白部分的胶膜感光硬化，在腐蚀过程中，这些硬化了的胶膜保护滚筒表面不被腐蚀，而所有的印刷部分，则以深度相同、面积大小不同的网点构成。晒版时用半色调的阳图片代替了连续调的阳图片。这种制版工艺不宜用来复制层次丰富的彩印图版。

3. 雕刻凹版

这种印版是用雕刻的方法制成的线条凹版。一般多使用铜板作版材，雕刻时，先将光滑的铜板放在皮制的砂枕上，然后用雕刻刀沿着画线的方向回转雕刻。用雕刻凹版印制的印刷品，粗线条墨层厚实，略为凸出，并有光泽；即使很细的线条，也十分清晰。这种印版，不易伪造。

4. 电子雕刻凹版

这种印版是20世纪60年代以后采用的新型凹印版，它利用电子雕刻机，在铜滚筒表面上直接雕刻出网点，制成凹印版。电子刻版与化学腐蚀制版相比较，没污染，操作简单，制版时间大为缩短，而且耐印率高、质量好。缺点是对原版阴图的质量要求高、成本高，电子机械的不稳定性往往也会影响刻版的质量。

三 打 样

凹印版制成后，就可以装上凹印机打样，打出的印样符合原稿要求，经委印单位签字后，就可正式印刷。如果打出的印样不符合原稿要求，在凹印机上又无法修正时，那就得重新在底片上修版，然后再重新制作印版。

四 凹版印刷机

凹版印刷机是圆压圆印刷机，采用轮转的直接印刷方法，机器结构较间接印刷的胶印印刷机简单，操作维护简便，印刷速度快。印版滚筒耐印率高，可达到200万印。既能精密控制油墨消耗，又能使印刷品质量均匀。

凹版轮转机有小型的单张单色凹印机、大型的单张多色凹印机，也有大型的卷筒纸多色凹印机，还有四开、对开、全张的凹印机。凹版印刷机的型号和性能如下：

1. W1101型全张自动凹版印刷机

本机是上海人民机器厂制造的平板纸凹版印刷机，适宜印刷画册、书刊。印刷品层次鲜明，富有立体感的单色或彩色图像。印刷方式采用凹版滚筒直接浸入墨斗的传墨方式，去墨方法用刮刀式，并使用热风烘干装置。可印纸张幅面为910mm×1260mm；最大印刷规格为880mm×1240mm；印刷速度为每小时5400张。

2. 墨格(MOOG)单张纸凹印机(彩图 11)

德国墨格印制机制造公司生产的墨格单张纸凹印机，是一种大型多色凹印机，与大型卷筒纸凹印机相比，单张纸凹印机比较适合中小批量高质量印品的印刷。其优势主要在于：①印刷作业灵活，准备时间及产品转换时间短；②套印精确；③纸张浪费极少。正常情况下，印刷开始的前一两张印品经调整后就可以正常印刷；④设备配置灵活。这种机型即有五色、六色、七色机，也有单色、双色、三色机。

3. GZY—1006 微机光控组合式凹版轮转印刷机

本机是无锡市协民印刷机械厂制造的。本机是光、机、电、气一体化的新一代印刷机。适用于不延伸塑料薄膜 1－6 色连续套色印刷。本机由六组相互独立的印刷、进料和出料、双轴翻转的放卷和收卷、干燥等部件组成。本机应用自动控制的张力仪、测速仪、光电套色跟踪仪、光电纠偏仪及大容量可编程序控制器等先进微机技术，确保了机器可靠运行和印刷精度。本机是国内首家生产的高档彩色印刷机，可以替代进口，其最

图 4—45　YDA6360 雕刻凹版证券印刷机

大印刷宽度为 1000 毫米;印刷速度为每分钟 20m ~ 150m。

4. YDA6360 雕刻凹版证券印刷机

本机(图 4—45)是中外合资温州神力印刷机械有限公司制造。本机由放卷机组、输纸机构、凹版印刷机组、雕刻版印刷机组、号码印刷机组、裁切机组连接组成。其性能与特点：本机专供邮票、股票、债券等有价证券卷筒材料印刷，并可横切单张。本机印刷票证防伪性强。其印刷速度为每分钟 80m；进料宽度为 360mm。

第六节　其他印刷

书刊、报纸印刷一般是指凸版印刷、平版印刷和凹版印刷三种印刷方法。印刷过程都是以压力原理为基础，印刷的材料是各式各样的纸张，印刷成品为报纸、书刊、画册、图片等。而这里介绍的几种印刷方法，不同于以上三种印刷方法，但仍为印刷画册、图片、封面和散装出版物的塑料封套或塑料包装袋等而采取的另外几种印刷工艺，习惯上称之为特种印刷。

一　木刻水印

木刻水印是我国劳动人民创造发明的一种传统印刷方法，已有一千多年的历史。它用宣纸和绢为载体印刷各种精细的复制品。用木刻水印方法制作的中国画复制品，几乎可以达到乱真的境地。它是一种特有的民族印刷工艺，闻名于世。

木刻水印的特点是：能绝妙地复制出中国的水墨画、彩墨画所特有的风格，这是现代印刷术所难以达到的。20 世纪 60 年代初荣宝斋技师王玉良复制五代顾闳中所作《韩熙载夜宴图》，该图高 29cm、长 343cm，复制此画需用

1667块版，反复研印数千次。该画是重彩工笔画，均施实色，线条精细，不易运作。王玉良技师复制此画，把木刻水印技艺推到了前所未有的水平。

在木刻水印的复制品上很难找到印刷的痕迹，它能保持原画的笔调和气韵，可以达到与国画家笔下的真迹酷似的艺术效果。木刻水印的制版和印刷完全由手工完成，它主要包括勾描、刻版和水印三个工序。

1. 勾描

首先对原稿的色彩层次、浓淡虚实和画家的风格、艺术特点和画面大小进行仔细的分析，然后把原稿上同一色彩阶调的笔迹归纳到同一版内。原稿上有几种色调，就分几套色版。一般一幅画所用的版，根据画面的不同，可从几套到几百套。

2. 刻版

把勾描好的雁皮纸底稿，分别贴在干燥的梨木或枣木板上，然后进行雕刻。

3. 印刷

板刻完之后，依照原画一块一块地套印，在画面上一次一次地增添颜色和笔触，套印成一幅完整的国画，然后再根据原画，用水墨或颜色涂抹和修饰画面。

二 凹凸压印

凹凸压印常用于各装潢印件，如精、平装书刊的封面、各种商标等。它是利用凹凸模板加压使印好的彩色印刷品或空白纸上压出不同的凹凸图形和花纹。它不用油墨，只利用压力进行压印。

浙江瑞安印刷机械厂制造的ML—1040平压压痕切线机是一种手递式半自动平压压痕切线机，该厂吸取国内外先进结构而改进设计的新产品。本机具有多功能、大压切力。适用于压切各种成形纸板、塑料和皮革制品。各类精、平装书籍的外封可在本机上进行凹凸压痕，能使书籍装帧更为精致、美观，更富有立体感。其平板有效面积为1040mm×720mm；工作速度为每分钟25次。

三 电化铝烫印

电化铝烫印(又称电化铝印刷)适用于书籍装帧、卡片、商品广告、皮革和塑料封套等。其原理是利用热压，使电化铝层转移至所需的印刷物上。使用的机器有手摆式平压烫金机、自动平压式烫金机、手工续纸圆压烫金机三类。

上海光华印刷机械有限公司制造的TYY615圆压烫印机(图4—46)是电脑控制的全自动烫印机。本机烫印效率高，烫印箔料省，烫印光洁、平整、耐磨。广泛用于书籍封面、贺卡、商标等各种印品的烫印。对大面积实地和细微图文的烫金，质量和效率都优于一般平压烫印机。可烫印最大纸张规格为440mm×615mm；最小纸张规格为140mm×180mm；最大烫箔范围为400mm×540mm；烫印速度为每小时2500张。

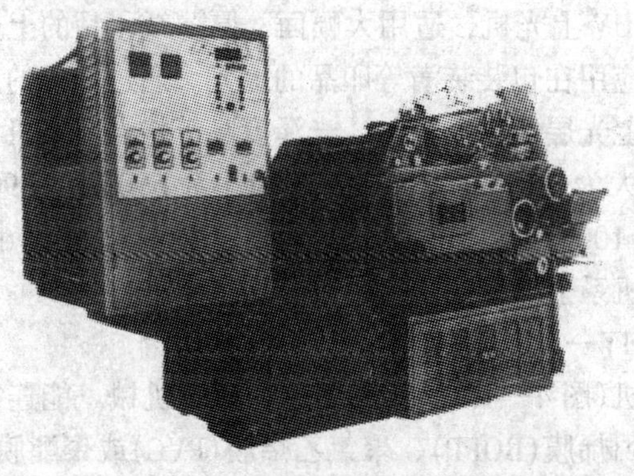

图4—46 TYY615圆压烫印机

四　印刷品上光、贴塑料薄膜

在书刊封面、包装材料、文化用品，以及宣传广告等印刷品的表面涂刷一层亮光油(天然树脂或合成树脂为主要原料配制的一种溶液)，或粘覆一层塑料薄膜的方法，称为印刷品的上光或贴塑，简称“上光”“贴塑”。印刷品表面经过上光或贴塑加工后，增加了印刷品的光泽，提高了强度，并且具有防潮、耐磨等性能，达到美化书刊和商品包装的效果。

1. SG—90 上光机

本机是一种在印刷品表面涂布上一层均匀的光亮油层，从而提高印刷品表面质量的机械。适用于书籍封面和图片等印刷品表面上光。其上光最大宽度为 880 毫米；最大上光速度为每小时 40 张。是由汕头韩江实业公司制造。

2. SG1040UV 局部上光机(彩图 12)

本机是一种性能优良的、联机上光以外的一种单机专用上光设备，它既能局部上光又能全面上光。UV 上光作为一种新的印后工艺，在国内外越来越引起人们的重视。SG1040UV 局部上光机是广泛采用国外先进技术而研制开发的高速 UV 上光机，适用大幅面、厚薄纸印品的上光设备，可普遍应用在包装装潢等印品的上光。通过本机的上光，印品具有上光层薄，且均匀、光泽度高等特点。本机上光纸张尺寸最大为 1040mm × 720mm，最小为 590mm × 390mm；纸张克重 $100g/m^2 \sim 500g/m^2$；最高上光速度为每小时 6000 张。本机系上海紫明机械有限公司最新推出。

3. HY—110 覆膜压合机

本机(图 4—47)是一种新型的过塑机械。能连续使双向拉伸聚丙烯膜(BOPP)、聚氯乙烯膜(PVC)或聚酯膜(PES)与印刷品压合，使印刷品表面光亮、色泽鲜艳、线条清晰，给人以赏心悦目之感。同时有防水保洁等优点。适用于课本、书刊封面、卡片、挂历等。其最大覆膜宽度为1100毫米；覆膜速度为每分钟5米~15米。由汕头韩江实业公司制造。

图4—47　HY-110覆膜压合机

五　丝网印刷

丝网印刷属于滤过印刷(或称孔版印刷)。孔版印刷的原理是将油墨或其他颜料从孔版的孔洞中“漏”至印刷物的表面。

丝网印刷的印版，就是将丝织物、合成纤维织物或金属丝网绷紧在网架上，使用涂布感光胶，进行曝光、显影、腐蚀，将印版图文部分的胶体除掉，而非图文部分的胶体保留，堵死网孔。当印刷油墨倒入网框架以后，便可利用刮刀的压力将油墨从图文部分的网孔中漏至承印物上，组成画面。

丝网印刷的特点是墨层厚(墨膜厚度可达1毫米)、立体感强、颜色鲜艳。能承印精细的印刷品，其网点可达到150线/英寸。因此，可以印刷油画、封面、插页、包装装潢、商标等，是一种应用越来越广泛的印刷工艺。

1. SW—G401型丝网印刷机

本机是一种专供一般普通印刷机难以完成的印刷机器。附设有较长的烘干设备，具有印刷速度较快，可靠性能良好，印刷范围广泛等优点。能适应纸张、薄纸板和塑料薄膜等材料的印刷。其最大承印物面积为560mm×430mm；最大印刷面积为560mm×415mm；印刷速度为每小时850张~3300张。本机型是上海第三印刷机械厂制造。

2. SAKURAI SC72AⅡ滚筒式全自动丝网印刷机

本机(图4—48)是日本樱井公司制造，由九恒(香港)印刷包装器材有限公司总代理。

图4—48　SAKURAI SC72AⅡ滚筒式全自动丝网印刷机

本机适应0.1mm~0.8mm厚度的纸张、塑料膜及金属膜单张材料。能保持与平台式丝网印刷机相同的印刷精度。印刷速度为每小时1000张~3600张；最大纸张(材料)规格为720mm×520mm；最小纸张(材料)规格为350mm×270mm；最大印刷面积为720mm×500mm。

六　柔性版印刷

柔性版印刷，是利用橡皮凸版和快干液苯胺油墨的一种轮转凸版印刷方法。适用于塑料薄膜、玻璃纸、金属箔材料包装箱板的印刷。此外，在国外不少报纸、书刊是用柔性版印刷的。柔性版印刷制版设备简单，装版方便，耐印率高，印刷速度也超过凸版轮转印刷机。在我国是一种很有发展前途的印刷工艺。其原因是设备投资少，成本低，使用水性墨有利于环保。

陕西印刷机器厂生产的 TRZJ40500 型层式柔版印刷机(俗称苯胺印刷机)，采用固体感光树脂版作版材，与胶印、凹印相比，制版周期短、成本低。采用聚乙烯膜、聚氯乙烯膜、聚丙烯膜、纸张等卷筒料，可一次完成正面四色、正面三色反面一色、正面二色反面二色的印刷。该机设计合理、结构紧凑、走料平稳、印品清晰、套印准确。其最大印料宽度为 500mm；最大印刷宽度为 480mm；印料厚度为 0. 04mm ~ 0. 2mm；印刷速度为每分钟 7. 4m ~ 74m。

深圳骄冠特种纸业有限公司 2001 年购买了瑞士捷拉斯生产的十色柔性版印刷机(图 4—49)，将用于印刷高档包装

图 4—49　瑞士捷拉斯十色柔性版印刷机

产品，尤其是防伪包装产品。

七 塑料印刷

塑料印刷，是指在塑料薄膜或塑料制品上印刷图案和文字的生产过程。一般采用橡皮凸版、照相凹版、丝网版和柔性版等方法来印刷塑料薄膜。

陕西印刷机器厂生产的BX741型塑料薄膜印刷机专用于印刷聚乙烯、聚丙烯等塑料薄膜的高速四色橡皮凸版轮转印刷机，每色之间均设有热风干燥装置，当全部套色完毕后，再次送热风使油墨迅速干燥，在收卷前还经过牵引冷却装置，使印刷的油墨干固稳定。其印刷速度为每分钟60m～80m。

第七节 数字式彩色印刷系统

数字式彩色印刷系统，是指整个制作过程中皆以电脑处理为轴心，自原稿、创意设计组页直接印出成品，不需要软片、拼版，更不需要印版等流程。它不只包含印前制作的所有程序，更延伸到印制成册的印制过程。

数字式彩色印刷系统，如同一部小型的轮转印刷机，不同的是操作人员不用装版，不用上墨，只要在电脑上按几个按键，就可将讯号传至电子印版滚筒上，将卷筒纸印制并裁切成美观的彩色印刷品。

一 Indigo E－PRINT 1000数字式彩色印刷机

Indigo E－PRINT 1000机型是世界上第一台数字式彩色印刷机，它创造了胶印工艺的新技术。Indigo数字式彩色一体化印刷机，将电子印刷的快速、短版、灵活及便捷与平版胶印的质量和高速度完美结合起来，不需要任何胶片或印版，而是使用计算机数据直接印刷，特别适合于快速彩色印刷和打样。一般在几个小时之内，就能制印出250网目的精美彩图。该机最大用纸面积为300mm×464mm；最大印刷面积为308mm×437mm；可使用铜版纸或胶版纸；标准配置四色印刷，还可另加两种特殊油墨印刷六色，包括金色、银色、磁性油墨或其他特殊墨。其影像不停由电脑输送到印纹的滚筒上，转移到压印滚筒后再印在纸张上，另一颜色印纹随即从电脑送到印纹滚筒，立即进行第二个色的印刷，如此纸张夹在压印筒上作四次动作，便完成彩色印刷，每小时可生产2000张A4尺寸四色印件。

Indigo是一家以以色列为基地的公司。Indigo产品在我国的经销商为北京昆仑电子印刷技术公司，承印厂有北京东方神采输出中心。

二　爱克发(Agfa)Chromapress彩色数码印刷系统

Chromapress的技术突破了传统印刷的局限，充分发挥了爱克发在数字化处理方面的硬件和软件之特长。其技术特点有以下几方面。

1. 大幅面、高速度和高精度。Chromapress是一台能同时进行双面彩色印刷的卷筒纸快速印刷机，每小时可印A4幅面(210mm×297mm)的双面五色(其中一个为专色)印品2100份。其基本配置的幅面为307mm×438mm，可扩充至8个～16个A4；基于工业标准的设计方案，能很容易跟现有的印前系统进行组合，由苹果或PC电脑设计好的版面通过以大网(ETHERNET)首先传送至Chromapress的服务器，做OPI置换和自动拼大版处理，并由服务器进行印刷队列和色彩管理，再由高速SCSI接口送至具有双CPU的光栅图像处理器(RIP)。这一台由Chromapress专门设计的RIP，具有并行数据处理器的能力，其运算速度极快，足以确保印刷主机连续不断地工作；RIP后的数据便可控制印刷机的充电进行高速印刷；独特的纸张传动机构设计，使套印准确。

2. 独特的网点和新颖的色彩。Chromapress采用独特的网点算法，600dpi分辨率外加每个点16级的层次变化，其层次表达能力完全达到了2400dpi出15线的胶印效果。爱克发为Chromapress专门研制了一种特殊的印刷色彩，颗粒极细，具有很高的色彩饱和度，使印刷品层次细腻、色彩逼真。

3. 功能强大、操作方便。由于爱克发的软件设计非常周密，使印刷稿件设计者有很大的发挥余地。并且只需一人操作印刷系统(图4—50)，就像使用电脑打印机一样方便，能极大地提高生产效率。

图4—50　Chromapress彩色数码印刷系统

(1)处理多页版面。Chromapress电脑系统可同时处理多页版面，加上是转筒纸印刷，故可连续印出一个稿件的多个版面，最多可达16个A4，这给创作人员提供了非常有弹性的版面设计方案。

(2)处理个人化版面。个人化功能可使一个稿件的每一份印品都有不同的变化，其原理是在稿件上设立一个有多项可变资料的主页，这些可变资料既可以是图像，也可以是文字，特殊设计的 RIP 能独立处理每个主页上的可变资料，可使一个稿件印一千份，而印一千份内容不同的印品。

(3)瞬间载换印件的功能。Chromapress 的主机控制器能同时存储多个印件，无须停机便可从一个印件的印刷瞬间转换至另一个印件的印刷，可使短版印刷成本降低。

(4)瞬间制作校样功能。在正常印刷一个印件时，可随时印另一印件的校样，而不影响正常的印刷工作，很好地解决了打样问题。

(5)存储印件档案的功能。可将印件档案以位图(Bitmap)形式存储起来，特别是一些不变的或需经常印刷的资料，最多可存 144 页 A4，以后无须经 RIP 处理便可直接印刷，提高了印刷效率。

(6)彩色管理功能。Chromapress 配备了爱克发色彩管理系统，使无色彩经验的操作人员也可印刷出色彩逼真的精美印品。

三 海德堡快霸(Quikmaster)DI46—4 型四色直接成像胶印机

1995 年在德国举办的国际印刷与造纸工业博览会 Drupa'95 首次推出的海德堡快霸(Quikmaster)DI46－4 高速直接成像八开四色印刷机，2001 年第五届北京国际印刷展上再一次展出了该样机。这种直接成像数字印刷技术的特点是不需要经过输出软片，再由软件制作成 PS 版的过程，而是在电脑进行排版之后，从电脑直接把数据送往印刷机印刷。是一种无须软件、无须制版、无须印前准备的印刷新技术。

与该机配套的电脑印前系统，可采用高档的 PC 机和 Mac 机，再配以 6000dpi 以上的连诺—海尔(LinotypeHell)公司的多霸(Topaz)扫描仪，就构成了一个高能力的彩色快印系统。

四　海德堡 SM74—D1 直接成像印刷机

海德堡 SM74－D1(图 4—51)是海德堡 D1 系列中的第一款四开幅面的直接成像印刷机。SM74—D1 的印刷机组是海德堡著名的速霸型 SM74，在每个色组上配备了一个热敏激光系统，直接接受印前的数据，在印刷机组上曝光制版。在印前，SM74－D1 结合海德堡的 Delta Technology 光栅处理软件，支持准确的数码打样和色彩管理，从印前到印刷是

图 4—51　海德堡 SM74－D1 印刷机

一个全数字的工作流程。

印刷生产中，用高效率的电脑拼大版代替传统的手动拼大版，经 Delta 加网处理后，各分色版的数据直接传给 SM74—D1 进行机上曝光成像，3. 5 分钟以后，即可完成所有色组的制版。印刷机随即执行自动调墨，操作者再适当地检查套准和墨色，就可以开始正式印刷。从制版到印出第一张标准样张，全过程只需 10 分钟。SM74 - D1 配备 CP2000 电脑控制台，所有操作自动化，只需在电脑控制台上完成。SM74 - D1 应用了直接成像技术和全数字的印刷工作流程，是专为要求高质量、高效率、运转灵活的商业印刷而设计的，特别适合印刷短版活。用 SM74—D1 印刷一个 1000 份单面四开的彩色活件只需 15 分钟。

这种全新数字印刷工艺，从电脑印前系统形成图文数据到印刷出高品质的印品只需 15 分钟，加上印刷全过程只需不到一天的时间。该机适应性好，可以承印 60g 至 0. 3mm 厚的纸板，纸张规格大到 460mm × 340mm，小至 140mm × 89mm。最大印速是每小时 10000 张单面四色印刷品，但最适合 200 份以上，5000 份以下的短版彩色印刷作业，如图书、杂志彩色封面、彩色插图，画册、挂历、贺年片，以及各类彩色广告、宣传品等。数字式印刷方法的优点是：不用软片和印版；不需要准备时间，也不用在起印时过废页；正式印刷中可以更改所印的内容。

五　按需印刷

按需印刷是随着数字印刷的发展而兴起的。按需印刷是一种多批量、小数量即时性的高质量要求，这种以客户的不同需要为出发点进行的印刷被称为按需印刷。因此，可以说它代表着一种“有求必应”的印刷方式。客户可以根据自己的需要，设计和随时更改印刷内容、版面格式、印刷品规格、印刷份数等，甚至在印刷前一分钟还可以做出变动。由于这种印刷方式是全数字化的，可以无印版的，实现计算机中的数字数据通过印刷机直接印刷到纸张上。因此，完全可以做到前后两张印刷品的内容、版式截然不同。也就是说这种印刷可以几乎没有印量上的限制，可以是1000张、100张，甚至更少，而且并不会由于数量的变化而带来印刷成本的巨大差异。

按需印刷依靠数字技术、通信技术可以实现远程印刷服务。具备了良好的电子传输系统，印刷厂可以通过电子途径与客户交换数据，而不一定要客户在现场进行修改和认可，免去在印刷过程中浪费时间和来往奔波。

第八节 “九五”期间我国印刷技术发展特点与“十五”期间我国印刷技术发展方针和网络出版

一 “九五”期间我国印刷技术发展特点

从1995年底开始筹备到2000年底结束的我国第五个五年计划的印刷技术改造工作圆满地完成了。这五年的技术改造是新中国建立以来印刷技术改造投资最多的五年。其显著特点是：

1. 投资规模 投资规模空前，有5个报社，12个印刷厂，1个研究所等18个企业事业单位作为技术改造重点项目单位，并带动了全国各地印刷业的技术改造。据从每年进口的印刷设备用汇额和国内规模最大的印刷设备制造企业北人集团公司和上海高斯印刷设备公司以及上海紫光机械公司等每年的销售额估算“九五”印刷技术改造设备新投资高达

300多亿人民币，这是改革开放以来乃至新中国建立以来用于印刷技术改造的投资规模最大的五年。

2. 印刷技术发生新的变革 "九五"计划期间，由于高新技术的发展并在印刷技术上的推广应用，使印刷技术向"排版图文合一，桌面组合制版，印刷高速胶印，装订机械化联动化"新的层次发展并较快地普及。这五年中，是我国印刷业引进高新技术印刷设备最多，技术水平最高，印刷技术发展速度最快的时间。这期间引进海德堡、罗兰、高宝、小森、三菱等高速度、高质量、多功能、多色单张纸胶印机800多台，卷筒纸胶印机650多台，平装胶订线20多台，精装联动线10条。经过"九五"技术改造，有效地缩短了我国与世界印刷先进技术的差距。高新技术的引进调整和优化了的产品结构，使我国的印刷技术上了水平，印刷质量上了档次，精品印刷能力全面提高，彩色印刷能力成倍增加。印刷行业展现出一片欣欣向荣的新面貌。

二 "十五"期间我国印刷技术的发展方针

印刷数字、网络化

1. 含义

"即前数字、网络化"是指在今后8年多内(至2010年)，随着电子计算机技术和信息传输技术在我国的不断发展，即前领域——包括彩色桌面系统、计算机直接制版、数字式打样等数字化处理和网络化信息传输将得到迅速发展；全数字化工作流程将逐渐取代模拟式图像和页面处理过程，使高精度、数字式彩色图像的采集、处理、图文组合、打印(打样)、输出、传输、直至无胶片直接制版、无版材数字式印刷，以及计算机控制的印后装订、发行成为现实，数字化信息处理将逐步占据主导地位；逐步实现页面文件输出多媒体化和远程出版网络化；印前工序配套的系统硬件向集成化、专业化、多元化方向发展，配套的应用软件向开放(跨平台)化、智能化和文件格式标准化方向发展。

2. 2010年前印前技术发展的主要目标

(1)引进开发　引进并开发高精、高性能的数字式照相机和彩色扫描仪，智能化的彩色校准软件逐步得以推广应用。

(2)提高技术　提高彩色桌面系统的国产配套水平，在引进国外高性能输出设备(包括数字打样系统、直接制版机、激光照排机、数字印刷机等)的同时，自行开发关键技术和关键设备，提高系统硬件的精度和性能价格比；逐步推广应用直接制版、数字打样和数字印刷技术。

(3)开发软件　加强应用软件，特别是以提高印刷产品质量和生产效率为目的智能化应用软件的开发，得以推广应用。

(4)字符集开发　加强扩展汉字字符集的开发和推广。

(5)网络应用　高压缩率的数据传输、多种媒体的记录输出、远程网络出版和网络印刷技术逐步得以推广应用。

(6)推广普及　国际上所有新型、通用的数据文件格式和标准化数据处理、网络传输技术能迅速在我国推广和普及。

印刷多色、高效化

1. 含义

“印刷多色、高效化”是指印刷品由单色向多色方向发展并不断提高印刷效率和质量。为此，将大力发展一次印刷过程即可印出多色印品的工艺和高效设备，在满足印品质量和环保要求的前提下，不断提高效率和质量。

2. 2010年前印刷技术发展的主要目标

(1)发展彩印　在发展电子出版物的同时，继续大力发展纸基印刷品。大力推广应用能一次印出多色印品的工艺和高效设备。提高彩色印刷的比重、质量和效率。

(2)扩展柔印　在各种印刷方式中，胶印仍占主导地位。在包装印刷中柔印将有较快的发展。

(3)绿色印刷　以数字印刷为主要印刷方式的按需印刷将有一定的发展。符合环保要求的绿色印刷将愈来愈受到社会的重视。

(4)多色胶印机　印刷机发展的重点仍然是多色胶印机。

单张纸胶印机，首先要在对开多色胶印机提高质量和档次的基础上，形成完整的系列产品；适当发展四开多色胶印机和适应小批量按需印刷的多色小胶印机。

卷筒纸胶印机除继续完善和提高书刊用机外，重点发展新闻用多色机和中、高档的商业用机。新闻用机首先发展 6 万张/小时 ~7 万张/小时的单幅多色机。在此基础上，发展双幅和速度更高的多色机及配套装置。

无论哪种胶印机都应首先解决国际上先进适用，而国内尚不完全过关和应尽快研制的技术，使其实用、稳定、可靠，并在此基础上研制水平更高的设备，重点是自动化、数字化和智能控制系统。

(5)适当发展柔印机和凹印机　柔印机首先发展带有后续加工设备(如裁切、模切、上光、烘干等)的窄幅机组式柔印机，使其性能稳定、可靠，达到国际中、上等水平。在此基础上根据市场需求发展卫星式及层叠式机。

凹印机重点发展多色中、高档机。

(6)其他印刷机　密切关注数字印刷机的发展动向，适时研发适合我国市场需求、性能可靠的数字印刷机。

根据市场需求，发展中、高档的表格印刷机及印后配套加工装置。注意研制发展胶印、柔印、凹印及其他印刷方式的混合式印刷机。

根据市场需求，发展工艺先进、设备性能适用的机器，淘汰落后的工艺及设备。

印后多样、自动化

1. 含义

“印后多样化”是指印刷后序加工(包括印品表面整饰、书刊装订和包装成型加工等)采用多种工艺和多种设备来完成。

“印后自动化”是指广泛采用自动化、机械化的工艺和设备，逐步改变手工和半机械化生产的落后状况，从根本上提高最终产品的质量和生产效率，并力争达到先进国家的一般水平。

2. 2010 年前印后加工技术的发展目标

(1)提高印刷技术　通过广泛采用多种印品整饰工艺(如上光、压光、覆膜、过胶、上蜡、凹凸压印、烫金、打孔、打拢、打号、喷字等)，提高印品的光泽性、耐磨性、耐腐蚀性和防水性。

(2)重视装订质量　通过广泛采用自动化、连续生产水平较高的折页、配页、锁线、无线胶订、骑马订、精装、裁切、打包等设备，提高书刊产品的外观和内在质量。

(3)满足包装需求　通过多种包装成型工艺(如模切压痕、烫金、折叠糊盒、开窗、贴面、复合、分切、制袋等)，满足迅速增长的包装市场多品种、高质量、短周期的需求。

(4)开发新型胶订机　重点推广应用胶订工艺,开发和完善无线胶订单机和联动机、精装单机和联动线自动切纸机。

(5)提高模切水平　开发和广泛应用计算机包装设计应用软件、计算机控制的模切版激光切割机、雕刻机、刀具成型机，着重提高模切精度和模切加工速度。

(6)应用开发新型机　应用和开发高精度、高速度、多功能的自动连续印后复合机、折叠糊盒机、制袋机、瓦楞机、瓦楞纸板和彩色细瓦楞自动生产线,以及为卷筒纸表格印刷机、柔印机配套的后序加工装置(包括圆压圆模切机等)。

器材高质、系列化

1. 含义

高质，是指提高印刷器材产品性能和质量，以适应各种印刷的需求。目前在众多国产印刷器材中，中低档产品多，精品少，质量不稳定。今后各种印刷器材的发展，都应把提高质量作为重点。

系列化，是指规格齐全，品种多样。目前有些国产印刷器材品种还不配套，不成系列；此外有些高新技术产品，如计算机直接制版(CTP)版材等，目前尚属空白。

今后我国印刷器材发展方向和重点是提高质量，增加品种，达到系列化，力争跟上国际发展步伐，适应印刷技术进步的需要，以满足市场需求。

2. 2010 年前印刷器材发展的主要目标

(1)感光胶片　重点发展激光记录输出胶片，提高分辨率、物理性能、改进显影工艺等，使其接近国外同类胶片水平。同时稳步提高电子分色片和照相、拷贝片质量，开发生产明室胶片，以及对环保有利的干式胶片等系列品种。

(2)印刷版材　重点发展平版印刷的 PS 版和新型计算机直接制版版材及柔性版版材。

第一，PS 版：着重改进砂目处理技术和提高感光层质量，达到高分辨率和高耐印力，满足国内高档印刷市场的需要。同时开发超精细、无水印刷、UV 印刷等专用版材。

第二，计算机直接制版(Computer To Plate 简称 CTP)的版材：应在尽量短的时间内研制和生产银盐型版材，并使其接近国外同类产品水平。同时研制开发热敏型 CTP 系列版材等。

第三，柔性版：开发、生产各种规格的系列感光柔性版，提高版材的回弹力、耐老化性、感光度、分辨率等各项指标，使其接近国外同类产品水平。同时开发多样化的版材成型工艺。

(3)印刷用纸张　今后纸张趋势是低定量、高质量和多品种。在新闻纸、书刊纸及包装与装潢用纸方面，着重提高原材料中的木浆比重和草浆质量以改进纸张强度，增加不透明度和强化表面性能。提高涂布技术，使胶印新闻纸实现低定量和轻微涂布，以适应高速轮转、多色印刷的要求。同时不断增加与发展其他低定量、薄膜涂布胶印纸，以及不同规格的包装纸和各种特殊用纸等系列产品。

(4)印刷油墨　今后油墨发展目标是适应多色、高速、快干、无污染、低消耗等需要。改进热固型轮转油墨、凹印表面印刷油墨及柔性版油墨等产品质量，提高对现代工艺的适应性、产品的稳定性，并要提高国内油墨原材料的质量和油墨包装水平。同时积极开发在同办仍处于短缺和空白的各种水基墨、无水胶印油墨、食品包装油墨、耐晒油墨等多种产品。

(5)胶印橡皮布　重点研制、生产高速印刷机(单张印刷机 1 万印/小时以上，卷筒纸印刷机 6 万张/小时以上)所需的中、高档气垫橡皮布，以及不同规格、型号的配套铝夹板，以满足各种印刷机的要求。

(6)其他印刷器材　按照国际发展方向和国内市场需求，加大对计算机输出设备材料、防伪印刷材料、喷墨印刷材料、烫金装饰材料、热熔胶以及各种印刷辅助材料等方面的研究开发力度，以适应我国高新印刷技术的发展。

三　网络出版

伴随着数字技术的出现与进步，传统出版物正不断向数字化方向发展，这使当前图书的出版发行越来越趋于多样化。虽然以纸质媒介为代表的传统图书仍在当今的出版业中占据主导地位，但网络正以其迅猛的发展势头进入到图书出版领域。网络出版在目前主要有三种形式：(1)在网页上公布信息，读者只能阅读但不能下载。(2)将信息制作成文件，以电子邮件的形式定期发给订阅用户。(3)在网页上设置下载服务，读者可根据自己的喜好，从网页上将文章无偿或有偿地下载到个人的电脑或阅读器中。

另外，还可以将书稿通过网络传输到数码印刷工作室，这些书稿就可很快被印刷出来装订成册。北京清华大学已建立数码印刷工作室，该室采用的是富士施乐公司提供的一整套数码网络解决方案，设备包括一台扫描仪和一个相连的工作站，而工作站又通过网络连接到出版系统上。通过这套印刷设备，一本几百页的书稿从数据传输到装订成册仅需要几十分钟的时间。数码印刷工作室的成立，使得更新教材十分容易，只要把印刷的内容通过网络传到工作室，同时在网上选好开本、印数、纸张等，一本新教材很快即可完成。

[复习思考题]

1. 一种图书，大 32 开本，正文 10 个印张，封面 10 开、三色，铅印 10000 册。计算出正文用纸多少令?正文印装加放多少令?封面用纸多少令?封面印装加放多少令?

2. 一种杂志，16 开本，正文 3 个印张，封面 8 开，四色，胶印 100000 册。计算出正文用纸多少令?正文印装加放多少令?封面用纸多少令?封面印装加放多少令?

3. 什么叫凸版印刷?

4. 什么叫平版印刷?

5. 什么叫凹版印刷?

6. 什么叫数字式彩色印刷?

7. 什么叫按需印刷?

第五章

装订技术和装订管理

学习目的

●了解装订技术和装订机械的性能和特点

●熟悉书刊装订方法和装订质量标准

本章要点

●书刊装订技术

●装订机械

●装订任务的安排、装订方法的选择、装订凭单的内容

●装订质量检查、成品质量标准图书包装的一般要求与规格要求

关键性术语

平装　折页　配帖　骑马订　铁丝钉　无线胶粘订　锁线订　三眼订　精装　书芯　书壳　线装　切书　装书函　印书根　活页装　毛书　勒口　中腰　烫印　糊版

出版印制管理人员应了解到书刊装订不仅关系到书刊的阅读效果和书刊的使用期限，而且更应该认识到装订是书刊装帧的重要方面。书刊装帧属于造型艺术，出版印制管理人员应根据各种书刊装帧设计的要求和它的特点确定装订方法，精装、平装或是线装。如果做平装再根据书的类别和厚度确定铁丝平订、骑马订、胶订或是锁线订。装订工艺设计的好坏，将会直接影响到书刊的装订质量，而装订质量的优劣，又直接关系到书刊的艺术效果；装订的周期长短，关系

到出书速度；装订成本多少，直接涉及到出版社的经济效益。

因此，出版印制管理人员，必须十分熟练地掌握装订技术知识。

第一节 书刊装订技术

装订是组成书刊印刷的三大主要工序中的最后一道工序。它在书刊中起着重要的作用，只有通过装订才能使一张张的页子成册，作为书刊供给读者阅读。

常用的书刊装订形式很多，但基本方法有平装、精装、线装、活页装、散装五种。不同的装订方法各有不同的操作工艺。

一 平 装

平装，是当前书刊装订中最常用的方法，其主要工艺流程：

1. 闯页裁切

裁切又称开料。通过单面切纸机，把闯齐的印张按折页的要求裁切成所需要的规格，叫做裁切。裁切工作的基本要求是：

裁切的规格一定要准确，合乎开本要求；裁切同一品种印张的规格必须保持一致。如果印张闯得不齐或印张在切纸机工作台上位置放得不正，裁切的印张在折页过程中会造成废页。

2. 折页

把印刷好的印张，按照开本规格的规格和页码顺序折叠成书帖，称为折页。现在大、中型装订厂大都使用机器折页，而小规模的装订厂仍由人工折页。

折页是装订车间的主要工序之一，除带有折页装置的卷筒纸轮转机外，单张纸印刷机印出的印张，都需要进行机器折页或手工折页。

(1)手工折页　由人工把印刷完的印张，按照页码顺序和规定的幅面，折成书帖。

(2)机器折页　把印好的书页，按照页码顺序和规定幅面的大小，用机械方法折叠成书帖。折页机有三种：①刀式折页机。这种折页机的折页精度较高，较薄的纸张也适应。但折页速度较慢、结构复杂。②栅栏式折页机。这种折页机的结构比较简单，折页方式多、速度较快。但不宜折叠薄纸，折页质量较刀式折页也稍差。③栅、刀混合折页机。这种折页机的优点，一是折页幅面较大，二是折页速度较快，是一种比较好的折页机。

(3)折页方式　一般依据折页过程中印张转动的情况和折缝的位置，分为垂直交叉折页法、平行折页法和综合折页法三种。折页方法如图5—1。

①垂直交叉折页法　无论多少折的书帖，在每一折之后，把书页按顺时针方向旋转90°后对齐页码再折第二折，依此类推。书页的折缝互相垂直。一般16开、32开的书刊多采用此法折页。

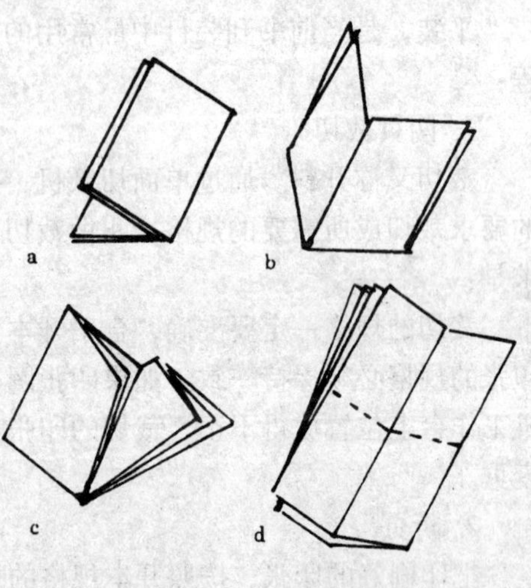

a. 平行折　　b. 垂直交叉折
c. 综合折　　d. 混合折(双联)

图5—1　折页方法示意图

②平行折页法

是把书页连续折叠，在折叠过程中，书页不转向，折缝都是平行线。平行折叠方法一般适用胶版纸或铜版纸，如少儿读物、画片、产品说明书、画册等。

③综合折页法　同帖书页中折缝既有垂直，又有平行，这样折叠方式就是综合折页法。32 开全张双联折页，一般都采用此法。

选用哪一种折页方法，要根据开本、纸张厚薄和印张的摆版方法等情况而定。

3. 配书帖

书刊是由书芯和封面组成的，书芯又由书帖组成。通常一本书是由好多书帖再加上零页(杂志一般不应出现零页，均应凑齐半个印张或整印张)、插页组合而成的。配帖(也称配页)就是把全书已经折好的所有书帖，按页码顺序配叠齐全的过程。

配帖(页)的方法又可分为套帖法和配帖法两种：

(1)套帖法　将第二个书帖按页码顺序套在第一个书帖外面，形成二帖厚而只有一个帖脊的书芯，最后把书刊的封面套在书芯的最外层，经订本后成书。套帖法一般用于骑马订的杂志和小册子。

(2)配帖法　是将各个书帖，按页码顺序一帖一帖地配叠在一起，成为一本书刊的书芯，订本后再包上封面，即成为一本完整的书刊。

配帖时不能有缺帖、多帖和前后颠倒的错帖现象。为了帮助配帖和检查配帖可能发生的错误，在印刷时每一印张的帖脊处，按帖序就有一个称为折标的小黑方块。通过配帖，书脊上就形成明显阶梯状的检查标记；检查时只要发现梯档不成顺序，就应及时纠正配帖的错误(图 5—2)。

配书芯(又称排书)的工作大，中型装订厂一般都使用配页机来完成，小型装订厂大部分仍用手工操作。

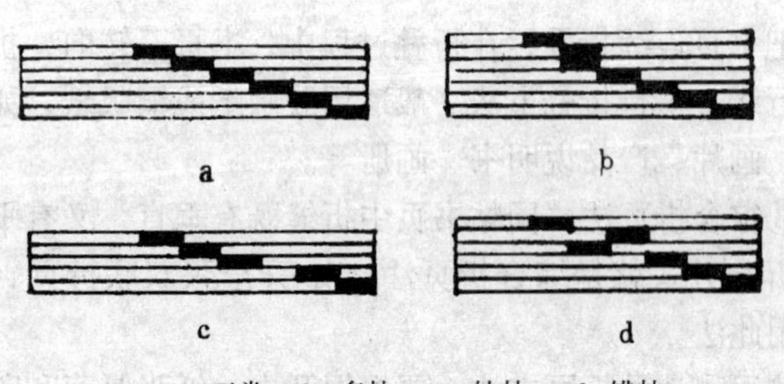

a. 正常　b. 多帖　c. 缺帖　d. 错帖

图 5—2　书脊折标标记图

4. 订书

把书芯的各个书帖运用各种装订方法订牢，就叫订书，俗称书帖连接。书帖连接，可以分订缝连接和非订缝连接两种。订缝连接就是用纤维线或金属丝(铁丝)将书帖连在一起；非订缝连接就是用胶把书帖粘连在一起，称为无线胶粘装订(即胶订)。订缝连接装订方法包括骑马订、缝纫订、三眼订、铁丝订、锁线订等多种方法。非订缝连接主要是胶订。目前大、中型印刷厂较多用骑马订联动机和胶订联动机。联动机装订快、质量高。

骑马订联动机主要用国产机，质量好，印刷厂普遍选用。胶订联动机目前各印刷厂选用的有瑞士马天尼，少数印刷厂也选用德国产的沃伦贝克胶订联动机、日本产的芳野胶订联动机和美国产的哈里斯胶订联动机。

5. 平装书刊的装订方法

出版物中约 90% 左右的书刊都采用平装装订方法。平装书刊的优点是装帧材料和装订工价较低，从而可降低书价，减轻读者的负担。

平装装订方法分为骑马订、铁丝订、缝纫订、胶订、锁线订和三眼订六种。

(1)骑马订　这是较简单的订书方法，在骑马配页订书机上，套帖配好的书芯连同封面被自动送入订书装置，在帖上由两个铁丝钉扣订牢，订成书册。人、中型装订厂多在骑马订联动机上进行配、订、切，它具有速度快、成本低、生产效率高的特点。但是，由于骑马订的书页仅仅靠两个铁丝钉连接书帖，因此牢固程度较差，而且只适用于薄本书刊，如期刊和图书中的小册子等。一般图书都不用骑马订装订。

(2)铁丝订　又称铁丝平订。先将配好的书芯，距订口6mm处订上两铁丝钉而成书册。铁丝订成本低、效率高，是使用较广泛的一种装订方法。它的缺点是订脚过紧，书本稍厚则不容易翻阅，铁丝遇潮易生锈，并渗透封面，造成封面的破损和脱落。南方地区因气候潮湿很少用铁丝订，而改用缝纫订，而北方地区气候干燥可用铁丝订。铁丝订适用于160页以下的书刊。

(3)缝纫订　把经配帖后的整本书芯平放在工业用缝纫机上，在订口的一边沿书脊订上一行线而成书册。用缝纫订代替铁丝订，在气候潮湿的地方也不会因铁丝生锈而影响书刊的装订质量。所以南方地区薄本平装书刊都采用缝纫订工艺。

(4)无线胶粘订　是用热熔胶粘合书芯的装订工艺，简称胶订。从20世纪80年代以来我国已引进瑞士马天尼胶订联动机几十台，已具备较大的生产能力。由于胶订联动机有速度快、质量高、占订口较少、易翻阅等优点，很受出版社、印刷厂和读者的欢迎。现在已普遍用于平装书籍的生产。

(5)锁线订　锁线订是将经配页机按页码顺序配装成册的书帖，通过锁线机用线一帖一帖地串联起来，锁紧成整本的书芯，俗称串线订。为了增加锁线订的连接牢度，在订过的书脊处再粘一层纱布，然后压平捆紧，刷胶贴卡纸或牛皮纸，干燥后割成单本。它适用于装订厚本书籍和精装书。锁线订的书可以摊得开，放得平，阅读方便，而且占订口地位较少，是质量较高的装订方法。

锁线订书的方法有两种，一是手工锁线，二是机械锁线。机械锁线是采用锁线机进行锁线。一种比较完善的自动锁线机，能自动把书帖输送到锁线部位；再把整本书的各个书帖用线串连锁紧；然后加纱布、垫卡纸、分本割线。目前的锁线机多是单机人工操作，锁线工序是每帖书页穿锁一次，质量较好。手工锁线是由工人手工操作；一般小型装订厂都采用手工锁线。手工锁线串联时，串线部位易出现偏松或过紧，质量比机器锁线差些。

(6)三眼订　一般厚的图书也有采用三眼订的。这种装订方法，是在靠订口的边上打上三个小孔，用手工穿线结牢。装订工价较低，但质量较差，翻阅时订线容易松弛，甚至断裂，目前已很少使用。

6. 包封面

各种平装书籍(不包括骑马订的书刊)订好的书芯，还得包粘封面。然后供烫背、三面裁切才能成为完整的平装书籍。

封面应包得牢固平服，不能有空泡、拖浆或拱皱；书脊上的文字应居中，直线不能有歪斜；封面应清洁完整，不能有污点、破损、折角和折皱。包粘好封面的书籍，称为毛书。

包粘封面可以用手工操作和机械加工两种方法。一般大、中型装订厂普遍装备有包封面机，而小型装订厂大都用手工操作。手工包封面的生产过程为折封面、刷胶、粘贴、包面、刮平折勒口等工序。机械包封分长式包封机和圆式包封机等类型。目前普遍使用的是圆形旋转式包封机。包封面全过程在包封机上一次完成，最高速度为每小时5000本。

7. 切书

将毛书的天头、地脚、切口三面按规格切齐，使毛书成为光本，叫做切书。切书工作可在三面刀切纸机上进行，也可在单面刀切纸机上进行。一般大、中型装订厂都采用三面刀切纸机来完成，裁切质量较高。裁切后的光本再经过逐本检查，就可点数打包。

9. 平装书的工艺流程如表 5—1。

表 5—1

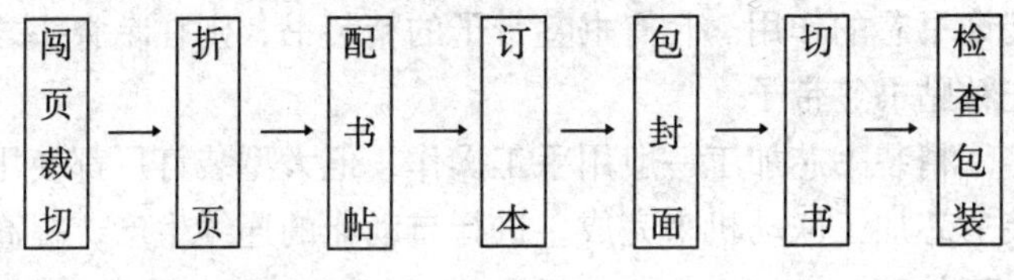

二 精 装

精装，用于装订质量要求高的书籍，如经典著作、精致的画册、工具书及装帧十分讲究的图书。精装书籍，其外形可分为圆背、方背两种。封面和封底一般用硬纸板、塑料、皮革等材料来制作，装潢美观、坚固耐用。

精装书的装订工艺，分为三个主要阶段：书芯的制作，书壳的制作和上书壳。

1. 书芯的制作

书芯制作中的裁切、折页、配帖与锁线等，同平装书的加工方法相同。但包封面和切书则与平装书不同，需先切书芯，使三面光洁后再上书壳(封面)。

精装书芯的加工过程如下：

压平→扒圆→起脊→贴纱布→贴脊头

(1)压平　在专用压平机上加工，其目的是使书芯平整、结实。

(2)扒圆　用扒圆机将书芯背脊做成圆弧形，使整本书的书帖能互相错开，便于翻阅。扒圆可提高书芯的坚固程度，使书芯同书壳易于连接。

(3)起脊　将扒好圆的书脊进行定型的处理，防止回圆变形。

(4)贴纱布　在书芯背脊上粘贴一条纱布带或卡纸条，遮盖书脊的线缝，使书脊更加牢固。

(5)贴脊头(堵头)　也称贴花头。将布块或其他织物粘贴在书芯背脊的两头，使整本书帖连接得更牢固，又能达到装饰书芯的作用。凡有书签带子的精装书，则在粘脊头之前先粘贴书签带子。

精装书芯加工一般用手工操作，但大型装订厂都使用精装书芯加工联动机来完成，进行自动化的连续生产，提高了生产效率。

2. 书壳的制作

书壳的结构形式有整料书壳、配料书壳和塑料(或皮革)书壳等。

整料书壳是用一块整张的封面材料制成。它的前封、后封、书脊连接在一起，所选用的材料有漆布、亚麻布或涂塑纸，粘贴在封面纸板上。

配料书壳是由前封、后封、书脊三块材料拼合而成的。前封和后封的材料用封面纸板，再粘贴上印有书名和图案的彩色封面纸；书脊则用漆布或亚麻布等。

塑料书壳是用塑料材料做外壳，内衬卡纸。一般通俗工具书可采用此法制作书壳，可降低书价。

制作书壳需进行装饰加工，即在前封和书脊上烫印书名等文字和美术图案。烫印的材料一般用电化铝或漆片。又可压印凹凸版和丝网印刷等。完成装饰加工后，可用扒圆机来进行扒圆，使书脊成为圆弧形。如外形为方背则不需扒圆。

3. 上书壳

把书芯和书壳连接在一起的工作，叫做上书壳。这是制作精装书籍的最后一道工序。上书壳的方法有手工上书壳和机器上书壳两种。上好书壳后，还需要经过压铜板线或压脊线机，在前封和后封靠书脊的边缘压一条凹槽，使精装书外壳更加定型，外形更加美观。

精装书用手工操作，是书籍装订中工序最多、工艺最复杂、速度最慢的装订工作。目前，各大型装订厂已装配有精装生产联动线，或将各单机组通过传送方式相连接，组合成一条相连接的生产作业线。后者使用较灵活，便于操作、维修和管理。有了精装生产联动线，大大加快了装订的速度，对缩短出书周期十分有利。

三 线 装

线装是我国劳动人民在书籍装帧方面的特创，具有浓厚的民族特色。线装书籍的装订工艺与平装、精装的装订工艺有很大的区别，装订技术也较复杂细致，装订工艺费工费时，装订过程基本上是手工操作。但线装书有很多的特点，其装潢古朴典雅，订线结实，翻阅方便。一般用于珍本书、影印古籍书和古典文学、古典医学等书籍。作为我国特有的书籍装订形式，在书籍装订生产中，将永远占据一定的地位。

线装书放在书柜里都是平着叠放的，为了便于寻找藏书，在地脚靠近订线的一边，印上书名和册码，称为“印书根”，这是线装书籍所特有的工艺。

我国古籍书的装订形式演进到线装书，其过程如下：竹简→卷装→经折装→旋风装→蝴蝶装→包背装→线装。其中经折装、旋风装、蝴蝶装、包背装的形式见图 5—3。

线装书的装订过程有以下工序：

揭书　接到书页后，首先按批分类。其次是画标准线以作裁切的标准，再把印张用弯刀裁成所需的大小，然后照画好的标准线折好。这些工作统称“揭书”。

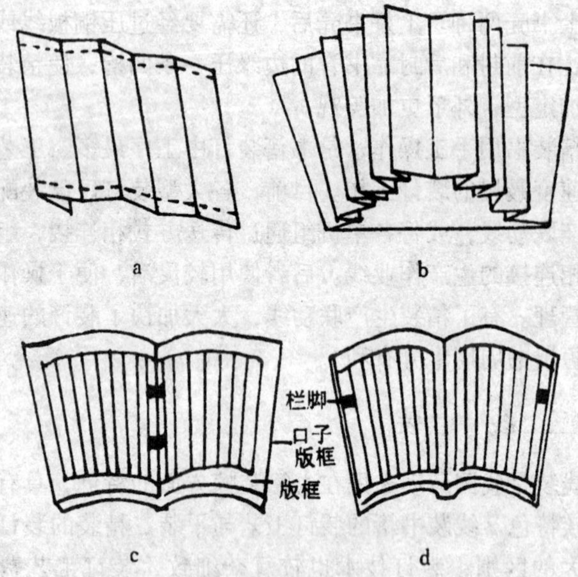

a. 经折装　b. 旋风装　c. 蝴蝶装　d. 包背装

图 5—3　古籍书的装订形式

折书　折书方法有两种，一种是黑口子折，是把印有鱼尾的栏脚作为标准线折齐书页；再一种是白口子折，是把口子版框作为标准线折齐书页。折页时，书页不能歪斜，折好后理齐扎正。

排书　线装书的配帖工作称为排书。配帖方法采用打脚排书法，即每一台书打 100 底脚，开排时由同一个页码，从大到小依次将书页叠加。如发现坏页应随时剔出。

散作　把排好的一叠书，用圆角铜片把口子刮平，防止书页拱翘。然后将刮平的书页理齐，再撒成扇形并逐张拉齐栏脚，以防夹张和不齐，这称为“撒栏”和“齐栏”。在齐栏脚后再用锥子打两个孔眼，穿牢纸钉粘上底面。以上工序称为散作。

切书　按照规定的尺寸校正栏脚大小，闯齐口子，压直栏脚，放到三面刀切书机上，对准上下规矩线切书。切好的书，不能有歪斜等现象。

砂打和敲眼　用砂皮纸打平三面刀切书所留下的刀纹。再按照书籍的大小规格做好样板，再依样板敲眼。敲眼的距离一般是两头宽、中间窄，分为四眼和六眼两种。

穿线　用双股丝线或蜡线穿过眼孔，将书页订牢。订线一般采用丝线或蜡线。

有的线装书，为了使书的装帧美观、结实，需要包书角。包书角应在穿线之前包好。穿线之后，再贴上封签。这就是线装书的封面。

查页　查页是检查线装书质量的重要工序，因为书页完全是单片排成的，要仔细检查卷数和页码，如有差错，必须修正，这道工序叫修书。

印书根　装订工序全部完成后，一般应在地脚侧面印上书名和册次，这叫印书根。

装书函　全部装订工序完成之后，经“拆部头”和“配部头”，即可把成套的书装入书函。

四　活　页　装

活页装在形式上与平装、精装的最大区别：一是活页装的封面和书芯不作固定的连接；二是书芯除天头、地脚、切口三边切齐外，订口亦切开，使书页变成散页。这样装成的书本，书页是散的，便于自由抽出，可增可减，所以称为活页装。活页装书芯切齐后，可在打孔机上打眼，再经压平机压平孔眼，用纽带串连或用螺旋线串联。串联的工作仅仅是把书芯和封面连接起来，而不加固定。

活页装的封面不用脊封，即前后封面各为一个散片。串联用的材料种类不一，有用线带或丝带穿孔打结；有用金属螺丝线或塑料螺丝线的。

五 散 装

不用连接装订的出版物称为散装。采用散装的有画片、单张印件、图片等。散装的画片虽不需订缝，但要用封套、匣子、纸夹或纸筒等装置。

六 装订术语(部分)

打龙 就是顺着书页的订口，为了便于撕开而打一排小洞，称做打龙。一般用于各种票证、复印单证。

打洞 为活页纸及月历而打洞。有的打洞是为了串线绳等。

表头本 将裁切好的稿纸或信纸的天头切口处刷上浆糊或胶，再按一定的印数分成小本，称为表头本。

挂空(短页) 书刊中有少数书页短小叫挂空。

出血。按照工艺的要求，在裁切时将书页图面的边沿切掉一部分，称为出血。

露白 即封面小于书芯，书芯外露，这种缺点，多发生在封底上。

刀花 裁书刀上有了缺口，裁切时书的切口上出现斜线形缺口刀痕，很不美观，不整齐。

毛书(毛边书) 书刊装订好以后还没有切光三边，书页还没有裁开。

左、右开本 横排书，书脊在左面，向左翻，叫左开本；竖排书，书脊在右面，向右翻，叫右开本。

割页 插表前，首先要用割刀将插表的页码处割开，叫割页。

踏步口 又称梯标。就是外切口根据每个字首处打上空缺注上符号。一般辞书采用最广，便于检字。

书函 又称书帙、书衣、书套。指我国古籍书外面的蓝布壳子。

勒口　平装书的封面和封底或精装书的护封的切口处多留 40mm ~ 50mm 空白纸向里折转，在上面印有内容提要或书刊介绍，这就是勒口。

飘口　精装书的外壳要比书芯切口长出 3mm ~ 4mm，用来保护书芯，这个宽出部分就称为飘口。

中腰。中腰也称书腰、后腰。指精装书封壳的封一和封四的连接部位。

中径。指精装书封壳的封二和封三之间的距离部分。

堵头布。是一种经加工制成的带有线棱的布条，用来粘贴在精装书芯书脊上下两端，即堵住书脊两端的布头。作用是：一是可以将书脊两端的书芯牢固粘连；二是可以装饰书籍外观。

烫印　烫印指在纸张、纸板、织品等物体上，用烫压方法将烫印材料或烫版(烂深铜版)图案转移在被烫物上的加工。

糊版　糊版指在烫印时由于烫版温度过高或压力过大(被烫物受力大)，使烫印后的被烫物出现文字、图案不清晰、模糊。印刷墨大造成文字模糊也叫糊版。

第二节　装订机械

20 世纪 50 年代以后，书刊装订发展很快，机器装订也逐渐代替了手工操作。目前骑马订联动机已基本普及；胶订联动机近几年也大量引进；锁线机各大、中型装订厂都已采用；精装书籍装订机和联动机，各大型装订厂已逐步发展，促使装订工艺向自动化、联动化的方向发展。

目前书刊装订机械有以下各类：折页机、配页机、粘单页机、骑马订联动机、铁丝订书机、缝纫机、胶订联动机、锁线机、包本机、精装联动机、扒圆起脊机、书芯贴背机、压槽成型机等等。

一 折 页 机

把印张按照页码顺序和规定幅面大小折叠成书帖的机械。它为书籍的配页、订本提供折好的书帖。目前使用的折页机有三种：

1. 刀式折页机

这种机型采用折刀将纸张压入两只折页辊之间，再由两只折页辊的相向旋转形成折缝并将其送出，完成一次折页过程。该机型的优点是，折页精度较高，较薄的纸张也能折；缺点是折页速度较慢，结构复杂。其机型如下：

(1)ZY101 型全张刀式折页机　本机是上海印刷机械一厂制造。用于折叠精装、平装书籍和各种刊物的单、双联书帖。可折纸张重量为 40g/m² ~ 100g/m²；可折纸张规格为 880mm × 1230mm；折成书帖幅面为 16 开、32 开、64 开；折叠速度为每分钟 50 帖 ~ 58 帖。

(2)ZY102A 型全张刀式自动折页机　本机是湖南新邵印刷机械厂制造。可将 40g/m² ~ 100g/m² 的全张、对开新闻纸、胶印纸、凸版纸、胶版纸，折叠成 8 开、16 开、32 开和 64 开等规格的书帖。折页整齐、准确。最大可折纸张尺寸为 880mm × 1230mm；最小可折纸张尺寸为 546mm × 787mm；最大折页速度为每分钟 150 帖。

(3)ZY104 型全张刀式折页机　本机是北京人民机器厂等厂制造的自动刀式折页机。可将 40g/m² ~ 100g/m² 的全张、对开纸，折叠成 8 开、16 开、32 开、64 开和 128 开双联等规格的精装、平装书籍和各种刊物的书帖。最大可折纸张幅面为 880mm × 1230mm；最小可折纸张幅面为 546mm × 767mm；最高折页速度为每分钟 75 帖。

(4)ZY202 型对开刀式折页机　本机是湖南第二人民机器厂制造，为省优产品。能将新闻纸、胶印纸、凸版纸、胶版纸，折叠成 8 开、16 开、32 开或 64 开双联等规格的书帖。可用来折叠精装、平装书籍和各种刊物的书帖。具有折页整齐、准确、质量好等优点。

2. 栅栏式折页机

这种机型采用栅栏、折页辊和档板，使前进的纸张在栅栏中撞击档板，强迫其弯折，然后通过折页辊形成折缝并将其送出，完成一次折页过程。栅栏式折页机的结构比较简单，折页速度较快，但是不宜折叠较薄的纸张，折页质量较刀式折页机差。其机型如下：

(1)ZY201 型对开栅栏式折页机　本机从送纸到折页成品全部自动完成。最大折叠纸张规格为 615mm × 880mm；折叠纸张厚度为 $50g/m^2 \sim 120g/m^2$；折页速度为每分钟 18m ~ 100m；书页折数为 4 折。

(2)ZYS780、ZYS490、ZYS440、ZYS360 型栅栏式折页机均为湖南第二人民机器厂制造。该厂是国家惟一定点生产折页机械的专业厂家。ZYS780 型集机、光、电于一体，达到国际 20 世纪 90 年代水平。

(3)MUL TI EFFEKT 507 FSA 栅栏式自动折页机　本机是德国莱比锡雷莫尔公司生产。进纸规格最小 100mm × 135mm(机型 5045)到最大 1120mm × 1400mm(机型 5112)。在每分钟 150m 高效范围内可精确折页。

(4)麦坚—宝马 5073/6 型栅栏式折页机　本机(图 5—4)是麦坚—宝马(Mceain—Brehmey)折页装订设备制造厂生产的。该厂总厂分别设于美国芝加哥和德国莱比锡。远东区总代理为香港维昌印刷器材洋行有限公司。

图 5—4　麦坚一宝马 5073/6 型栅栏式折页机

5073/6 型栅栏式折页机是中等规格机型，其特点是折页速度快、精度高和调整时间短。该机可装备环抱式给纸装置、平台式给纸装置，也可配备堆叠式给纸装置。它用于普通活件或难度较大的折页作业。这种高精度折页机可折页的纸张规格，最小为 140mm × 180mm；最大为 730mm × 1080mm；可配置 4 个单元；最高折页速度为每分钟 180m。

3. 栅、刀混合折页机

这种机型在同一台折页机上，既设有刀式折页装置，又设有栅栏式折页装置，所以具有两种折页机的优点，折页幅面较大，折页速度较快，是一种比较实用的折页机。其机型如下：

(1)ZYHB615 型半自动混合式折页机　本机是河北玉田印刷机械厂生产的一种多功能半自动书刊折页机，它既可以当作对开折页机使用，又可作 4 开或 8 开折页机使用。其最大纸张规格为 615mm × 880mm；最小纸张规格为 393mm × 273mm；折刀最高往返次数为每分钟 80 次。

(2)ZY205(ZY660)型对开栅、刀混合式折页机　本机是上海第二印刷机械厂参照德国 MBO 型折页机设计制造，结构先进，制造精密，占地面积小，折页速度快，操作维修方便。可折 16 开、32 开和 32 开双联。可折纸张规格最大为 660mm × 1020mm，最小为 260mm × 170mm；折纸重量为 $40g/m^2$ ~ $150g/m^2$；折页速度为每分钟 45m ~ 125m。

(3)斯塔尔(STAHL)K 系列混合式折页机　该系列折页机都是栅、刀混合的折页机，配备有电子控制折刀的 KC56、KC66 和 KC78 混合式折页机，是由德国 STAHL 公司制造的。该系列折页机通过自动化缩短准备工作时间，提高机器的效率和产品质量。其特点是：运转速度高、操作简便、转换时间短和控制精确；并设有二到三个不同方向、不同规格的收帖口，可以平行折、交叉折、垂直折；另设有双张、空张、歪斜控制机构。其技术规格见表 5—2。

表 5—2

型　号		KC56	KC66	KC78
最大纸张规格(mm)		560 × 900	660 × 1040	780 × 1160
最小纸张规格(mm)	平行折	140 × 180	140 × 180	150 × 200
	横折	150 × 200	150 × 200	150 × 200
	三折	200 × 300	200 × 300	200 × 300
	四折			300 × 400
最高折页速度(张\时)	平行折	40000 以上	40000 以上	40000 以上
	横折	30000 以上	30000 以上	30000 以上
	三折	25000 以上	25000 以上	25000 以上
	四折			15000 以上

(4)麦坚—宝马 K73 型混合式折页机　本机(图 5—5)折页最大纸张规格为 730mm × 1080mm；折页最小纸张规格为 140mm × 180mm；最高折页速度为每小时 28000 张。这种机型具有由纸张控制的折页刀。并可外加一个活动式的第四个折刀式折页装置。

目前各国生产的折页机一般都比较成熟，大都采用栅、刀混合式结构。具有操作前准备迅速，对各种纸张都能进行高速折页的特点，如：装在机器上都可以迅速自动调节的折页辊调节装置；易于装纸的纸堆或连续式续纸器；电子自动计时控制折页刀；装有能准确指出故障的诊断分析仪等。但除了轮转印刷机上的折页机外，一般都是单机操作，尚未实现与其他装订机械联动生产。

德国斯塔尔公司自 1949 年成立以来，已向全世界销售了大量斯塔尔自动折页机。该公司在中国的总代理为丹麦的宝隆洋行。

二　配　页　机

配页机是将折好的书帖按页码先后顺序配集成册，供书芯装订，有的同订本机械联动，有的单机使用。配页机有两种配页方法，一种是套帖法，另一种是配帖法。套帖法是将一个书帖套配在另一个书帖外面，这种套帖法只适用于骑马订装订的杂志和小册子等。书脊的厚度一般不超过 8mm。套帖法配页机一般作为骑马订联动机中的一个组机，而不作单独的配页机。配帖法是将各个书帖按页码顺序叠起来，这种配帖法适用于平装和精装的书芯的配帖。配帖法的配页机既可同其他装订机器组成联动线，也可单独使用。

配帖法配页机有三种，钳式配页机、辊筒式配页机、双层辊式配页机。其中钳式配页机，由于机器噪音大、震动大、速度慢，容易磨损，已很少生产；辊筒式配页机结构先进，运转平稳，速度快，噪音低，除单机使用外，还用于无线胶订联动机；双层辊式配页机，由上下层配页辊，因而生产效率大大提高，同两台单层辊式配页机相比，配备人员少，占地面积小，便于管理。

1. PY05 型双叼辊式高速配页机

本机是四川宜宾印刷机械厂制造。采用回转式叼页轮，每转一周叼页两次，降低了主轴的转速，加快了配页速度。本机增加了自动控制范围，如多帖、少帖、抛废书等机构，减少了停机现象。是供配页单机之用，还可以与胶订等机器联合组成自动生产线。其最大配页幅面为 400mm×200mm；最小配页幅面为 153mm×100mm；配页厚度为 0.5mm～2mm；配页帖数为 18 帖；生产能力为每小时 3000 本～6000 本。

2. PYGD440 滚式订书配页机

本机(图 5—5)是上海紫光机械有限公司(原上海订书机

图 5—5　PYGD440 滚式订书配页机

械厂)制造。三台配页机为一组，按需要可成组联结；每台配页机都设置缺帖、多帖检测装置；书帖长度、宽度的调整均有标尺指示，方便快速。其最大配页幅面为 440mm×152mm；最小配页幅面为 184mm×130mm；配页帖数为 12 帖；最高生产能力为每小时 6000 本。

3. 梅勒·马天尼(MULLER MARTINI)272 型配页机

本机是瑞士梅勒·马天尼公司生产，能与该公司生产的 Starbinder 无线胶订机组成高效率的联动机。其最大配页幅面为 450mm×305mm；最小配页幅面为 140mm×100mm；配页帖数为 21 帖；生产能力为每小时 7000 本。

4. 麦坚—宝马(Mceain - Brehmer)891/892 型配页机

本机是麦坚—宝马装订设备公司生产。新的 891 和 892 型配页机的主要特点是通用性强和效率性高。这两种配页机适用于书刊、月历和各类卡片等类产品的配页作业。根据需要，891 型可配置 6 至 42 个配页头；892 型可配置 4 至 40 个配页头。配页规格两种机型最小均为 150mm×100mm；最大 891 型为 310mm×305mm、892 型为 500mm×305mm；最高配页速度为每小时 7000 本。

三 订 书 机

订书机有骑马订书机、铁丝平订机、无线胶订机、锁线机等。

1. LQD8D 骑马装订联动机

本机(图 5—6)是上海紫光机械有限公司生产。其工艺流程是从搭页机搭页开始，折页搭页机搭书刊封面，经检测后进行装订裁切出成品，全部过程连续自动完成。装订过程采用可编程序控制器作书帖检测控制，对缺帖、多帖、歪帖等坏书进行全线检测跟踪，显示并自动分送，正确可靠地将废品书册与成品分离。其装订书刊最大幅面为 300mm×

440mm；最小幅面为 105mm×148mm；最大厚度为 8mm；最高转速为每小时 10000 转。

图 5—6　LQD8D 骑马装订联动机

(1)搭页机　搭页机组由相同的六台单机组成，并可增至八台。按页码自动将书帖配搭在集书链上，连续输送到装订位置。每台单机上设有光电检测装置，检查是否正常搭页。

(2)折页搭页机　折页搭页机(图 5—7)将单张封面、卡纸在传送过程中由压痕轮滚压出折痕。通过 V 型带折页，最后经一组压轮滚压折缝后被送至落书杆上，由集书链上的有尾输送板推下配页成册。其最大幅面为 400mm×610mm；最小幅面为 155mm×200mm。

图 5—7　折页搭页机

(3)订书机　订书

机(图 5—8)将检测合格的书册用铁丝骑马订在运行中连续装订。对检测不合格书册，除了不予装订外，并将书册和成品分离。若装订双联本时，在机头架上能同时安装四只机头进行工作。

图 5—8　订书机

(4)三面切书机　三面切书机(图 5—9)将已装订成册的书刊经输出后分两次把毛边切除，书刊规格通过手轮进行调整。若需裁切双联本，可装上双联裁切装置。出书处在可编程序控制器可预选的分本计数控制下，准确地将成品按预选的数量轮流堆放在两只出书斗里，便于取书和捆扎。

图 5—9　三面切书机

2. 梅勒·马天尼 1509 型骑马订书机

是一种经济、结构紧凑的装订机械，适用于少量和中等印数的装订作业。这种订书机能处理带折进部分或不带折进部分的书帖、单面或折叠封面、卡纸及装订插页。采用坚固的重型结构。可长时间不停运转。该机的特点是占地面积小，采用现代化设计，能确保高效率操作，而且可逐步扩充成包括 8 个供给器料槽、折页供给器、三面刀切书机和堆书机的自动订书作业线。其最大幅面为 365mm×230mm；最小幅面为 148mm×105mm；最高速度为每小时 8000 本。

TD102 型单头铁丝订书机

图 5—10

3. TD102 型单头铁丝订书机

本机(图 5—10)是上海订书机械厂与上海精工机械电器厂共同制造。铁丝平订机是将上工序配帖完整的书帖用平订的方式装订成册。TD102 型单头铁丝订书机专门用于装订书籍和厚本杂志。另一种是骑马订形式，适用于装订期刊和小册子。其装订速度为每分钟 120 本~200 本；装订厚度为 0.2mm~25mm；订脚宽度为 13mm。

4. DS201 型双头铁丝订书机

本机是北京第二印刷机械厂参考国外技术进行设计，适用于平订和骑马订的图书和杂志。其最大装订厚度为 6mm；装订速度为每分钟 230 本。

5. DTZ412 型自动铁丝订书机

本机(图 5—11)是上海紫光机械有限公司生产的铁丝平

订装订设备，从配页开始经过翻转、振动、闯齐后输送至订书机头处装订，装订后的书册由出书台推出，实现了机械化、联动化、自动化。

图 5—11　DTZ412 型自动铁丝订书机

本机全部作业过程在运行中完成，配页时，如发生缺帖、多帖，检测装置即发出信号，机器停止配页。装订最大幅面为 440mm × 152mm、305mm × 220mm；最小幅面为 184mm × 130mm；装订厚度为 3mm ~ 12mm；最高转速为每小时 6000 转。

6. DJ01 型平装胶订联动机

本机是一种多工序联动化的自动装订机，主要由一部 18 帖配页机和胶粘装订机组成。胶粘装订机包括：书芯震齐、书芯定位夹紧、上书芯胶、贴纱布、贴卡片纸、上封面胶、给封面包背、高频烫背、出书等机组和传动系统、电气控制系统、润滑系统等部分。可自动连续进行从配页到裁切成书以前的全部装订工序。其开本规格为 64 ~ 16 开；书册厚度为 5mm ~ 30mm；装订速度为每小时 1300 ~ 2500 本。本机是北京人民机器厂 1969 年的产品。

7. NB 型(Normbinder)平装自动胶订联动机

本机是瑞士梅勒 · 马天尼公司制造。具有震齐、夹紧、铣背、打毛、刷胶、上封面、封面粘合、成型等性能。如配备256型配页机或210型配页机，能完成配页到无线胶订装订。为了使装订快速完成，还可以接装三面切书机和包装机等。

本机有手工给书H型，自动线E型，高速生产线S型和SF型四种。装订规如配备256型配页机，最大幅面为508mm×304mm，最小幅面为139mm×101mm；如配备210型配页机，最大幅面为431mm×304mm，最小幅面为139mm×101mm；装订厚度最大为60mm，最小为3mm；装订速度H型为每小时1500本～4500本，E型为每小时2000本～6000本，S型为每小时2000本～10000本，SF型为每小时12000本～15000本；封面纸重量为90g/m²～450g/m²。

8. 梅勒·马天尼(Starbinder)无线胶订机

本机(图5—12)适用于装订小批量至中等批量的图书、杂志、袖珍本、小册子等。是装订质量好、效率高、用途广泛的装订机械。其装订幅面最大为420mm×305mm；最小为140mm×100mm；书脊厚度为3mm～60mm；速度为每小时6000本。

图5—12　Starbinder无线胶订机

9. 马天尼精工型Acoro胶订机

瑞士马天尼公司为适应按需装订开发的既适合短版装订，也适合常规生产的新型胶订机，适用于大32开或小32开，厚度范围3mm~60mm，生产速度为每小时5000本。该机(图5—13)最大特点是具备全自动的快速转换能力。全机的核心技术是带触摸显示屏的Commander控制系统，所有与书本加工有关的数据都能通过触摸显示屏直接输入或修正。此外，Acoro还采用了一些新技术，例如新的刷胶装置上胶轮采用了特殊材料涂层并由电动、气动联合控制刮刀，能在高速运转时通过Commander准确调整刷胶长度。Acoro另一特点是它提供马天尼胶订机全部工艺流程和加工质量，具备铣背扩展功能,可配置两组书芯与封面复合托打装置。马天尼公司正计划将Acoro发展成高效、高品质无线胶订联动机。Acoro适用于热熔胶、冷胶或PUR胶(瑞典装订胶)胶订。

图5—13　马天尼精工型Acoro胶订机

10. SX01锁线机

本机(图5—14)是上海紫光机械公司平湖分厂生产。SX01锁线机将配帖完整、页码齐全的书籍，进行串订成书芯。这种装订方法，书芯展开平整、牢度强，适合装订厚本书籍，平装、精装均可用。

本机结构灵活，操作简单，调整方便。其装订幅面最大为 430mm × 250mm；最小为 150mm × 100mm；装订速度为每分钟 43 帖 ~ 53 帖。

图 5—14　SX01 锁线机

11. SXB430 半自动锁线机

本机(图 5—15)是上海紫光机械有限公司(原上海订书机械厂)生产。由手工送帖,自动进行锁线。装订幅面调整方便,装订质量稳定,应用于平装和精装的书芯加工。其装订幅面最大为 430mm × 200mm;最小为 150mm × 100mm;装订速度为每分钟 50 帖 ~ 80 帖。

图 5—15　SXB430 半自动锁线机

12. SXZ440B 自动锁线机

图 5—16　SXZ440B 自动锁线机

本机(图 5—15)是上海紫光机械有限公司生产。本机适用于穿线装订帖数较多的厚本书籍，尤其适用于装订各种精装书籍。本机由搭页机开始，将已经按页码顺序配成册的书帖逐帖搭至送书架上，通过传送，再进行自动锁线，装订成册，自动打结割线，然后从出书台推出。本机自动化程度较高，装订质量严格控制，遇有断线、漏帖、错帖、缩帖等质量故障，能自动停车。其装订幅面最大为 440mm×280mm；最小为 150mm×80mm；装订速度为每分钟 40 帖~100 帖。

四 包 本 机

平装书芯包本机(又称包面机)，将铁丝平订、缝纫机平订、无线胶订、锁线订等制好的书芯，包粘封面。然后供烫背、三面裁切等，加工成平装书籍。

目前，我国已有多种形式的包本机，常用的有长式包本机和圆盘式包本机两种类型。

1. 长式包本机

先将书芯放在链板上，由链条带动而前进，然后由供封面机构配上封面，再刷胶、包面、整型，最后出书。整个包面过程是长条形的流水线，所以称为长式包面机。这种形式的包面机大多用于薄本双联订本的包面。其机型如下：

(1)SFS701 型双联薄本包面机　本机是上海市机械一厂生产。本机在开动之前先把书芯成堆平放在输送带上，封面也成堆平放在封面平台上。然后启动，同时输出书芯和封面，全部包面工艺完成后，然后进入收书叼牙轮，由叼牙轮送至收书台。可包本规格为 787mm×960mm、787mm×1092mm 和 850mm×1168mm 三种规格纸张的 32 开双联和单联，以及 787mm×1092mm 的 16 开单联；书本厚度为 2.5mm~10mm；最大包本能力为每小时 3600 本。

(2)JBB35A 型胶订包本机　本机是上海紫光机械有限公司生产。机械工作时，经过人工供给书芯、铣背、上热熔胶、人工供给封面、包本、压紧等工序。

本机适用于小批量书籍生产，既能用于无线胶订包封，又能用于锁线书芯包封。其最大装订幅面为 420mm×160mm、370mm×300mm；最小幅面为 150mm×130mm；装订厚度为 3mm～35mm；装订速度为每小时 480 本～600 本。

2. 圆盘式包面机

有双头、单头、手工送本和全自动等机型。整个刷胶包面过程是圆盘形的流水线，所以称为圆盘式包面机。这种形式的包面机，大多用于厚本、单联订本的包面。其机型如下：

(1)SFD2001 型圆盘式包面机　本机是上海市印刷机械一厂制造。本机由送书芯、夹紧、刷胶、上封、包封整型、出书、收书等工作过程，并有两套包面系统组成。其最大包本幅面为 260mm×187mm；包本厚度为 5mm～25mm；包本速度为每小时 5000 本。

(2)BBY40/5 圆盘包本机　本机(图 5—17)是上海紫光机械有限公司生产。它利用热熔胶装订书籍，有五只书夹子，具有闯齐、铣背、开沟槽、上侧胶、上背胶、上封面等

图 5—17　BBY40/5 圆盘包本机

功能。包本幅面最大为 270mm × 400mm，最小为 100mm × 120mm；包本厚度为 3mm ~ 40mm；包本速度为每小时 900 本 × 1800 本。

五　三面切书机

三面切书机是用来裁切书籍和杂志。三面切书机裁切精度高、速度快。可以作单机使用，也可以作为联动机的一部分组成生产流水线。

三面切书机装有切纸刀三把，其中侧刀两把、前刀一把，由传动轴齿轮带动大齿轮，通过一套槽轮机构，使侧刀先后动作一次，将书三面切齐。其机型如下：

(1) QS803 型半自动三面切书机　本机是上海市印刷机械一厂制造。裁切的书堆由送书夹子夹紧后向里送到压书器下，压书器将书压紧，然后切刀启动，切好后压书器放松，推书器将书推出。本机为裁切图书、杂志、画册等三面边缘的专用设备。

(2) QSB90B 型三面切书机　本机是上海市印刷机械一厂继 QSB803 型之后于 1986 年推出的新型三面切书机，是图书、杂志等三面裁切的专用设备。本机裁切精度高，出屑畅通。是目前国内较先进的机型。其裁切范围为 94mm × 127mm ~ 260mm × 375mm(64 开 ~ 8 开)；裁切高度 90mm；裁切速度每分钟 20、24、26、28 次。

六　精装书籍装订机

精装书籍的装订工序较多，质量要求较高，所需要的机器较多，除了与平装通用的机器外，还要有书芯压平机、刷胶机、刷胶烘干机、扒圆起脊机、书芯贴背机、上书壳机、压槽成型机等精装专用设备。精装书籍的装订可使用单机完成，也可采用自动线来完成全部加工过程。

上海紫光机械有限公司生产的JZX—01型精装书籍装订自动线(图5—18)是用来装订精装书籍的专用设备。这条自动线共有十二台单机组成，既可全线联动，也可分段联动或单机使用。全线由机械、电气、液压组成控制系统。这种机器装订幅面为64开~16开(按880mm×1230mm纸张标准计)；装订厚度为6mm~75mm；装订速度为每分钟18本~36本。

图5—18　JZX—01型精装书籍装订自动线

第三节　装订管理

一　装订任务的安排

印制管理人员应了解书刊印刷厂、专项装订厂机器设备的情况，工艺技术水平，这对保证装订质量和缩短生产周期十分重要。书刊发印时，同时就要考虑装订任务的安排，因为排版、制版、印刷、装订任务可以安排在同一家印刷厂，也可以分厂安排，即将装订任务安排到专项装订厂去完成。这主要是考虑到以下两个方面：一是质量有保证；二是能确保按时完成。

二 装订凭单的内容

在确定装订厂后即可开出装订凭单，将对装订的各项要求详细填写清楚，以免发生差错。其主要内容有以下几项：

1. 开本、开本规格；
2. 装订方法；
3. 装订顺序；
4. 封面是否加勒口；
5. 封面是否需要覆光膜或亚光膜；
6. 送样书日期和册数；
7. 包装方式；
8. 交货日期、册数和地点。

三 装订工艺的选择

根据书刊不同的装帧要求和篇幅的多少来确定装订的方法。一般情况选择以下装订方法：

甲、精装书。锁线订。

乙、平装书。

1. 杂志。骑马订，篇幅较多的可选用铁丝订、缝纫订或胶订；

2. 图书。8 个印张以下选用铁丝订、缝纫订，8 个印张以上选用胶订或锁线订，15 个印张以上可采用胶订和锁线订相结合的装订方法，这种装订方法既牢固，书脊又平整。

以上各类图书，如设计为豪华本或需要提高装帧质量，则可提高装订方法的档次，例如，铁丝订可提高为胶订，锁线订可改为锁线和胶订相结合的装订法，等等。

四 装订质量检查

1. 一般图书的检查。装订厂应先做出样本（10 册～

20 册)，送出版社。出版社的印制管理人员应逐本逐页进行检查，如符合质量标准即通知工厂可整批量装订；如发现有质量问题，则应及时通知工厂改正后装订。

2. 重点图书的检查。印制管理人员应下厂抽查毛样，以便及时发现问题，及时纠正。待订出样书后再进行逐本详细检查，以保证重点书的装订质量。

五　成品质量标准

书刊装订质量按以下标准进行检查。

(1)外观整洁、装订牢固，裁切规矩，误差正负不超过1毫米，无马蹄和明显刀花。

(2)封面、封底不露白边，无跨空、变色，无明显歪斜、皱纹、脏污。

(3)书脊平正，文字居中(薄本歪斜不超过0.5mm，厚本不超过1mm)，无变色、起泡、皱纹、空心、裂口。

(4)正文无多页、少页、白页、歪页、倒页、串页、坏页、脏页、小页、连页、皱页、折角、出血。页码对齐，如有误差，经典著作不超过2mm，一般图书不超过4mm。

(5)铁丝订、骑马订。订距相称，锯长一般为12mm~15mm，订透折平，折角不小于3mm~4mm，无漏订、翘订、直订、生锈、歪斜，个别歪斜不超过0.5mm。

(6)锁线装订。针眼均匀，松紧合适，无漏锁、断线，纱布、卡纸粘牢压实，不脱胶，无凹背。

(7)胶订。刷胶均匀，厚薄适当，纱布、卡纸宽窄合适，粘牢压实，不脱页，不脆裂，不出明显折纹和凹痕。

(8)精装。封面规矩平正，不透胶，不翘，不起泡，接腰粘口牢固，堵布端正，纱布粘牢，飘口一致，压槽适度，烫电化铝(金、银色等)图文清楚不掉，凸凹钢印轮廓明显。塑料面套大小合适，纸板不折。

(9)图书勒口合适，折线平直。插图、插页粘贴牢固，折叠规矩整齐。

(10)精、平装护封裁切规矩、套正、松紧合适。

六 包 装

1. 图书包装一般要求

(1)精装书用80克以上牛皮纸；平装书用70克以上牛皮纸。

(2)如用其他包装纸，纸质需坚韧不脆，切实起到保护图书的作用。

2. 图书包装规格要求

(1)每包高度:16开100mm~120mm;32开(大、中、小)200mm~220mm; 60开、64开双叠包装,高度200mm~220mm。在规定尺寸内尽量凑整数,为凑整数32开的可偏高一些,但最高高度不得超过230mm,16开的不得超过120mm。

(2)成套图书只有一个定价的配套包装；每本各有定价的单独包装。

(3)精装塑料套、平装塑料压膜以及封面油墨浓度大的,本与本之间必须夹垫一张同样开本的白纸,以防上下粘连。

(4)包装必须包紧粘牢，包装搭口应在两边书口处，避免封面湿皱。

[复习思考题]

1. 平装书的装订工艺流程分哪几个步骤?

2. 平装书的装订方法有几种?10个印张以上的图书应选择什么装订方法?4个印张以下的杂志应选择什么装订方法?

3. 精装书的装订工艺分哪几个主要阶段?

4. 线装书的装订过程有哪些步骤?

5. 目前机械装订联动线主要有哪几种?

第六章

出版用纸、油墨和管理

学习目的

●了解出版用纸的组成、品种和规格

●熟悉掌握出版用纸的选用和计算

本章要点

●纸张的组成

●机制纸张的过程

●纸张的分类与出版用纸的品种和规格

●印刷纸的性能和外观质量、印刷纸的性能指标、印刷纸的常见病

●纸张的计算——平板纸、卷筒纸的计算

●纸张管理工作——材料账的作用与要求、材料的组成和记账程序纸张的储存和保管

关键性术语

制浆　调浆　打浆　新闻纸　凸版纸　胶版纸　凹版纸　书皮纸　字典纸　抄纸　出版用纸　包装用纸　纸板　铜版纸　丽印雅光纸

纸张是印刷出版物的基本材料。图书印刷质量的好坏，同纸张质量的优劣和选用是否恰当有密切的关系。在出版物成本中，纸张往往占第一位。因此，印制管理人员对于纸张的一般知识和鉴别能力是必不可少的。

第一节　纸张的组成

纸张由纤维、填料、胶料、色料等四种主要原料混合制浆，抄造而成。

1. 纤维

植物纤维是纸张的基本组成部分。广义来说，任何植物的纤维都可以作为造纸原料，造纸厂要求原料纤维有一定的长度和宽度，有足够的弹性、强度和交织能力，并且来源充足，运输方便，价格低廉。经常用来作为造纸原料的主要有以下几种：

(1)茎秆类纤维　来源于竹、龙须草、芦苇、麦草、稻草、高粱秆、蔗渣等。

(2)木材类纤维　来源于杉、松、杨、桦木等。

(3)韧皮类纤维　来源于亚麻、大麻等。

(4)棉毛类纤维　来源于棉花、破布等。

(5)各种废纸，也是极为经济的造纸原料。

根据1995年造纸工业的信息了解到，美国农业部研究了大约500种植物的纤维含量之后得出结论说，洋麻是用于造纸最有希望成功的植物代用品。洋麻产量高，在同样面积的土地上，洋麻产量为南方松产量的20倍，四五个月就能长到14英尺(约4.27米)高。洋麻在加工成浆状时需要使用的化学品较少，因为它的纤维比木纤维要白，不用氯，只需用过氧化氢作漂白剂。洋麻加工成浆耗费的能量也较少。洋麻新闻纸不易发黄，比木浆纸要坚韧一些。

在日本，日本电气公司正在人造大气中试种洋麻，可比正常条件下生长快30%。

2. 填料

常用的填料有硫酸钙(石膏)、硫酸钡、滑石粉、碳酸钙、白土等。

填料的作用在于填充纤维间的缝隙，使纸张表面均匀、平滑、不透明；同时可节约纤维的用量，降低成本。填料的用量约占纸张重量的 20%。

3. 胶料

常用的胶料有松香胶、明矾、水玻璃、硫酸铝、淀粉、干酪素等。

胶料的作用是填塞纤维表面及纤维间的空隙，减少纤维间的吸湿性，防止水化现象及印刷纸张变形。胶料的用量约为纸重的 9%。

4. 色料

色料的作用是校正和改变纸张的颜色，例如添加适量的群青或品蓝等色料，可以获得白度较高的纸张。

第二节　机制纸张的流程

机制纸张的流程，分制浆、调浆、打浆、抄纸和整饰四个主要阶段：

1. 制浆

制浆是从含纤维的植物原料中分离出纤维的生产过程。纸浆按所用原料和制浆方法来区分，有木浆、草浆、棉浆等。木浆又分磨木浆和化学木浆。制浆方法简述如下：

(1)磨木浆　又称机械木浆。是将木材剥皮，锯成 0.5m～1.0m 长的木段，然后用机械把它紧压车转动着的带刻纹在磨石上，磨成细小的纤维，分离下来，再次精磨、筛选、浓缩脱水而成。磨木浆不用化工原料，不需蒸煮，所以价格便宜。制成的纸张透明度不高，吸墨性好，多用于制造新闻纸或配合一部分其他纸浆生产凸版印刷纸或其他纸张。但是，由于磨木浆保留着木材的全部非纤维成分，造成纸张容易变黄发脆，使用寿命短，因此一般高级纸张都不使用磨木浆。

(2)化学木浆　将木材切成薄片，放在煮锅内加入化学药剂，通过蒸汽蒸煮后经洗涤、漂白(或不加漂白)、浓缩脱水，即成化学木浆。这种木浆是用化学药品使大部分纤维以外的杂质溶解,再用水洗去,过筛后能得到比较纯净的纤维。它的优点是质量好,纤维长,坚实洁白,不易变色。多用来生产高级纸张或与其他纸浆配合生产其他品种纸张。化学浆按所用化学药剂的不同,又可分为酸法、碱法和中性法,等等。

草浆、竹浆、麻浆、棉浆、破布浆、废纸浆等制作方法与化学木浆基本相同。

以上纸浆中，棉浆、麻浆、破布浆等，性质柔软，多用来制造高级纸张；稻草浆、麦秸浆、芦苇浆的拉力不强，多与其他纸浆搭配使用，主要用来生产凸版纸；废纸浆用来造封面纸，压榨纸板最好，不易起翘。

2. 调浆

将所制得的纸张纤维打匀，如果使用两种以上的浆料生产纸张时，则按一定的配比混合均匀，然后再加入适量的填料、胶料和色料。

各种纸张的纤维配比：

新闻纸　化学木浆 10% ~20%，其余是机械木浆。

凸版纸(一号)　漂白草浆配一定数量的漂白化学木浆或竹浆、龙须草浆等。

凸版纸(二号)　漂白化学草浆、蔗渣浆、竹浆，配少量的漂白或本色化学木浆、龙须草浆。各地配比不一，视材料来源而定。

胶版纸(特号、一号)　漂白化学木浆、竹浆、棉浆、龙须浆。

胶版纸(二号)　漂白化学木浆、蔗渣浆。

凹版纸(特号、一号)　漂白化学木浆、漂白棉浆。

凹版纸(二号)　漂白化学木浆、漂白化学竹浆、漂白化学棉浆约50%，漂白草浆不少于50%。

书皮纸(一号、二号)　化学木浆、棉浆、竹浆或其他草浆。

字典纸　棉浆、化学木浆各50%。

各种纸张的纤维配比不完全固定，在保证达到规定的技术指标的前提下可以变通。也要根据各地的资源，不可能要求完全相同。

3. 打浆

打浆是造纸过程中最为重要的工序。由于打浆处理的不同，可以使有限的几种纸浆制造出具有各种性能的纸张。但是，单靠打浆还不行。因为仅仅由植物纤维制成纸张，表面不够平整，不适宜印细网目版。而且它的吸水性高，不适用于上平版机印刷。还有过分透明、透气度大的缺点，印刷时则容易透印和渗墨。所以纸浆中需要加填料、胶料和色料。

4. 抄纸和整饰

纸浆通过运转着的铜网滤去水分，形成湿纸页，传至压榨部压榨脱水，到干燥部烘干，再经压光处理，复卷成卷筒纸或开切平板纸。造纸机一般可按铜网形式分成长网机和圆网机两大类型。用圆网机生产的纸张，多数是正反面平滑度差和纵横拉力差。长网机由于脱水面积大，烘缸多，造纸速度快，质地也较好。多网造纸机则适于制造厚纸和板纸。

纸张的整饰包括压光、切纸、包装等工序。纸张的压光可分为普通压光和超级压光两种。纸张通过压光机可以压平、压紧，经过超级压光更可以得到很高的平滑度。

造纸工艺全部流程如下：

原料贮存→备料→蒸煮→洗涤→筛选→漂白→打浆→加填、胶、色料→抄纸→烘干→整饰→成品

一般印刷纸的生产分为制浆和造纸两个基本过程。制浆就是用机械的方法、化学的方法或者两者相结合的方法，从

植物的细胞壁中，把非纤维除去，使植物纤维原料离解，变成本色纸浆或漂白纸浆。造纸则是把悬浮在水中的纸浆纤维，经过各种加工结合成合乎各种要求的纸张。

第三节 纸张的分类

纸张的用途很广，按照不同的用途可分为以下几类：

出版用纸：新闻纸、凸版印刷纸、胶印书刊纸、字典纸、书皮纸、胶版纸、铜版纸等。

书写用纸：书写纸、宣纸、连史纸、毛边纸、账簿纸、打字纸、卡片纸、绘图纸、硫酸纸。

包装用纸：牛皮纸、玻璃纸、蜡纸、柏油纸、植物羊皮纸等。

纸板：箱板纸、黄纸板、白纸板、瓦楞纸板、灰纸板等。

除上述的纸张外，还有特殊用途的纸张，如过滤纸、绝缘纸、吸墨纸、蜡光纸、彩色纸、卷皱纸、复写纸等。

一 出版用纸的品种和规格

1. 新闻纸

新闻纸分一号、二号两种，有卷筒纸和平板纸。主要用于印刷报纸和杂志。用机械木浆和配有少量化学木浆制造的。纸质松软，吸墨性较好，拉力和表面强度能适应轮转印刷机的要求。新闻纸存放时间长或阳光照射，容易变黄发脆，所以不宜印刷图书、字典、工具书。

我国的新闻纸厂有吉林、石砚、鸭绿江、齐齐哈尔、江西、南平、岳阳、宜宾、广州等厂，每年也进口一部分加拿大等国生产的新闻纸。

新闻纸定量有 $49g/m^2$ 和 $51g/m^2$ 两种。49 克新闻纸由石砚、鸭绿江等厂生产，其优点是出纸率高。新闻纸常用规格有 787mm、781mm、1562mm、1575mm 等，其中 1562mm

是按照报纸的幅面生产的，可以节约用纸。国产和进口纸中也有850mm、880mm、1092mm规格，供裁切平板纸使用。

胶版新闻纸专供胶印轮转机印刷报纸用，规格有1575mm、1562mm、787mm、781mm四种。胶印新闻纸的白度、拉力、平滑度比普通新闻纸好些，价格要比普通新闻纸略高。

2001年10月由广西大学研制出的利用高配比竹浆生产优级新闻纸技术，已成功地运用于广西柳江造纸厂。据测算，该厂年产新闻纸5万吨。目前其产品已成为几家报社的主要纸源。

我国由于南、北方造纸厂用的木材不同，纸的质量也各有优缺点。北方造纸厂大都用杨木，红、白松，纸质较白而细腻，平滑度也较好，但拉力不如南方的产品。南方造纸厂大部分用马尾松，纸的白度较低，质地粗糙，平滑度也较差，但拉力和表面强度好，不掉毛、掉粉。

我国新闻纸生产厂，近年来加大投资数额，从国外引进代表20世纪80、90年代水平的造纸装备，新闻纸生产的状况有了改观，但与世界先进国家的水平相比较还有差距。见表6—1。

表6—1　1998—1999年世界新闻纸产量前10位国家与中国比较

国　家	1998年(万吨)	1999年(万吨)	同比增长(%)
加拿大	858.1	920.4	7.3
美　国	650.3	651.8	0.2
日　本	326.5	329.5	0.9
瑞　典	247.8	250.8	1.2
韩　国	170.0	171.8	1.1
德　国	163.0	164.3	0.8
俄罗斯	139.4	162.0	16.2
芬　兰	148.3	149.0	0.5
法　国	92.3	109.9	18.1
英　国	104.3	107.1	2.7
中　国	95.6	113.0	18.2

2. 凸版纸

凸版纸有一号、二号两种。一号凸版纸供印刷重要文献、经典著作或其他重要书籍。出版单位大量使用二号凸版纸印刷一般图书。凸版纸的特点：一是不像新闻纸那样易于变黄发脆，印成书籍可较长期保存；二是质地均匀，略有弹性，抗水性较好；三是写字不洇水，读书时便于批注。

我国生产凸版纸规模较大的厂家，有金城、营口、丹东、天津、汉阳、岳阳、沅江、柳江等造纸厂。这些造纸厂都是用长网机生产，产品质量较好，既产卷筒纸，也产平板纸。除上述八大纸厂外，全国各地还有很多中小型纸厂也生产凸版纸。中小型纸厂生产的凸版纸有长网纸、短长网纸，也有不少中小型造纸厂生产圆网纸，约占总产量的 50%。圆网纸机产品的质量较差，有的外观纸病较多；纸张两面的光滑度不一致，一面光滑，一面粗糙。这种纸张，不能在高速凸版印刷机和胶版印刷机上印刷；有网纹图的书稿，亦不能使用这种纸张印刷。

凸版纸定量主要有 52g/m^2 和 60g/m^2 两种。平板纸有 787mm × 1092mm（通称小规格，也叫小平板纸）、850mm × 1168mm（通称大规格，也叫大平板纸）和 880mm × 1230mm 三种。卷筒纸有 787mm、850mm、880mm 等。787mm、850mm 的卷筒纸，可供轮转印刷机使用，也可裁切成平板纸使用；1760mm 的卷筒纸主要供裁切平板纸用。目前只有少数机型如 1760mm 纸机可产大规格纸，大部分纸机只能产小规格纸。

薄凸版纸。薄凸版纸常作为字典纸的代用品，主要是供凸版印刷机印制字典、袖珍手册、工具书等。薄凸版纸在印刷过程中不透印，其特点是：白度较高，不掉毛、掉粉，不糊版。

薄凸版纸定量有 40g/m^2、45g/m^2。一般只有平板纸，其规格为 787mm × 1092mm、850mm × 1168mm。国内生产薄凸版纸的有：浙江龙游造纸厂、山东黄台造纸厂、四川宜宾造纸厂等。

3. 胶印书刊纸

胶印书刊纸是作为凸版纸的换代产品，供胶印机印刷书刊。随着照排、胶印书刊的发展，胶印书刊纸的需求量将会大大增加。

胶印书刊纸的白度、拉力、平滑度、尘埃度等物理指标比普通凸版纸略有提高，适用于单色或双色胶印机印刷图书、杂志。胶印书刊纸的定量有 $52g/m^2$、$60g/m^2$ 等。平板纸规格有 787mm × 1092mm、850mm × 1168mm、880mm × 1230mm。卷筒纸规格有 787mm、850mm、880mm 三种。价格比凸版纸略高。

4. 字典纸

字典纸纸面洁白、质地紧密平滑，薄而有韧性，透明度不高，印小号字很清晰。这种纸张主要用于篇幅多、字号小的字典、辞书、手册等工具书。有特殊需要、便于携带和航寄的出版物也可使用。此纸既适用于凸版印刷，也适用于胶版印刷。我国生产字典纸的有浙江龙游造纸厂和山东黄台造纸厂。字典纸的定量为 $35g/m^2$ 和 $40g/m^2$。平板纸规格有 787mm × 1092mm 和 850mm × 1168mm 两种；卷筒纸为 787mm。

字典纸对印刷工艺中的张力和墨色，有较高的要求，纸张背面凸痕反映明显，墨色浓淡反映敏感，因此，对字典纸的印刷，工艺上必须十分注意。

5. 单面胶版印刷纸

这种纸是单面光，只能用于单面印刷。主要是印刷彩色年画、宣传画或其他挂图，以及烟盒、商标等使用。定量有 $60g/m^2$、$70g/m^2$、$80g/m^2$、$100g/m^2$ 等。规格为 787mm ×

1092mm、880mm×1230mm。

我国生产单面胶版印刷纸的厂家主要有：丹东造纸厂、牡丹江造纸厂、上海利华造纸厂、江苏泰州造纸厂、浙江华丰造纸厂等。

6. 双面胶版印刷纸

国产双面胶版印刷纸有一号、二号两种。这种纸要求表面强度好，纸面平滑，伸缩率要小，吸墨性能要适当。定量从 60g/m^2 到 180g/m^2。120g/m^2、150g/m^2、180g/m^2 主要用于印刷图书封面、画册、图片和精装本环衬；薄本子书的封面可用 80g/m^2、90g/m^2 或 100g/m^2。图书的插图、图片、商标和装帧要求较高的扉页等，一般用 80g/m^2、90g/m^2、100g/m^2。精装书的正文也有用 60g/m^2、70g/m^2 或 80g/m^2 的。常用规格为 787mm×1092mm。大 32 开本的封面可选用 120g/m^2 的 850mm×1181mm 或 150g/m^2 的 850mm×1220mm。大型开本的画册可采用 889mm×1194mm 的 16 开本。

双面胶版纸也适于两面彩色胶印。按不同的印刷工艺要求，专门生产适于凹版印刷的为凹版印刷纸；适于印刷画报者(能适于胶印、凹印两种工艺)为画报纸；适于印刷地图者为地图纸。这几种纸有时可互相代替使用，所以都列在双面胶版印刷纸类。

我国生产胶版纸的厂家主要有：吉林开山屯造纸厂、石砚造纸厂、江苏南通造纸厂、山东潍坊造纸厂、北京造纸七厂、上海新华造纸厂、佳木斯东风造纸厂、广东江门造纸厂等。

7. 书皮纸

书皮纸有两类，一类称为彩色书皮纸，有米黄、浅灰、天蓝三种颜色；不调色的为白书皮纸。定量有 80g/m^2、100g/m^2、120g/m^2。规格为 787mm×1092mm。主要用途供书籍封面和精装书的环衬用。山东造纸总厂东厂和天津造纸五厂、吉林省白城市造纸厂都可生产。

另一种是涂料花纹封面纸，主要用于书籍封面和精装本环衬。这种纸其表面涂料，上光后再压各种花纹，色泽鲜艳美观，适印性好，防水性好，光亮度强，烫金效果好。定量有 100g/m^2、120g/m^2、150g/m^2。规格有 787mm×1092mm、850mm×1168mm 和 800mm×1100mm。天津市加工纸实验厂生产。

8. 单面铜版纸

这种纸是单面光，主要印刷单面彩色图、宣传画、年画、挂历等；市场上用于印刷商标、包装装潢印品等。定量有 80g/m^2、90g/m^2、100g/m^2。规格为 787mm×1092mm。

9. 双面铜版纸

又称印刷涂料纸，是用涂布机在铜版原纸表面涂有一层白色涂料，经超级压光加工制成的高级印刷纸张。表面平滑，色泽洁白，在印刷光泽和网点的显现方面，效果甚佳。铜版纸均为平板纸。适用于印刷彩色铜版图或胶印印刷精致的高级彩图、画册、图片和书籍的封面和插图。

双面铜版纸定量有 80g/m^2、90g/m^2、100g/m^2、120g/m^2、150g/m^2、200g/m^2、250g/m^2 等。规格为 787mm×1092mm 和 889mm×1194mm。

国内生产铜版纸的有：上海华丽纸厂、上海江南造纸厂、山东造纸总厂、潍坊纸厂、南通造纸厂、北京造纸一厂、沈阳造纸厂等。

目前，各出版社和印刷厂还使用一部分进口双面铜版纸，主要有日本、韩国、德国、新加坡产的，定量为 105g/m^2、115g/m^2、128g/m^2、144g/m^2、157g/m^2、200g/m^2、203g/m^2、250g/m^2 等。规格有 787mm×1092mm 和 889mm×1194mm 两种。

表 6—2　　　　低克重双面铜版纸五项指标

基　重(g/m^2)	80	90	105
厚　度(mm)	0.073	0.082	0.095
光泽度(%)	55	55	55
水　分(%)	8	8	8
白　度(%CE)	86↑	86↑	86↑
表面强度	7↑	7↑	7↑

10. 丽印雅光纸

丽印雅光纸是介于双面胶版纸和双面铜版纸之间的产品。双面的微涂处理使其具有亚光特性，尤其适合于印刷图文并茂的产品。不仅色彩逼真，对比鲜明，而且纸面不反光，阅读舒适性好。作为国内涂布纸的新品种，丽印雅光纸不但具有很好的性能，而且具有较广泛的用途，适用于印刷少儿读物、旅游手册、地图和杂志的插页等。

该纸主要原料是漂白化学木浆，采用先进的机内涂布和控制技术，涂层均匀、平滑，网点再现性好，层次细腻。白度高，纸面平滑，印刷光泽度高，挺度及表面强度高，适合高速单张及轮转印刷。

11. 书写纸

纸面光滑、平整，质地柔韧、洁白、细腻，色泽相宜，书写流畅。除用作书写册、练习册外，有不少出版社采用书写纸印刷图书和杂志，效果很好。书写纸有 $60g/m^2$、$70g/m^2$、$80g/m^2$。规格一般为 787mm × 1092mm。生产家有吉林江城造纸厂、吉林白城市造纸厂、吉林洮南县五一造纸厂、山东寿光永立纸业有限公司、河南中牟造纸厂、河南遂平造纸厂等。

12. 周报纸

周报纸用于印刷某些需要航空邮寄期刊所用的薄型印刷纸。它近似于字典纸和薄凸版纸。我国出版的各种文字的

《北京周报》就是用这种纸张印刷并向世界各国发行的。

周报纸的定量是44g/m²，一般为卷筒纸，规格为407mm、814mm。该纸主要原料是漂白化学木浆，也可掺用一定比例的其他浆料。纤维组织要均匀，表面色泽应洁白，在印刷时不能有掉毛、掉粉现象。纸面不应有折子、皱纹、硬质块、透光点等纸病。生产周报纸的厂家是山东黄台造纸厂。

13. 招贴纸

招贴纸是一种比单面胶版纸质量要求更低的单面光印刷纸，主要印刷彩色电影广告和单色广告、通告、布告等用。该纸分为特号、一号、二号等，特号、一号用于彩色广告，二号只供单色广告用。其定量有40g/m²、50g/m²、60g/m²、70g/m²、80g/m²、90g/m²等。招贴纸为平板纸，规格为787mm×1092mm。

招贴纸一般用草浆掺以20%左右的木浆或破布浆抄造而成，是单面光纸，光滑的一面进行印刷，粗糙的一面有利于粘贴。河北涿县造纸厂、湖南零陵造纸厂、江苏泰州造纸厂等厂生产招贴纸。

14. 手工纸

出版部门需用的手工纸，有以国画、书法和木刻水印用的宣纸，线装书用的毛边纸、连史纸、玉扣纸等。手工纸的浆料不用化工原料蒸煮，而是用石灰水沤泡后在太阳光照射下自然氧化漂白，这种浆料是生料，其特点是可以保存多年而不变颜色。

宣纸产于安徽的宣城、泾县等地，主要原料是檀树皮。产品质地柔软坚韧、洁白平滑，吸墨均匀，不易破裂和被虫蛀，适于长期保存。毛边纸产于福建的将乐、宁化、顺昌等地，主要原料是竹子。质地细腻，吸墨性好，适于印线装书和写毛笔字。玉扣纸也产于福建，比毛边纸厚一点，原料、质量、性能与毛边纸基本相同，可替代毛边纸印线装书使用。

手工纸的规格(尺寸)，计量与机制纸不同。毛边纸的规格为 1346mm×616mm，玉扣纸为 1380mm×616mm。计量方法是 200 张为一刀。

15. 高级进口纸

近几年来，我国也进口一些高档的纸张，用于画册、豪华精美的图书和艺术性较强的书籍。这类纸品种颜色繁多。例如：

(1)英国“斯卡达”(STRATAKOLOUR)羊皮纸　颜色典雅，花纹细致。适合各种凸印、凹印和平版胶印方法，能满足特殊印刷效果的要求。纸的定量有 150 克/m^2 和 250 克/m^2。

(2)英国“康尔迪”(COUNTRYSIDE)花纹纸　品质优良，形象高贵。适合各种凸印、凹印和平版胶印方法。一些特殊印刷，如烫电化铝、凹凸压印等有较好的效果。它不规则的细小斑点布满纸面，使设计和印刷效果更加突出。纸张定量有 150g/m^2 和 250g/m^2。其规格为 640mm×900mm。

(3)法国“丽芙”(RIVES)花纹纸　有经典花纹纸、浪漫花纹纸。双面印花，两面皆可用于特殊要求的印刷。它有一系列可供选择的颜色。纸张定量有 120g/m^2、170g/m^2、250g/m^2。其规格为 700mm×1000mm。

(4)德国“山打士”(ZANDERS)顶级铜版纸和玻璃色卡双面铜版纸　在玻璃色卡表面涂布了一层白色涂料，经超级压光加工制成，表面平滑，色泽洁白，吸墨均匀。双面铜版纸适用于凸印、凹印、丝印和平版胶印。印刷高级细网线彩色精美印刷品，如画册、画报、年历卡、书刊封面、插图、商品样本、广告等。“山打士”顶级铜版纸分为白色光面铜和白色无光铜。其定量有 135g/m^2、150g/m^2、250g/m^2。规格为 640mm×900mm。“山打士”玻璃卡有金色、银色、铜色、淡蓝色、深蓝色、深绿色、橙黄色、白色、淡灰色、红色、黑色等各种颜色。其定量为250g/m²。规格为200mm×1000mm。

(5)美敦牌艺术纸　由永丰信息产品(北京)有限公司、美敦信息产品(北京)有限公司经营，从美国、加拿大、日本、印尼、意大利、瑞典、台湾等国家和地区进口最流行的、高档的特种艺术纸。适用于书刊封面、环衬、扉页、贺卡、宣传卡、商品外包装等。其品种如下：①欧彩纸。有普蓝、浅蓝、深绿、草绿、土黄、柠檬黄、深灰、浅灰、金红等颜色。纸张定量为80g/m²。规格有640mm×900mm、787mm×1092mm。②云彩道林纸。有白色和柠檬黄等颜色。纸张定量有80g/m²、120g/m²、200g/m²。规格为787mm×1092mm。③骨纹纸。有白色细纹、浅灰色细纹、浅黄色细纹、粉红色细纹等。纸张定量有70g/m²、80g/m²。规格为787mm×1092mm。④俪纹纸。有白色条纹、浅灰色条纹、深灰色条纹、浅黄色条纹等。纸张定量有83g/m²、90g/m²，规格有558mm×863mm、571mm×889mm。⑤雅纹纸。有白色布纹、浅灰色布纹、浅黄色布纹、粉红色布纹等。纸张定量有130g/m²、176g/m²、216g/m²。规格为787mm×1092mm。⑥雅妮纸。有白色布纹、浅灰色布纹、深灰色布纹、墨绿色布纹、深蓝色布纹等。纸张定量为216g/m²。规格为787mm×1092mm。⑦彩丝红纸。深红色，定量为160g/m²。规格为787mm×1092mm。⑧云彩纸。有白色、浅蓝、普蓝、柠檬黄、橙黄、古铜、草绿、深绿、墨绿、浅灰、朱红、粉红等颜色。纸张定量为230g/m²。规格为787mm×1092mm。⑨帝纹纸。有浅灰、深灰、红褐、米黄等颜色。纸张定量有120g/m²、165g/m²、216g/m²。规格为787mm×1092mm。⑩莱妮纸。有白色布纹、浅黄色布纹、浅红色布纹、浅灰色布纹、墨绿色布纹、红色布纹、黑色布纹等。纸张定量有110g/m²、120g/m²、176g/m²、

178g/m²、216g/m²。规格为 787mm×1092mm。⑪羊皮纸。有浅黄、米黄、浅绿、浅蓝、浅灰、浅紫、浅红等颜色。纸张定量有 89g/m²、176g/m²。规格为 787mm×1092mm。⑫云石纸。有各种深浅不同的灰色。定量有 110g/m²、190g/m²。规格为 787mm×1092mm。⑬羽纹纸。有白色、浅黄色、浅灰色、深蓝色、棕色、深棕色、黑色等。纸张定量有 110g/m²、160g/m²、230g/m²。规格为 787mm×1092mm。

二　白板纸、卡纸和纸板

1. 白板纸

适用于印刷画片、包装装潢等印刷品。山东华众纸业有限公司生产的高级涂布白板纸，定量有 250g/m²、300g/m²、350g/m²、400g/m²、450g/m²。均为平板纸，规格有 787mm×1092mm、787mm×1200mm 两种。

2. 白卡纸

适用于印刷封皮、名片和包装装潢等印刷品。分特号、一号、二号三种。定量有 200、220、250、270、300 克。均为平板纸，规格为 787mm×1092mm、880mm×1230mm 等。

纸的切边应整齐、洁净，纸面应平整，不许有斑点和条痕等纸病，纸张的色调应一致。

3. 米卡纸

适用于美术印刷品，精装书籍的环衬纸。定量有 170g/m²、200g/m²。一般为平板纸，规格为 787mm×1092mm 和 930mm×645mm。

纸的切边应整齐、洁净。纸的纤维组织应高度均匀，纸的两面细致平滑(不要太光)，具适当柔软性。纸张为米黄色，均匀一致。米卡纸亦有压花纹的，装帧效果甚佳。

4. 封面纸板

适用于精装书籍、画册等精装封面用。厚度有 1mm、1.5mm、2mm 二种。纸板规格为 920mm×1350mm、800mm×1100mm 和 800mm×1150mm。生产封面纸板主要是辽阳工业纸板厂。

纸板应压光、平整、防潮性和形变性能好，不会因受潮而翘曲。纸面不许有明显的外观纸病，如破洞、褶子、破皮等。

5. 封套纸板

适用于做精装书籍、画册封壳用的纸板。厚度有 0.7mm、1.5mm、2mm、2.5mm 等。纸板应经压光，平整不翘曲，表面不许有破皮、破洞、褶子、纸毛、明显的毛布痕等纸病。纸板规格为 990mm×1120mm、920mm×1350mm。

6. 黄板纸

可用于制造精装封壳和纸盒的草浆纸板。有特号、一号两种。定量有 310g/m²、400g/m²、530g/m²、640g/m²、750g/m²、860g/m²。

纸板必须经过压光，纸面应平整，不许有翘曲、褶子、皱纹、裂口、窟窿、凸出纸面的硬质杂物、3cm 以上的浆块、湿斑、严重毛布纹等。纸板切边应整齐，厚薄应一致。不许有缺角、缺边、薄边等。纸板规格为 787mm×660mm、787mm×1092mm。

三　纸张的标准

根据中华人民共和国国家标准 GB147—89 的规定，卷筒纸的宽度规格(单位：mm)：

1575	1400	1092
1280	1000	
1230		
900		

880

787

平板纸幅面规格(单位：mm)：

1000M × 1400

1000 × 1400M

900M × 1280

880 × 1230M

880M × 1230

787 × 1092M

1092M × 787

注：①数字后面的 M 表示纸的纵向。

②卷筒纸宽度允许偏差 ± 3 mm，平板纸幅面规格允许偏差 ± 3mm。

第四节 印刷纸的性能与外观质量

印刷用纸的性能，根据其性质可分为物理性能、机械性能、光学性能、化学性能等。对纸张材料和印制管理人员来说，掌握纸张的各种性能，懂得印刷品的质量同纸张各种性能的关系是十分重要的。性能的分析和检验有三种方法：一是凭仪器进行测试；二是凭经验(触摸、观察)和鉴别能力；三是凭投入使用后从使用中的情况来鉴别。

一 印刷纸的性能指标

1. 平滑度

纸张的平滑度反映纸表面光滑、平整的程度。平滑度决定着纸张与印版接触的紧密程度，所以与印品质量有非常密切的关系。平滑度对印刷纸的最大影响，还在于纸张越平滑，越能进行网点的精细还原。如果纸的平滑度不高，网目的小点，有的就会落在纸面的低凹处而印不上，印出的字迹或图面的清晰程度就差，彩色画面的色调层次就不鲜明。因此，各种印刷纸都对平滑度要求较高，其中印刷精美彩色画册、图片的铜版纸要求最高。所以，平滑度差的纸张很难印出质量好的书，如有网纹图也印不出清晰的图面。

2. 白度

指的是纸张色调的发白程度。纸张要有一定的白度，才能印刷清晰。胶版纸和铜版纸必须具有较高的白度，一般要求达到80°~90°，这样才能保证彩色印刷品颜色鲜艳。印刷书刊正文的凸版纸、胶印书刊纸能达到70°左右就可以了。印刷书刊正文用纸要求有一定的白度，但不是越白越好，因为用白度太高的纸印文字看起来很刺眼，影响视力。

3. 吸墨性

纸张的吸墨性是指纸张对油墨的吸收能力，或者说是油墨对纸张的渗透能力。纸张越疏松空隙越大，吸墨性也越强。新闻纸比较疏松，具有较强的吸墨性，因此转移在新闻纸上的油墨固着很快，有利于印刷速度的提高。吸墨性过强，印刷品干燥后，会造成背面蹭脏的现象。凸版印刷纸要求吸墨能力强；胶版印刷所用的纸，都不要求吸墨性强。

4. 不透明度

纸张的不透明度是反映纸张透印程度的指标。从纸张原料来比较木浆抄纸比单浆抄纸不透明度要高；从纸张定量来看，定量增大时，不透明度就随之提高；在纸浆中加入矿物填料，能提高纸张的不透明度；同样厚度和紧度的纸，一般白度越高，不透明度越低。例如含木浆较多的颜色深暗的新闻纸，其不透明度要比同定量较白的凸版纸明显偏高。凸版纸和书刊胶印纸的不透明度一般要求在78%以上，方能防止纸张正面的字迹透印到它的背面，造成字迹模糊不清。

5. 含水量

一定重量的纸张所含的水分重量与纸张总重量之比，称为纸张的含水量。一般印刷纸的水分大约为 4% ~8% 左右，即一吨纸中将含有 40kg ~ 80kg 水。

纸中水含量的多少对印刷是有很大影响的，水分太低的纸张发脆，而且会在印刷机上产生过多的静电；水分含量过高，降低吸墨性，将会使印刷油墨难于干燥，容易透印；胶版印刷纸张水分含量过高容易起皱纹。为了使纸张的含水量在整个纸面上保持均匀一致，并且与印刷车间的温湿度相适应，同时为了使纸张对环境温湿度的敏感程度有所降低，提高纸张规格的稳定性，一般在印刷之前，要进行调湿处理。所谓调湿处理就是在印刷前将纸张吊晾在晾纸间，经过一段时间，使纸张达到晾纸间的温湿条件下的平衡水分量。经过吊晾，纸张含水量均匀，并能提高纸张规格的稳定性。纸张经过吊晾，能保证印刷质量。

6. 尘埃度

尘埃是指纸页表面用肉眼可见的，与纸面颜色有显著区别的呈黑、黄和棕褐色的杂质。尘埃有的是纤维原料本身造成的，有的是外来因素造成的。

尘埃度是指在一定面积的试样上观察到一定面积大小或一定规格范围内的所有尘埃数。以每平方米上所有的尘埃个数表示，尘埃度高的纸会严重影响印刷质量。

7. 施胶度

施胶度是指在纸或纸板中加入或涂上蹭水性的胶料而形成对含水液体渗透的抵抗性。印刷纸具有一定的施胶度，这就能保证所印刷的书籍在阅读加批注时不发生洇水现象。再就是能使纸张在印刷时对油墨的需要量有所降低，同时防止油墨在纸上扩散形成重影或向纸内渗透发生透印。特别是胶版纸和胶印书刊纸，具有较高的施胶度和表面强度才能保证纸页对润湿水的抵抗，避免发生掉毛、掉粉。

8. 伸缩率

伸缩率是纸张受潮湿空气的影响，即不同湿度的变化，而使纸张的规格发生收缩或伸长的变化。纸张因湿度或水分改变而发生伸缩的性质，称之为规格不稳定性，伸缩率越小，规格稳定性越好；伸缩率越大，规格稳定性越差。

当印刷纸具有较好的规格稳定性时，才能使其在印刷时不发生大的伸缩和变形。如果纸张伸缩变形较大，就会在彩色印刷时套印不准。所以对彩印用纸，如铜版纸、胶版纸等，伸缩率是极其重要的指标。

9. 紧度

是指纸质结合的紧密程度。在一般情况下，定量高的纸就应该厚一些，但如果纸质结合的紧度大，定量高的纸不一定都厚，定量相同的纸厚度不一定相同，区别就是纸的紧度不同。不同用途的纸张，对紧度有着不同的要求，例如凸版印刷的纸张比较胶版印刷的纸张，紧度就应该低一些，这符合吸墨的要求。

二　纸张外观质量和常见纸病

纸张的外观质量和常见纸病，不需要使用仪器设备，由人的感官就能辨别出来的纸张质量问题。材料、印制管理人员应该十分重视这方面的检查，并从中了解所使用纸张的质量，以及在印刷过程中如果遇到问题，应采取什么措施解决，从而避免或减少损失。

1. 常见的纸张外观质量

纸张外观质量的检验，分平板纸和卷筒纸两类。平板纸外观质量应具备以下条件：

成件纸无变形、散件、破裂、露白等残破损伤。夹纸板要完整结实、平整干燥，不致使纸张受潮或将纸张轧破。每件纸的底部和顶部分别衬有一张防潮纸和一张厚纸板，然后用包装纸包装。凸版纸和书刊胶印纸各纸令之间要有明显的小封条隔开，铜版纸等高档纸有采用各令分别用包装纸包装。

卷筒纸外观质量应具备以下条件：

纸卷有无缺陷，端面是否良好，外包装是否完好。如果卷筒纸的外包装破裂，会使其中的纸张受到污染和损坏。如果卷筒纸本身被叉车碰出破口或摔出破口，必然会造成较大的损失。接头过多，不但造成印刷的损失，而且增加了发生断纸的机会。接头粘接的好坏。接头粘接不好，直接影响到卷筒纸的印刷操作性能。在印刷过程中，因接缝不正而造成套印不准和产生折子。筒芯是否结实，筒芯两端有无木塞，以及筒芯两端有无损伤。如果筒芯被压瘪，会使圆形端面的纸卷，变成椭圆形端面的纸卷，而且筒芯中的圆孔也被破坏。这样的卷筒纸无法被装上印刷机进行印刷。

2. 常见的外观纸病

指的是凡不包括在纸张质量技术要求范围内的纸张缺陷可称为外观纸病。造成纸病的原因，有的是由抄纸前的纸料中带入的；有的是抄纸过程中技术操作不良或设备不佳造成的；有的则是厂内环境卫生及保管不善引起的。有了纸病的纸，会使纸质变劣，甚至变为废品。

外观纸病有很多种，如尘埃、斑点、皱纹、透明点、浆疙瘩、硬质块等等。

(1)尘埃　是指暴露在纸表面的，在任何照射角度下能见到的，与纸面颜色有显著区别的纤维束以及其他杂质。尘埃严重的纸，用来印人物画像，脸部容易出现麻点；印刷书刊容易发生标点符号或个别字的差错。按照尘埃的来源和外观特点可以分为三类：①纤维性质的尘埃；②非金属性质的尘埃；③金属性质的尘埃。

(2)斑点　斑点与尘埃的区别在于：尘埃与纸面颜色有

显著差别，而斑点与纸面的颜色区别不大，主要在于与纸面色泽明暗和反光不一致。纸张上有斑点的地方，印刷时油墨不易吸收，因而印不上色。书写时墨水写不上。

(3)透光点(透明点)　透光点、透帘都是指纸页上纤维层较薄但未完全穿通，其透光度较纸页其他部分为大的点子，小的叫透光点，大的成片叫透帘。较轻的透光点在使用上影响不大，但是大片透光点或透帘使纸页造成厚薄不匀，产生透印，断墨断线，影响印刷质量。

(4)孔眼、破洞(洞眼)　孔眼、破洞是指纸页上存在的完全穿透没有纤维的点子，易于在反射光线下凭肉眼看出，小者称孔眼，大者叫破洞。有孔眼、破洞的纸基本上不能印刷，印刷时会出现漏字、糊版。

(5)毛布痕　是指造纸毛布的经纬线在纸上的印痕。有毛布痕的纸张，不论是用来进行文字印刷还是彩色套印，都会影响成品的美观。

(6)条痕　是指纸页表面光泽和颜色不同的条形痕迹。有时平看不易发现，必须借反射光线斜视方能看见。条痕在印刷时由于吸收性不均匀，所以对于套版印刷出来的图面色彩深浅明暗不均匀。还会出现起毛现象，易掉毛粘版，图面发花，模糊不清。

(7)折子　是指在干或湿的情况下，纸页经折叠或重叠形成的能分开或不能分开的折痕。在张力作用下能够伸开(但纸片仍有折痕)的折子叫活折子，反之叫死折子。有死折子的纸张不能印刷，死折子有时还会轧坏印版或橡皮布。活折子对印刷的影响也很大，容易发生重影和其他质量故障。所以，折子是一种严重的外观纸病。

(8)翘曲、起拱、鼓泡、泡泡纱、皱纹　这些现象都是指纸页表面呈现的凸凹不平的纸病。纸页凸凹不平，印刷时容易使印出的书页发生翘角，或印出折子。由于伸缩不一造成套印不准，对印刷效果会产生较严重的影响。

(9)硬质块　是指纸面上存在的质地坚硬，高出纸面的块状物质或粗粒物质，如木屑、木节、金属块、草节、生硬原料、大纤维束、线结、浆疙瘩等，硬质块对印刷的危害很大，会轧坏印版和橡皮布，甚至对印刷机造成损伤。

(10)砂子　是指纸面上存在的泥沙、炭渣、煤灰等硬质砂粒。一般在纸面上出现的是很小的细砂颗粒，很少有较大的砂粒出现，所以眼看不易发现，手摸纸面则有明显的感觉。使用表面有细砂子的纸张印刷，印刷质量会变劣，印版寿命会缩短。

(11)裂口　是指纸页的中部或边沿出现的破裂缝口。形成裂口的原因，一是纸张发脆容易产生裂口；二是纸页在复卷、包装和运输中，因擦伤或碰撞而产生裂口。有裂口的纸印刷不能用，只可裁成小张纸使用。

(12)纸边不整齐、不洁净　纸边不整齐是指纸张切整后，纸边不能呈长方形，或者有毛边、弯曲和波折。纸边不洁净是指纸页在切整后有毛刺、锯齿形边、残缺边和脏污边等。

纸边不整齐、不洁净影响纸的外观，也影响纸的使用。若再切去不整齐、不洁净部分的纸边，纸的规格就不合乎规定标准，影响使用面积。胶印时，边上的纸毛会沾到橡皮上，使印出的文字和画面出现小白点，严重的会影响印刷质量。

(13)残缺、破张和碎纸片　残缺和破张是指纸页不呈完整的纸张，有缺角、缺边、破烂或只有半张等。碎纸片则是指夹杂在纸张中的大小不一的纸片。

残缺和破张不但本身不能使用，而且往往影响相邻纸张的正常使用。

(14)色调不一致　是指同批产品或同令纸中的白度或颜

色不一致。色调不一致的纸张用来印刷书刊时，会出现层次，影响印刷品的质量。

(15)匀度　是指在迎光照射时纸页内纤维组织分布的均匀程度。匀度差是指纸页各部纤维分布不匀，有些部分纤维较密，有些部分则纤维稀疏，透光观察时，纸页有些部位阴暗，有些部位则较透明。匀度差的纸页纤维组织不良，在印刷时使油墨颜色深浅不一致，在书写时薄的地方墨水会渗透纸页。

(16)掉毛、掉粉　在平版印刷过程中，有时候在印刷品上出现一些小白点，印版出现糊版，这些现象是因为纸张“掉毛”“掉粉”引起的。这种现象不但要造成停机，同时产品质量也要受到影响。

引起“掉毛”“掉粉”的原因，主要有三点：一是造纸所用的原料，如果选用纤维比较短的草浆生产的纸，其“掉毛”“掉粉”现象就严重得多；二是与含水量(湿度)的大小有关。一般刚生产出来的纸张含水量偏大，不能立即使用，否则纸浆就容易被油墨拉掉，产生“掉毛”现象。纸张存放一个时期之后，湿度合适时再使用，就不会出现“掉毛”现象；三是与“施胶度”的大小有关。施胶是在造纸时在纸浆中加入适量的胶料，增加纸张表面的强度。如果胶料量太少，纸张强度降低，容易出现“掉毛”。铜版纸会由于粘结剂的量不足，不能很好地粘成一体，表面强度差，容易出现“掉粉”。另外，掉毛、掉粉和印刷工艺合适与否也有一定的关系。

第五节　纸张的计量

纸张的计量，总的说来有重量法和面积法两种。国家计划、物资分配统计报表，都是以吨为单位按重量计量。在实际工作中，卷筒纸按重量计量；平板纸按“令”计量，1令纸为500张，1张纸为2方，即1令纸为1000方。

纸张的重量用定量来表示。定量又称克重，即每平方米的纸张的重量(克)一般写成：克/米^{2}或g/m^2。常用纸张的定量有35g/m^2、40g/m^2、45g/m^2、49g/m^2、51g/m^2、52g/m^2、60g/m^2、70g/m^2、80g/m^2、90g/m^2、100g/m^2、120g/m^2、150g/m^2、180g/m^2、200g/m^{2}和250g/m^{2}等多种。

定量不超过250g/m^{2}的，一般称为纸；超过的多称为卡纸和纸板。但也有根据其特性和用途来区分的，例如图画纸有的虽超过250g/m^2，仍称为纸；折叠盒纸板有的不超过250g/m^2，仍称纸板。

一　平板纸的计算

平板纸的计量单位为“令”，令量表示1令纸的总重量，可通过纸张的面积和定量来计算。规格787mm×1092mm的纸张面积为0.787m×1.092m=0.859404m^2；规格850mm×1168mm的纸张面积为0.85m×1.168m=0.9928m^2；规格880mm×1230mm的纸张面积为0.88m×1.23m=1.0824m^2。

平板纸计算公式如下：

1. 定量52克，规格787mm×1092mm纸张

(1)每令纸的重量

$$\text{公式}\quad \frac{1\text{张纸的面积}(m^2)\times\text{定量}\times 500}{1000}=\text{每令重量}(kg)$$

$$\text{算式}\quad \frac{0.859404\text{平方米}\times 52\text{克}\times 500}{1000}=22.344504kg$$

(2)单张纸的定量

公式 $\frac{\text{每令重量} \times 1000\text{克}}{1\text{张纸的面积} \times 500} = \text{定量}$

算式 $\frac{22.344504 \times 1000}{0.859404 \times 500} = 52\text{克}$

(3)每吨纸重量折合纸令数

公式 1000kg ÷ 每令重量(kg) = 每吨纸令数

算式 1000kg ÷ 22.344504kg = 44.753 令

2. 定量 52 克，规格 850mm × 1168mm

(1)每令纸的重量

公式 $\frac{1\text{张纸的面积}(m^2) \times \text{定量} \times 500}{1000} = \text{每令重量}(kg)$

算式 $\frac{0.9928m^2 \times 52\text{克} \times 500}{1000} = 25.8128kg$

(2)单张纸的定量

公式 $\frac{\text{每令重量} \times 1000\text{克}}{1\text{张纸的面积} \times 500} = \text{定量}$

算式 $\frac{25.8108kg \times 1000\text{克}}{0.9928 \times 500} = 52(\text{克})$

(3)每吨纸重量折合纸令数

公式 1000kg ÷ 每令重量(kg) = 每吨纸的令数

算式 1000kg ÷ 25.8128 = 38.740 令

3. 定量 52 克，规格 880mm × 1230mm

(1)每令纸的重量

$$公式\quad \frac{1\ 张纸的面积(m^2)\times 定量\times 500}{1000}=每令重量(kg)$$

$$算式\quad \frac{1.0824m^2\times 52\times 500}{1000}=28.1424kg$$

(2)单张纸的定量

$$公式\quad \frac{每令重量\times 1000\ 克}{1\ 张纸的面积\times 500}=定量$$

$$算式\quad \frac{28.1424kg\times 1000\ 克}{1.0824\times 500}=52(克)$$

(3)每吨纸重量折合纸的令数

公式 1000kg ÷ 每令重量(kg) = 每吨纸的令数

算式 1000kg ÷ 28.1424 = 35.533 令

二　卷筒纸的计算

卷筒纸都以“吨”作为计量单位，如用平台机印刷要裁切为单张的平板纸，一吨卷筒纸切成平板纸的纸令，因纸张的厚薄和幅面大小而异。

卷筒纸的计算值有宽度、长度、总重量、定量，可切平板纸令数等项。知道宽度、定量和总重量的数值，就可推算其他各项数值。假设一筒宽度为 787mm 的凸版卷筒纸，总重量为 300kg(除去筒皮、筒芯的净重)，定量为每平方米 52 克，由此可以求得切成 787mm × 1092mm 的凸版纸的令数，反之，亦可求得其他各项数值。现列举各种计算公式如下：

公式(1)求平板纸令数

$$\frac{\text{卷筒纸总重量}}{\text{平板纸面积}\times\text{定量}}\div 500=\text{平板纸令数}$$

算式 $\frac{300\text{kg}\times 1000\text{克}}{0.787\text{m}\times 1.092\times 52\text{克}}\div 500=\frac{300000\text{克}}{44.689008}\div 500$

$=6713(0.0601)\text{张}\div 500=13.426\text{令}$

公式(2)求卷筒纸长度

$$\frac{\text{卷筒纸总重量}}{\text{卷筒纸宽度}\times\text{定量}}=\text{卷筒纸的长度}$$

算式 $\frac{300\text{kg}\times 1000\text{克}}{0.787\text{m}\times 52\text{克}}=7330.6617\text{m}$

公式(3)求卷筒纸定量

$$\frac{\text{卷筒纸总重量}}{\text{卷筒纸宽度}\times\text{长度}}=\text{定量}$$

算式 $\frac{300\text{kg}\times 1000\text{克}}{0.787\text{m}\times 7330.6617\text{m}}=52(\text{克})$

公式(4)求卷筒纸重量

卷筒纸宽度×长度×定量=卷筒纸重量

算式 $0.787\times 7330.6617\text{m}\times 0.052\text{kg/m}^2=300\text{kg}$

三　标准纸的换算

目前各出版社计算全年用纸数，按规定应将各种不同规格的纸张，折合成标准纸令。标准纸的规格为787mm×1092mm，其他规格纸张则按标准纸令的面积换算。

1. 折合标准纸令的计算公式

公式 非标准纸的面积÷标准纸的面积=折合成标准纸令的倍数

算式 (0.85×1.168) m÷(0.787×1.092) m=0.9928÷0.859404=1.15522

即：一张850mm×1168mm大规格纸张是一张787mm×1092mm标准纸张面积的1.15533倍。

例：某出版社一年使用了1000令大规格纸张，折合标准令则为1000×1.15522=1155令220方

2. 各种规格的平板纸1令纸换算成标准纸令数

纸张规格mm=标准纸令

787×960=0.87912令

860×730=0.72201令

880×1092=1.11817令

850×1168=1.15533令

880×1230=1.25947令

四 平板纸令重和吨纸令数的计算

1. 787mm×1092mm规格纸张每令纸重量和每吨纸令数的计算公式

(1)公式 长(m)×宽(m)×500=令面积(m^2)

算式 1.092m×0.787m×500=429.702m^2

(2)公式 令面积(m^2)×定量(g/m^2)÷1000(g)=每令纸重量(kg)

算式 429.702m^2×52g/m^2÷1000g=22.344504kg

(3)公式 1000(kg)÷令量(kg)=每吨纸令数

算式 1000kg÷22.344504kg=44.753令

2. 速算表(见表6—3)

表 6—3　　　　平板纸令量和吨纸令数速算表

规格 克重	787×1092 (mm)		850×1168 (mm)		880×1230 (mm)		889×1194 (mm)	
	令重(kg)	每吨令数	令重(kg)	每吨令数	令重(kg)	每吨令数	令重(kg)	每吨令数
35	15.039	66.491	17.374	57.557	18.942	52.792	–	–
40	17.188	58.179	19.856	50.362	21.648	46.193	–	–
45	19.336	51.742	22.338	44.766	24.354	41.061	–	–
49	21.055	47.493	24.323	41.112	26.518	37.709	–	–
51	21.914	45.631	25.316	39.5	27.601	36.23	–	–
52	22.344	44.753	25.812	38.741	28.142	35.533	–	–
60	25.782	38.786	29.784	33.575	32.472	30.795	–	–
70	30.079	33.245	34.748	28.778	37.884	26.396	37.151	26.917
80	34.376	29.089	39.712	25.181	43.296	23.096	42.458	23.552
90	38.673	25.857	44.676	22.383	48.708	20.530	47.765	20.935
100	42.97	23.271	49.64	20.145	54.12	18.477	53.073	18.841
105	45.118	22.163	52.122	19.185	56.826	17.597	55.726	17.944
115	49.415	20.236	57.086	17.517	62.238	16.067	61.034	16.384
120	51.564	19.393	59.568	16.787	64.944	15.397	63.687	15.701
128	55.001	18.181	63.539	15.738	69.273	14.435	67.933	14.72
150	64.455	15.514	74.46	13.43	81.18	12.318	79.609	12.561
157	67.463	14.822	77.934	12.831	84.968	11.769	83.325	12.001
180	77.346	12.928	89.352	11.191	97.416	10.265	95.531	10.467
200	85.94	11.635	99.28	10.072	108.24	9.238	106.146	9.42
250	107.425	9.308	124.1	8.058	135.3	7.39	132.683	7.536

第六节　纸张的管理

一　材料账的作用

各出版社材料科都建有材料账。不论什么账都离不开收、付、存，材料账也不例外。材料账的收、付、存必须完全平衡，不允许有一点误差。材料账大致有以下三个主要作用：

记载和反映进、销、存的经营活动状况：如落实订货和交货的情况；调出指标和实际调出数量、库存数量等等。不论哪个环节出了什么问题，如订货不落实、交货不好、调出计划完不成、库存过多或过少等，都如实反映在账上。

财产的管理，也可叫控制实物。这方面工作做好，可以防止差错、漏洞或丢失。到货的验收入库数和付款数必须一致；购进多少、调出多少、结存多少和实物也必须一致。

记载每一项经营活动的情况。哪一批纸，何时从何处购进，存放在哪个仓库，调给哪些单位，何时运到印刷厂，验收人员和提货人员等都可以从账和单据上查出来。

二　材料账的要求

材料账十分重要，因此记账时要求做到：字迹要工整清楚，数码更要写准确，易于辨认。必须凭单据记账。材料单据是记账的惟一凭证，没有单据，不能随便记账。日期、单据号、品种名称、规格、数量都要和单据完全一致，不能改动。原单据错了，应由填制单据的人重开；已记账的，应写赤字单据，凭赤字单据冲账。不能挖补涂改，更不能撕毁账页。万一错了可用红笔划掉并加盖名章以示负责，在旁边或另一行重记。账和单据、账和账之间的联系，主要是日期和单据号。核对时必须按日期和单据的代号，以示区别。如18 号入库单，可记为“入 18”，24 号调拨单，可记为“调24”。

摘要必须简明扼要，要找出特殊性。如果大批纸都是铁路整车到货，就要把每批到货的火车集装箱号写上，以资区别，便于查找。记账用的符号要规范。车号、单据号等编号可以用“#”，单价可用“@”。

每一本账的前面，要写上记账员的姓名。记账员变动时要记上交接日期和新的记账员的姓名。每一张单据在记账之后要盖名章，既表示负责，也可防止漏记账。

三　材料账的项目和记账程序

材料账的设置，可力求简化，但必须正规化。要按照统一的程序，按正规手续办事。一切变化都要有记载。

材料管理人员所掌握的业务账，是以收付为记账符号，落实订货、交货、市场采购及领用、耗损数量等等，均以实物来表示，因此，不论哪个环节出了问题，如订货不落实，交货不好，出书计划完不成，材料不能按计划领用等等，都会从账上反映出来。

材料账一般应设有：以实物为依据的纸张材料核算，它的核算中心是以按品种、分仓库的纸张材料账和纸张材料分户账。根据纸张材料账编制纸张装帧材料收付结存月报表，连同有关原始凭证送财务部门。一般格式纸张材料账见表6—4，材料分户账见表6—5，纸张装帧材料收付结存月报表见表6—6。

表6—4　　××出版社纸张材料账　　第　号

计量单位：　规格：　类别：　最高限额：　最低限额：　品名及编号：

年		凭证号码	摘要	收入			发出					结存
月	日			配购	其他	转账	生产用	损耗	非生产用	出售	转账	

表 6—5　　　　××出版社材料分户账

编号

户名：　品名：　规格：　克重：　页数：

年		凭证号码	收付户名	摘要	存入		取用		结存	
月	日				令	方	令	方	令	方

收料单。又称收入通知单，由材料管理员填制，写清楚供应单位、存放地址、品名、规格、计量单位、数量和纸张编号等一式三联，经收料人验收入库后，第一、二联作为材料管理员登记纸张材料账和材料分户账用(其中第二联于月终编出“纸张装帧材料收付结存月报表”时随同月报表一起送财务部门)；第三联连同供应单位的账单、发票到财务部门报账。收料单的格式见表 6—7。

材料出库通知单。此单是领料的原始凭证之一，适用于纸张材料的冲转、退换或换厂印刷，以及管理部门的行政领用和定额以外的纸张补充加放数等，临时需要材料领用的需要。

材料出库通知单由材料管理员根据领用部门的通知填制一式三联，凭此发料和登记纸张材料发出账；另一联于月终结账时，随同“纸张装帧材料收付结存月报表”送财务部门。材料出库通知单的格式见表 6—8。

纸张材料销售计价单。此单主要是为处理下脚料(卷面纸、筒芯、残纸等)和承印厂赔偿纸张材料损失而设置的。材料销售凭证一式四联，第一联(存根)作为记账凭证；第二

表 6—6　　××出版社纸张装帧材料收付结存月报表

编制日期:20　年　月　日　　　　年　　月份　　　　第　　号第　　页

编号	品名	规格	计量单位	计划价格	上月结存		本月收入				本月发出								本月结存	
							购入		转账		造货		出售		其他		转账			
					数量	金额	数量	金额	数量	金额	数量	金额	数量	金额	数量	金额	数量	金额	数量	金额

财务科长：　　结算：　　材料科长：　　复核：　　制表：

表 6—7　　××出版社收入通知单

供应单位：　　20　年　月　日　第　号

<table>
<tr><td rowspan="2">编号</td><td rowspan="2">规格</td><td rowspan="2">品　名</td><td rowspan="2">单位</td><td rowspan="2">数量</td><td colspan="2">计划价</td><td colspan="2">实际价</td></tr>
<tr><td>单价</td><td>金额</td><td>单价</td><td>金额</td></tr>
<tr><td></td><td></td><td></td><td></td><td></td><td></td><td></td><td></td><td></td></tr>
<tr><td></td><td></td><td></td><td></td><td></td><td></td><td></td><td></td><td></td></tr>
<tr><td></td><td></td><td></td><td></td><td></td><td></td><td></td><td></td><td></td></tr>
<tr><td colspan="5">存放地点：</td><td colspan="4">发票号码：</td></tr>
<tr><td colspan="9">摘要：</td></tr>
</table>

主任：　记账：　复核：　开单：　收料人：

表 6—8　　××出版社材料出库通知单

20　年　月　日　第　号

<table>
<tr><td rowspan="2">编号</td><td rowspan="2">规格</td><td rowspan="2">品　名</td><td rowspan="2">单位</td><td rowspan="2">数量</td><td colspan="2">计划价</td><td colspan="2">应计差异</td><td rowspan="2">合计</td></tr>
<tr><td>单价</td><td>金额</td><td>差异率</td><td>金额</td></tr>
<tr><td></td><td></td><td></td><td></td><td></td><td></td><td></td><td></td><td></td><td></td></tr>
<tr><td></td><td></td><td></td><td></td><td></td><td></td><td></td><td></td><td></td><td></td></tr>
<tr><td></td><td></td><td></td><td></td><td></td><td></td><td></td><td></td><td></td><td></td></tr>
<tr><td></td><td></td><td></td><td></td><td></td><td></td><td></td><td></td><td></td><td></td></tr>
<tr><td colspan="10">摘要：</td></tr>
</table>

负责人：　记账：　复核：　开单：　领料单位：

联通过财务部门交客户作为材料销售计价单；第三联通知财务部门收款；第四联作为领料单，月终结算后随“纸张装帧材料收付结存月报表”送财务部门。纸张材料销售计价单的格式见表 6—9。

表 6—9　　　　××出版社纸张材料销售计价单

售　与：　　　　　　　　　　　　　　　　　　售字第　　号

付出库：　　　　　　　　　　　　　　　　20　　年　　月　　日

编号	规格	品名	计量单位	数量	销售		成本	
					单价	金额	单价	金额
金额合计(大写)　　万　　千　　百　　拾　　元　　角　　分								
备注：								

第一联存根

主管：　　　　　复核：　　　　　开单：

材料变形转残调整单。此单用于：选纸转残；机回转残；轮转机印刷纸张的变形；纸张材料委托加工后的变形；材料领用品种混乱时的调整。

材料变形转残调整单一式二联，一联作为登记材料账的凭证；一联于月终结算后随纸张装帧材料收付结存月报表送财务部门。材料变形转残调整单的格式见表 6—10。

提纸单。此单用于向印刷物资供应部门仓库提取纸张材料时专用的凭证，按照仓库的要求，填制时一式五联，第一联存根，作为材料管理员记账凭证；第二联提纸单由提货单位盖章后作为公司仓库发出材料的凭证；第三联出库单由承印单位或经手人盖章后作为装运纸张材料点验的证明；第四联由存纸仓库盖章作为纸张材料出库的出门证；第五联送料单，由接收纸张材料的单位盖章后作为接收单位给发料单位的收料凭证。提纸单的格式见表 6—11。

调拨单。此单是出版社为调剂厂际、仓库之间纸张材料余缺的一种凭证。调拨单一式四联，一联存根，作为材料管

表 6—10　　×× 出版社材料变形转残调整单

20　年　月　日

收入							付出						
编号	规格	品名	单位	数量	单价	金额	编号	规格	品名	单位	数量	单价	金额

负责人：　记账：　复核：　开单：

表 6—11　　×× 印刷物资公司提纸单

户　名：　____字第____号

收纸单位：　20　年　月　日

规格	纸名	数量		提纸单位盖章
		件	令(千克)	
备注：				

开单：　记账：　复核：

理员登记材料账的凭证；二联为纸张材料调出单位的发料凭证；三联由纸张材料调入单位验收盖章后作为出版社调拨纸张材料的依据；四联为纸张材料调入单位调入纸张材料的凭证。调拨单的格式见表 6—12。

表 6—12 ××出版社纸张材料调拨单

今由　厂调全　丿卜列纸张材料：　第　号

编号	规格	品　名	数　量		备　注
			令	方	

主任：　记账：　开单：　年　月　日

四　纸张的储存和保管

为了顺利完成出版任务，出版社一般均应储存一部分纸张。纸张的储存有两种做法，一种是存放在纸张公司仓库，按月支付仓租费；另一种是出版社自办纸库，由出版部门自行管理。

每年用纸量较大、纸张品种较多的出版社能自办纸库存放纸张，这对纸张的管理、储存、使用和调拨有很大的优越性。在管理纸张工作中，纸库管理员除将业务账的收、付、品种、数量等登记得十分清楚外，还应把储存的纸张保管好，以避免造成损失。其应注意的事项主要有以下几个方面：

1. 防潮

纸张的主要成分是植物纤维，植物纤维具有很强的吸水性，因而纸张对空气湿度的变化非常敏感。空气湿度增高时，纸张中的水分相对增加，易发霉变质，所以纸张应存放在通风良好、清洁干燥的纸库，温度一般为摄氏 18 度 ~ 22

度，相对湿度为 60%～70%。

2. 防热

纸张受高温影响后，机械强度显著下降，并翘曲变形，尤其是铜版纸会粘结成块，无法进行印刷。

3. 防晒

纸张受阳光照射易变色，白度降低。新闻纸大都用机械木浆，含木质素高，受光照更易发脆变黄。铜版纸存放期长会出现黄斑、脱粉等情况。所以纸张存放处，必须避免日光直接暴晒。

4. 防折

纸张的存放，应平摊相互对齐，两端不能交错凸出，以免凸出部分吸收水分或放出水分，致使纸张折皱、变黄、破损。

还应注意将白度不同的纸张分区堆放；纸纹的纵横应分别清楚，分开存放；正反面如光滑度不一致应分别堆放，不可混杂，不然会给印刷带来困难，影响印刷质量。

平板纸堆垛应用纸台，未拆件的平板纸要平放；卷筒纸要立码竖放。如果横码，容易把筒芯压扁变形，上高速轮转机很难使用，造成浪费。改为立码后，可以防止压扁变形，同时仓库的利用率也可提高。应配备装有夹抱器的铲车，操作十分方便，可以防止残破损失，并能减轻工人的劳动强度。

各类纸张应划定地区分别存放。纸垛不能靠近墙壁，必须留出通道，要符合消防要求。

仓库必须保持干燥，底层垫木板防潮，晴天要通风，雨天要把门窗关好以防潮湿。新建仓库保养期满最好再通风干燥三个月后再存放纸，同时要注意经常通风。

第七节　造纸工业的现状

我国造纸工业为轻工业的重点行业，特别是改革开放以来，造纸工业的发展有长足的进步，2000 年全国纸张和纸板的产量已经达到 3000 万吨，产品达 600 多种，仅次于美国和日本，居世界第三位。但是，我国人均年消费量还比较低，只有 28 千克。我国现有造纸企业 9000 多家，现将其中部分造纸厂纸张及纸板的生产情况介绍如下：

江南造纸厂。该厂是上海造纸行业中大型骨干企业之一，也是我国目前铜版纸生产企业中，产品质量、经济效益名列榜首的企业。

主要产品是：胶版涂料纸(即铜版纸)、静电复印纸、晒图原纸、特种邮票纸等。注册商标为“福鹿”牌。福鹿牌铜版纸是上海市名牌产品，于 1992 年 6 月通过国家轻工业部鉴定，质量达到国际 A 等水平，是国内能与进口铜版纸相媲美的产品。

山东寿光造纸集团股份有限公司(原寿光造纸总厂)与美国合资组建成立山东寿光永立纸业有限公司。年生产中高档文化用纸 7 万吨，“晨鸣”牌系列双胶纸荣获全国公认名牌。主要产品有：70g/m^2、80g/m^2 双面胶版纸 880mm 规格卷筒纸；60g/m^2 ~ 150g/m^2 双面胶版纸 787mm × 1092mm、850mm × 1168mm、880mm × 1230mm 规格平板纸；60g/m^2、70g/m^2、80g/m^2 书写纸。

石砚造纸厂。该厂是国家二级企业，经技术改造，引进国际先进技术和设备，使企业发展成为国家大型一档制浆造纸综合性企业，是我国制浆造纸基地之一。生产白麓牌 70g/m^2 ~ 120g/m^2 双面胶版纸和 48g/m^2 新闻纸等。图 6—1 为石砚造纸厂生产车间。

图 6—1　石砚造纸厂生产车间

吉林江城造纸厂。该厂主要以草浆生产松花江牌凸版纸、书写纸等。凸版纸既可用于凸版印刷，也适合胶印；书写纸，纸面光滑，质地柔韧，色泽相宜，书写流畅，既可制作练习册书写用，也可用于印刷书刊。

吉林白城市造纸厂。该厂主要产品有二号凸版纸、胶印书刊纸、书写纸。其中雪牌二号凸版纸，获吉林省优质产品。

开山屯化学纤维浆厂。该厂生产的亚松牌胶版纸质量稳定，具有白度高，纤维组织均匀、光滑细腻、尘埃少、变形小、适印性强等特点，是印刷书籍封面、插图、画册等较佳的胶版纸。其生产车间如图 6—2。

该厂历史悠久，装备先进，是造纸、制浆、综合利用的大型企业，生产的纸浆有：高级漂白木浆、粘胶纤维木浆、描图纸木浆等。

上海华丽铜版纸厂。该厂始建于 1935 年，是一家全国首创、历史悠久、规模最大的涂料纸加工企业之一。年产铜

图 6—2 开山屯化学纤维浆厂生产车间

版纸 2 万吨，邮票专用纸 1500 吨。该厂主导产品有“牡丹牌”“白象牌”系列铜版纸，品种从 $80g/m^2$ 至 $280g/m^2$ 单、双面铜版纸，适于印刷画册、宣传画、图片、书刊封面、插图、挂历、商标、包装装潢等精美彩色印刷品。

该厂拥有国外多功能 BMB 涂布机、超级压光机、压花机，以及自行设计涂布机等设备。该厂设备先进，不断推出一些要求特殊，规格齐全，加工复杂的新产品、小产品，已成为华丽铜版厂的特色。

鸭绿江造纸厂。该厂始建于 1936 年，现为国家大型一级企业，是全国 100 家大造纸工业企业之一。该厂以木材为主要原料，先后研制开发成功低定量新闻纸、胶印新闻纸、精制牛皮纸、铜版原纸等。

辽宁省大型造纸厂还有金城造纸股份有限公司、营口造纸厂等，生产高质量的凸版纸和胶印书刊纸。另有，辽阳工业纸板股份有限公司生产的 0.5mm~3mm 封面纸板，用于精装书的外壳。

天津造纸厂。该厂为天津市大型造纸厂，主要生产印刷图书的 52 克凸版纸，以及 $50g/m^2$、$60g/m^2$、$70g/m^2$ 书写纸，$250g/m^2$、$300g/m^2$、$350g/m^2$ 白板纸等产品。

天津市第四人民造纸厂。该厂始建于 1958 年，是华北地区规模较大的高档印刷、包装用纸综合造纸企业。主要产品有铜版纸、拷贝纸、半透明纸等。其中铜版纸有十余个品种。

天津纸板厂。该厂始建于 1921 年。是目前国内最大的包装纸板专业生产厂。属国家大一型企业。以生产“马头牌”系列纸板蜚声国内外。主要产品有采用国际标准生产的牛皮箱纸板、特号牛皮箱纸板、1 号牛皮箱纸板、2 号牛皮箱纸板、2 号涂布牛皮箱纸板、普通箱纸板、黄板纸和瓦楞原纸等。其定量有 $250g/m^2$、$300g/m^2$、$360g/m^2$、$400g/m^2$。黄板纸定量为 $600g/m^2$。

佳木斯东风造纸厂。 该厂是黑龙江省造纸行业骨干企业之一，始建于 1946 年，生产历史悠久，年生产能力达万吨。主要产品有 $80g/m^2$~$150g/m^2$ 双面胶版纸、$250g/m^2$~$450g/m^2$ 涂布白板纸、$70g/m^2$~$80g/m^2$ 静电复印纸、$70g/m^2$~$80g/m^2$ 电脑打印纸。

河北省定州市造纸厂。该厂始建于 1975 年。设备有 1760 型长网纸机，1575 型双缸双网和短长网机、1092 型纸机各一台，及配套的制浆设备。主要产品有 $60g/m^2$、$70g/m^2$、$80g/m^2$ 双面胶版纸、凸版纸、书写纸、条纹牛皮包装纸等各种规格的文化印刷用纸。

济南大易造纸有限公司。该公司成立于 1993 年，分设一、二、三、四、五共五个厂，由原济南造纸工业公司所属三个制浆造纸企业(即 1908 年建的山东黄台造纸厂，1948年建的济南造纸厂，1984 年建的济南纸浆厂)与香港喜多来集团有限公司合资组建而成。产品有 $80g/m^2 \sim 128g/m^2$ 铜版纸、$60g/m^2 \sim 150g/m^2$ 胶版纸、涂料薄画报纸、$40g/m^2$ 字典纸、$45g/m^2$ 周报纸、$45g/m^2$ 邮票纸、玻璃卡纸、$250g/m^2 \sim 400g/m^2$ 涂布白板纸、$80g/m^2$ 牛皮纸。其中涂料薄画报纸为国内惟一适用胶版、凹版两面印刷的薄型纸张。1800mm 刮刀涂布机(图 6—3)，有完整的涂料制备系统，可生产优良的薄涂布画报纸。

图 6—3　1800mm 刮刀涂布机

该公司所属二厂抄纸机中有从法国引进的 2850mm 长网造纸机一台(图 6—4)，加工纸机中有从西班牙引进的玻璃卡纸机一台，从美国引进的不干胶机一台。

该公司所属各厂设备先进，技术力量雄厚，产品品种多，档次高，有部分产品出口东南亚各国和香港地区。

山东省造纸厂较多，其中生产出版用纸的还有泰安市造纸厂，主要产品为胶印书刊纸、凸版纸、新闻纸等；山东临清造纸厂，主要产品为双面胶版纸、胶印书刊纸等；山东荣城纸业集团总公司，主要产品为双面胶版纸、铜版纸等；山东阳谷景阳岗纸业公司，主要产品为 $52g/m^2$ 胶印

图 6—4 2850mm 长网造纸机

书刊纸；山东临清造纸厂，主要产品为双面胶版纸、胶印书刊纸等；山东省泗水县造纸厂，主要产品为 70g/m² 书写纸、80g/m² 胶版纸等。

苏州紫兴纸业有限公司，该公司引进芬兰维美特公司、德国雅根堡公司 20 世纪 90 年代的先进造纸生产设备(图 6—5)，选用优质进口木浆为原料，浆料制备、造纸、涂布、超压、整切、包装全套采用先进工艺。主要产品为 70g/m² ~ 110g/m² 单面铜版纸、60g/m² ~ 157g/m² 双面铜版纸。

汉阳造纸厂。该厂为湖北省大型造纸厂，产品有凸版纸、胶印书刊纸、彩色胶印书刊纸等。

图 6—5 引进全套芬兰造纸生产设备

岳阳造纸厂。该厂为湖南省大型造纸厂，产品有凸版纸、胶印书刊纸、新闻纸、胶印新闻纸、箱板纸等。2001年又成功地开发了45克低克重新闻纸。

江门造纸厂。该厂是江门造纸企业(集团)公司的核心企业，建厂至今已有80多年历史。年产各种纸4万多吨。生产的纸张有$80g/m^2 \sim 120g/m^2$单双面铜版纸、胶版纸，$70g/m^2$书写纸、$28g/m^2 \sim 30g/m^2$打字纸等，曾获国家轻工业部优质产品奖。

新疆纸板厂。该厂是生产机制纸板和瓦楞包装纸箱的综合性国家中型企业。其生产的特号、二号牛皮箱纸板、高强瓦楞原纸荣获1991年中国包装10年成果博览会“优秀奖”，二号牛皮箱纸板荣获中国造纸学会第五届纸板年会“蔡伦奖”，黄板纸系1991年轻工业部优质产品。产品销往全国十多个省、市、自治区。

世界森林工业集团——芬兰芬欧汇川集团的全资子公司芬欧汇川纸业。该公司在江苏常熟拥有一座现代化的大型纸厂，能年产350000吨优质文化用纸。它与德国的Nordland纸厂以及芬兰的Kymi纸厂共同构成了芬欧汇川集团文化用纸分部。

该纸厂(图6—6)位于长江边，占地184.5公顷，距上

图6—6　江苏常熟芬欧汇川纸业造纸厂

海约100公里。已于1999年3月投产。厂内纸张生产配套设施十分齐全，包括一座10万千瓦的热电厂和一个用于原料和成品运输的码头。

该厂将凭着世界一流的造纸技术，先进的设备和完善的信息系统，以高质量的产品，满足用纸单位的需求。目前，该厂主要生产“丽印”优质双面胶版纸和雅光纸，具有很好的印刷适应性，可应用于各类单张和轮转印刷。

第八节　印刷油墨

一　印刷油墨的组成

油墨是由颜料、连接料、填充料和附加剂按照一定的配比量相混合，经过反复研磨、轧制等过程而制成。

1. 颜料

颜料是色料的一种，是油墨的主要成分。油墨中使用的颜料，均为粉末状的有色物质，不溶于水而能均匀地分布在介质之中，根据其化学成分的不同，分为无机颜料和有机颜料。无机颜料的透明度(又称遮盖力)较强，颗粒粗，并能耐热，但着色能力和色彩的鲜艳度不及有机颜料。有机颜料具有高度的着色力，色泽鲜艳夺目，浓度高，重量轻，性质优良。目前彩色油墨主要用有机颜料配制。

2. 连接料

连接料是油墨的主体，也是使油墨成为流体的原料，它是使颜料和填充料均匀地分散并悬浮在其中的液体转移到纸张后连同颜料、填充料能很好地固着于纸面上，并使印刷品有一定的光泽。油墨的适应性与连接料的性质关系十分密切。

3. 填充料

填充料是白色和无色透明的粉末状物质，如硫酸钡、碳酸钙等。它的作用是依照印刷的要求，把过于饱和的、透明度太大的颜料加以稀释，减少颜料的用量。

4. 助剂

它的作用是调整油墨用以改变或提高油墨适应性的物质。助剂包括:干燥剂、撤粘剂、调墨油、冲淡剂、提色料等。

二 印刷油墨的分类

印刷油墨的类别是根据印版的结构形式和不同的印刷方法分为：凸版印刷油墨、胶版印刷油墨、凹版印刷油墨和特种印刷油墨等四类。

1. 凸版印刷油墨

凸版印刷油墨是根据印刷方式、版材种类、印刷速度和纸张的不同，所用油墨也有不同。主要有以下几种：

(1)书版油墨　这种油墨适用于新闻纸和凸版纸，印刷书刊。它有流动性低、色泽好的特点。靠渗透干燥或氧化与渗透相结合的方式来干燥。

(2)轮转凸印油墨　这种油墨有较高的流动性，根据机器的速度分为高速(25000 张/时)、中速(10000 张~25000 张/时)、低速(1000 张/时)三种情况，适当调节油墨的流动性。适用于新闻纸和凸版纸印刷书刊。

(3)TUV 紫外线固化印纸凸版油墨　这种油墨是采用新型的合成材料，高效能的光聚合引发剂，以及高级颜料、助剂等研制成的新型 UV 印刷油墨。该产品具有色彩鲜艳，固化速度快，光亮度大，耐摩擦性好，附着牢度优良等特点。适用于装有紫外线干燥系统的凸版印刷机，进行单色或多色套版印刷各种铜版纸和胶版纸。

(4)TWF 水基凸版油墨　这种油墨适用于柔性凸版印刷机上，印刷包装纸等。该产品具有色泽鲜艳、干性适宜、印刷适应性良好、不糊版、不粘脏、无毒、无污染、使用方便、存放稳定等特点。此墨可用水稀释，印品干燥后即变为水不溶解。

2. 胶版印刷油墨

目前使用的主要有以下几种：

(1)快固着胶印墨 这种油墨具有光泽好，固着好的特点，可以减少蹭脏，提高印刷速度。适用于新闻纸、胶印纸、铜版纸和胶版纸。

(2)轮转胶印油墨 这种油墨适应高速度的胶印轮转机。可用新闻纸、凸版纸的卷筒纸印刷书刊。

(3)THP 型胶印亮光快干油墨 这种油墨适用于双色、四色机印刷铜版纸、白板纸等高级纸张。可适应每小时万印以上的高速印刷，具有干燥快、光泽好、色泽鲜艳、浓度高、网点清晰、稳定性好等特点。

(4)TOW 型胶印轮转油墨 这种油墨适用于在胶印轮转单色、双色机上印刷。可用新闻纸、凸版纸等，以印刷报纸、书刊等。可适应每小时 5 万张～6 万张的印刷速度。

3. 凹版印刷油墨

它是由固本树脂、挥发性溶剂、颜料、填充料和助剂等组成。不含有植物油，其干燥方式大多属于挥发型的。

(1)影写凹版油墨 一般都用于纸张印刷。

(2)PMGT 凹版塑料油墨 这种油墨适用于在凹版机上印刷聚乙烯薄膜、聚丙烯薄膜、聚酯薄膜、玻璃纸等。属于挥发干燥型油墨，适应每分钟 30m～100m 的印速。具有干燥快、光泽大、色泽鲜艳、附着牢固等特点。

(3)TPN 凹版印纸无光油墨 这种油墨适用于凹版轮转机上使用。适应机速为每分钟 100m～200m，是印刷白板纸等无光纸制品的专用油墨。

4. 特种印刷油墨

这种油墨是为各种特殊印刷方式的需要而制成的油墨。

种类很多，常用的有：橡皮凸版油墨、紫外线固化油墨、塑料薄膜油墨等。

(1)紫外线固化油墨(亦即 UV 油墨)　这是一种特种印刷油墨。它被印于承印物上经特定波长范围的紫外光照射后可瞬间固化干燥，印后勿需喷粉防背面蹭脏，既干净卫生，又能提高印刷速度。得到的印品色彩饱满，层次丰富，光泽度高。在印刷技术发达的国家，UV 油墨的应用早已普及。我国研制的紫外线固化油墨其承印物为普通纸制品，该油墨主要由 UV 固化联结料、颜料、光敏剂及助剂等组成。联结料树脂采用丙烯酸环氧树脂和不饱和聚酯的结合型，用这一联结料制出的油墨双键含量高，反应活性大，印刷适性好，墨膜固化后性能优异。UV 油墨固化干燥时间短，印刷色泽鲜艳，光泽度高，适用于高速 UV 印刷技术。

(2)牡丹牌 74 型塑料薄膜油墨　这种油墨有良好的干燥性及印刷性能，适用于每分钟印速 20m ~ 40m 的机型印刷聚乙烯、聚丙烯、聚酯薄膜和玻璃纸等。

(3)苯胺油墨、网板油墨、紫外线硬化型涂料等油墨这是日本大日精化工业公司生产的特种印刷油墨。适用于包装纸、厚纸、薄纸、装饰纸、薄膜、皮革、金属等。

[复习思考题]

1. 出版用纸有哪几种?

2. 书刊正文用纸、封面用纸和彩图插页用纸应分别采用什么纸张?

3. 常见的外观纸病有哪几种?

4. 787mm × 1092mm 规格 $52g/m^2$ 凸版纸每令重量是多少千克?一吨纸多少令?怎样计算?

5. 889mm × 1194mm 规格 $157g/m^2$ 铜版纸，每吨价格12000 元，每令纸价格多少钱?怎样计算?

6. 印刷油墨分哪几类?

第七章

成本和定价

学习目的

●了解出版物成本的构成，成本和定价的关系，以及降低成本的措施

●熟练掌握直接生产成本的计算和定价的计算

本章要点

●出版物的成本

●直接与间接生产成本的计算

●不变成本和可变成本

●定价的计算——标准定价、成本定价

●降低成本的措施——发稿整齐、提高印制工艺设计、合整用纸、控制间接成本、扩大销售收入

关键性术语

稿费　纸张费　装帧材料费　制版费　印制费　装订费　出版损失　编辑经费　企业管理费　财务费用　基本稿酬　印数稿酬

出版社属于文化事业并实行独立经济核算的单位。绝大部分出版社实行事业单位企业管理的体制。因此，每家出版社在核算成本和计算定价时，既要考虑社会效益又要考虑经济效益，但应以社会效益为第一位，经济效益为第二位。为了达到这个目的，印制管理人员就应充分掌握出版物的成本计算，从而设法在整个排制、印装生产过程中，以及纸张材料选择方面，在保证质量的前提下，尽力降低成本。因为在这些方面可降低成本的潜力是很大的。当然，图书成本支出

是与整个生产过程密切联系的，在进行编辑出版活动中所支出的各项费用，构成出版物的成本。因此，出版社的各个部门和各个环节，都应尽量为降低出版物的成本而努力。

第一节　出版物的成本

出版物的成本，分为直接生产成本、间接生产成本和销售成本三部分。

一　直接生产成本

生产成本中凡可直接列入某一种图书内的成本费用，就叫直接生产成本。直接生产成本项目和内容，可分为以下七项：

1. 稿费、校订费

指支付给著作者、译者、校订者的稿费，以及向其他出版社租型选货所支付的租型费。

2. 纸张费

指出版物的正文用纸和与正文纸张相同的插页纸张费用。并包括印装加放数和残破纸张的损耗。

3. 装帧材料费

指出版物的护封、封面、环衬和与正文纸张不同的插页，以及装帧用的各类布纹纸、版纸、纱布、漆布、涂料纸、纺织品、皮革、塑料覆膜、电化铝、丝带、堵头布等费用。

4. 制版费

指用于出版物排版和制版的费用。包括排版和制作铜锌版，胶印单色制版、胶印彩色制版、凹印制版，以及软片、纸型等费用。

5. 印刷费

指用于出版物印刷过程中的费用。包括拼版、晒版、上版和印刷加工等费用。

6. 装订费

指用于出版物装订过程中的费用。包括订本(铁丝订、缝纫订、骑马订、胶订、锁线订)，折页、套页、粘页、割页、折前口、糊封、上封、烫金、压印、加丝带等费用。

7. 出版损失费

出版物在印制过程中，因故需要部分变更书稿内容，因之发生的重制版、重排、重印或换页的纸张材料费，以及有些书稿需要延长付型时间的存版费等。可直接计入该出版物成本；如因故停止出版等发生的损失和费用，可列入“共同负担”部分。

二　间接生产成本

生产中不能直接列入各种图书成本的费用，称之为间接生产成本。间接生产成本的内容，可分为编辑经费和企业管理费等项目。

1. 编辑经费

指编辑、绘图、编务人员的工资，提取的职工福利基金，以及各项编辑业务费用。社外技术设计费和外校费可列入编辑经费内。

2. 企业管理费

指出版、经营和行政管理部门人员的工资，提取的职工福利基金，各项出版管理、经营管理和行政管理费用，以及其他业务费用。

3. 财务费用

指利息支出、汇兑损失及相关的手续费等。

三 销售成本

销售成本即指发行费用。图书在销售过程中，所支出的各项费用等。如果出版社自办图书发行业务，则发行人员的工资和提取的职工福利基金、税金，图书的仓储保管、包装、运输、损耗、滞销图书的降价处理、损失及经营管理费等，均应列入成本。

上列各项成本支出的总和，即为出版物的全部成本。

第二节 直接生产成本的计算

一 稿酬的计算

稿酬包括基本稿酬和印数稿酬。基本稿酬按作品的类别、质量和字数，依规定标准每千字若干元计算。印数稿酬则根据实际印数，按照基本稿酬的一定比率计算，比率采取累进递减的办法，即印数越多、印数稿酬率越低。第一次出版时，按照字数付给著译者基本稿酬和印数稿酬，重印时只付给印数稿酬。

另有一种按书籍定价的百分比计算稿酬的，称为版税。版税可按定价的10%～15%计算稿酬。一般学术价值较高的专著有采用这种方法计算稿酬的。

1. 基本稿酬的计算

其范围包括著作稿、翻译稿、古籍稿、改编稿、缩写稿、修订稿，以及请社外人员的编辑加工费、审稿费等。稿酬字数的计算公式如下：

公式 每面版面字数×实有面数＝稿酬字数

一般情况，版面字数计算的方法如下：

(1)凡篇、章标题占行的空白、文字段落的空行，一切文中应有的空白均应作为计算稿酬的字数。

(2)如每面行数不足半面按半面计算，超过半面按全面计算。

(3)每篇或每章另面起排造成的整面空白，则不计字数。

(4)出版社编辑所加的扉页、版权页、序言、后记、目录、索引等。以及书内的天眉(或中缝)、页码、翻译书中用原书复制的图片，均不计字数；但翻译书的图表内夹有译文的，译文部分应计算字数。

2. 印数稿酬的计算

一般印数稿酬的计算标准见表7—1。

例　某书基本稿酬为9080元，印数15000册，按上表百分率来计算印数稿酬，其计算公式如下：

公式　基本稿酬 ×1×0.08+基本稿酬 ×5×0.008=印数稿酬

算式 9080元×1×0.08+9080×5×0.008=1089.6(元)

表7—1　　印数稿酬标准

标准 印数 / 种类	1～10000册	10000册以上
一般书籍	付基本稿酬的8%	每千册(不足千册按千册计算)付基本酬稿的0.8%
学术价值高而印数少的专著	付基本稿酬的30%	每千册(不足千册按千册计算)付基本稿酬的0.8%

说明：①上表印数均为累计印数。

②第一次出版后两年内印数超过10万册部分，支付印数稿酬的30%～50%。

二　排版费的计算

汉文正文排版以面为计算单位，以 32 开老五号 750 字为计算标准，但 770 字以下及不足 750 字均按一面计。每一个计算单位，又因有以下不同的类别和排法，排版工价则有高有低。其计算方法如下：

1. 类别不同

分为"社会科学类""自然科学类""古典类""字典类"和"外文类"等，其每面价格均不相同。

2. 标点符号排法不同

可分为"普通装""单面装"和"双面装"三种。

(1)普通装　指标点符号排在字里行间，也就是现在常见书刊的排法。工价表上的排版工价就是普通装的价格。

(2)单面装　指竖排图书的标点符号、专名号和书名号均排在右边；横排书中的标点符号排在字行之内，专名号、书名号和着重点则排在字行之下。计算单面装的排版工价要在原单价基础上另加 20%。

(3)双面装　指竖排图书，在文字的左右均有标点和符号，标点排在行右，专名号和书名号排在行左。因为现在竖排图书已很少，这种排法也很少使用。计算双面装的排版工价要在原单价基础上另加 40%。

3. 特殊情况的计价办法

科技书中叠排公式不足半面按基价加 50%；超过半面的按基价加 100%。叠排公式指的是公式中有上角、上上角和下角、下下角等较复杂的数学公式等；如果一个公式中只有分子和分母属于简单公式而不是叠排公式。

4. 表格外文及中外文对照排版计价办法

分为赉纳机排版、两种文字对照排版和三种文字对照排版三项。手工排外文的工价照"赉纳机排版"(机械排版)工价加 20% 计算，摩诺机排版工价照加 30% 计算。激光排外文照三项排版的工价另加 20% 计算。

例如，某外文书大 32 开本，行宽 10.5cm，每面 29 行，按赉纳机排版计价，每行每厘米 0.036 元。其计价公式如下：

公式　单价×行宽(cm)×行数=每面排版价格

算式　0.036 元×10.5×29=10.96(元)

外文及中外文对照排版，工价表上只限于俄、英、德、法、日文语种，其他外文，如泰国文、缅甸文、印地文、阿拉伯文、越南文等外文排版工价，以每行每厘米 0.06 元计算。外文排版每增加一种语种或字体(如黑体、斜体)须另加 10%，但最多不超过 40%。

5. 表格、歌谱排版计价，可按以下两种办法计算，一种是以正文价格为基数另加百分比；一种是以平方厘米为计价单位。

(1)1994 年印刷工价的计算办法　排简单表格(只有横线或竖线)每面按正文分项 150% 计，排复杂表和歌谱(横竖线俱排)每面按正文分项 200% 计。表格、歌谱不足半面者，表格、歌谱和文字各按半面计，超过半面按整面计，不另计文字。

(2)1991 年印刷工价的计算办法　表格、歌谱以每一平方厘米为计算单位。正文中表格、歌谱的面积，以该书的版心尺寸计算，超出版心规格的，按实际面积计算。表格、歌谱不足半面者，表格、歌谱和文字各占半面，超过半面按整面计，不另计文字。单独一个表格或歌谱，其面积应包括表头、表底或页码在内的宽度与长度乘积的 cm^2 数，凡不足 $50cm^2$ 者，按 $50cm^2$ 计。

激光照排表格、歌谱照工价加 30% 计算。

三　软片费的计算

软片一般只需备一付，因为软片只要保管好，比较耐用。软片的工价每面32开为1.50元~3.00元，16开为3.00元~6.00元。

现在有些出版社都自备计算机，将书稿输入软盘，然后将软盘送往有主机设备的工厂出软片。一般净盘价格32开约4元左右(包括软片费)，16开约7元左右(包括软片费)；如果是毛盘则要另加2元左右。由于工价表上未列入这项工价，可由社、厂双方协商解决。

四　制版费的计算

制版分为铜锌版制版、平印照相制版和凹印照相制版三类。目前制版任务较多的是单色和彩色平印照相制版，特别是彩色制版，因此，彩色图稿的处理是否合适，将会直接影响到制版费用的高低。

铜锌版制版费1991年北京地区印刷工价表未列入，已改为议价。目前铜锌版的工价主要以1988年的工价本为基础，一般上浮20%~30%，有的更高一些，其计算方法未变。

铜锌版基本规格均为40cm²，网纹铜版和彩色版起码尺寸为65cm²。

例　一块普通锌版图，宽8.5cm×长10cm，新价按工价表的价格上浮30%，为每平方厘米0.085元，此图所需制版费多少元？

算式　$0.085\times(8.5\times10)=0.085\times85=7.23$(元)

每块版面积以长度乘以宽度计算，长条版宽度不足2cm，以2cm计算。套色版每色版均按最大一色版面计算面积。铜锌版长和宽有一面超过50cm者，在基本工价的基础上加价 30%。铜锌版要配木底的，需另加价。

平印照相制版分单色无网版、双色及多色无网版、单色阳图网目版、四色分色简单版、四色分色复杂版等类。四色版按套计价，一般均照复杂版类计算。

平印照相制版的规格分全开图(787mm×1092mm)、对开图(546mm×787mm)、四开图(393mm×546mm)、八开图(273mm×393mm)、十二开图(262mm×273mm)、二十开图(196mm×218mm)、四十开图(136mm×157mm)等七种。如图的长度或宽度超过以上开本规格，按超过后的开本规格计算。不足 40 开的按 40 开计算。

五色及五色以上的按四色加 10% 计算。三色及双色分色版，分别按四色分色简单版工价的 75% 和 50% 计算。电分扫单色版，双色版分别按复杂版的 25%、50%、75% 计算。

天然色负片和黑白稿制彩色版，按基本价加 20% 计算。单色图和彩图按不同的开数另收软片费，以张为计算单位。几个规格一致的图能拼在一起一次照相，单色版按拼好后开本大小照工价计算；分色版按拼好的开本规格每增加一图照基本价加 10%，最多不超过 70%。

譬如，有一张 16 开大小内有四个规格一致的四色小图，由出版社绘图人员将缩放比例一致的小图拼贴好，发厂制版，这种图稿就可以根据第 5 条的办法结算制版费。其计算方法如下：

公式　制版费单价 ×1.4 + 每张软片单价 ×4 = 16 开彩图制版费

算式　200 元 ×1.4 + 5 元 ×4 = 280 元 + 20 元 = 300(元)

如果这张图稿中的小图由工厂拼版，那只能按单个图分别计算制版费。每个图最低制版费为 155 元，四个图共计为 620 元，而拼好的图制版费只需 280 元，实际要高出

340 元。这说明，如果把缩放一致的小图拼贴好发厂制版，可节省不少制版费，从而降低了成本。

凹版照相制版、凹版制筒，分为单色版、彩色版和单色筒、彩色筒。凹印照相制版包括照相、修版。凹印制筒包括镀铜、磨筒、拼版、过版、烂版和镀铬。

凹版照相制版全张每版以 32 幅为限，每超一幅，另收超版费 10 元，最多不得超过 160 元。

原稿如全部是反射稿，增收工价 50%，反射稿占 50% 增收 30%，占 25% 以上不足 50% 增收 15%，占 25% 以下不另收费。每个筒子以印 10 万为准，超过 10 万另收制筒费。

一般印量大的画册、连环画可采用凹版照相制版，因凹印质量高，又耐印。但印量少的画册和连环画不能采用凹印，因制版费较高。

五　印刷费的计算

印刷分凸印、胶印和凹印印刷三类。其计算方法如下：

1. 凸印印刷费

凸版印刷，分为正文上版和正文、封面印刷二部分计算。

正文上版费分为平台、单面全张机上版，对开机上版，双面、书版轮转机上版。不够对开机的零页上版费按 4 开每次 15 元，8 开每次 8 元(不包括图版上版)。书刊印刷一般不要选择只配备对开机的印刷厂，因对开机上版费要比全张机高出 20%。印刷费也高。

在计算上版费时主要应掌握以下几点：

(1)平台、单面全张机每次上版面数 32 开 32 面，16 开 16 面。每版无论印数多少，只收一次上版费。

(2)平板纸双面轮转机及书版轮转机的每次上版面数为

32 开 64 面，16 开 32 面。不论印数多少，也只收一次上版费。

(3)外文版、民族文版及占全书面数 50% 以上的中外文对照文字，照基价加 15%。

(4)开本规格以全张纸 635mm×914mm、787mm×1092mm 为标准。超过以上标准的照基价加 20%。

正文印刷费分为平版印刷(用平板纸)和轮转印刷(用卷筒纸)两种，均以印张为计算单位。平版印刷高于轮转印刷。印数少的按 4000 印张为计价起点。

正文和封面印刷费的计算主要应掌握以下几点：

(1)正文印刷用的油墨是一般油墨　如用超过标准价格的油墨，则按每个印张另加油墨费。用对开机印刷书刊的工价，要比全张机高约 40%。

(2)外文版、民族文版及占全书面数 50% 以上的中外文对照文字或加拼音字母的文字版的印刷费，照基价另加 15% 计算　使用胶版纸、书皮纸和 65 克及以上各类厚纸照基价加 20%；使用铜版纸、字典纸和 45 克以及以下各类薄纸照基价加 30%。全张规格以 635mm×914mm、787mm×1092mm 为标准，超过上述规格的，印刷费照基价加 20%。

(3)封面、插图、表格上版费分为文字版、表格；实地版、网纹版；三色版、套色版；烫电化铝等四类　按印版类别和开本大小计价。封面、插图、表格印刷费的工价，凡实地版和网纹版，是按印刷面积大小，以每色、每千张为计算单位；文字线条版、表格和烫印电化铝则按开本大小(787mm×1092mm 规格纸张)，以每色、每千张为计算单位。每版印数不足 3000 印的以 3000 印计算。使用金色或银色油墨的印件，印刷费照工价表计算，金银油墨按实际用量价格收费。如果封面、插图是彩色印件，须加衬纸，按千印收工料费。如用喷粉代替衬纸，仍按衬纸工价收工料费。

2. 胶印印刷费

胶印印刷费，分为胶印轮转书刊印刷、上版和平版印刷、晒上版两大类计算。

(1)胶印轮转书刊印刷、上版费的计算方法　印刷费按每印张计价；上版费则按每对开版每次计价，另加软片、转印膜、雁皮纸样拼版及片基费。印数不足5000印张按5000印张计算。无论印数多少均收一次上版费。用45克及45克以下薄纸，印费加20%。全张纸规格以787mm×1092mm为标准，超过的按基价加20%。

(2)平版印刷和晒版、上版费的计算方法　印刷费以色令为单位。一色令等于对开纸一千张印一色，即对开千印。工价表上的单价分为三项：①文字、线条版；②网纹版；③实地版。一色或多色网点构成色地占纸面60%以上，其中一色或两色可按实地版计算。每色印数不足5对开千印的按5对开千印计算。晒版及上版费按对开版每次计算。无论印数多少上版费只计算一次。凡用四色胶印机印刷产品，按工价表另加20%。凡印件用200克以上的厚纸，45克以下薄纸印刷的工价，由社、厂双方协商解决。晒版及上版工价，遇有三拼晒及以上的，每对开版按晒版及上版基价加25%计算。用锌皮晒版、上版的按PS版工价50%计算。用850mm×1168mm及以上规格纸张照工价表另加20%。

平版印刷费计算方法如下：

书刊(32开，10印张，印50000册)

公式　对开千印单价÷1000×印张×印数×2色=印刷费

算式　12÷1000×10×50000×2=12000(元)

彩图(对开、单面、四色，印50000张)

公式　对开千印单价×印数(千印)×4色=印刷费

算式　25元×50(千印)×4=5000(元)

3. 凹印印刷费

凹印上版、印刷费的计算是按全张平台机分单色印刷和彩色印刷两项。全开筒上版基价即按单色和彩色分别计算。单色或彩色全开筒子上版以每次 10 万印为一个基价。印刷要根据不同的纸张，即全张铜版纸、全张胶版纸和全张报纸，以全张千印计算。单色或彩色全开筒子印对开纸时，每 1000 印(对开千印)照全张工价的 80% 计算。每版印数在 5000 印以上，按 5000 印计价。

六　装订费的计算

装订费分书刊、零件和精装封面三类。

1. 以书刊每册计价

书刊装订费以每册为计算单位，再根据开本大小和不同的装订方法，如平订、胶订、锁线订、骑马订等，来计算工价。在计算时主要应掌握以下几点：

(1)每册以三个印张为基数，零页不足半个印张按半个印张计，超过半个印张按一个印张计。两个印张及以下的，按基价 80% 计，两个印张以上不足三个印张的按三个印张计，在基数以上每增加一印张，工价加 30%。订数不足 4000 册按 4000 册计算。

(2)平装锁线、胶订书的书脊垫卡纸的，每千印张另加工料费 1.30 元；书脊加纱布的，每千印张另加工料费 2.70 元。使用热熔胶装订的，每千印张另加胶的差价费 5 元。

(3)装订短版活加成办法为：印数在 10000 册及以下的加 50%，在 20000 册及以下的加 40%，在 30000 册及以下的加 30%。

(4)压塑料薄膜的封面，每千册加收 20 元。

(5)凡用书刊胶订联动机，如马天尼等，工价加 10%。

(6)用 850mm × 1168mm 及以上规格的纸工价加 20% 计

算。

装订费计算方法如下：

例：某书32开，每册10印张，锁线订，印9000册。

公式　锁线订每册单价×〔1+(印张-3)×30%〕×册数×(1+50%)=装订费

算式　0.061×〔1+(10-3)×30%〕×9000×(1+50%)=2552.85(元)

2. 以书刊装订零件计价

书刊装订零件包括正文单页和双页、环衬、扉页、插图、插表等，须进行折页、粘页、套页、折图表、折前口等基价，16开及以上加50%，8开及以上加100%，大于787mm×1092mm规格纸张需另加20%。

3. 精装封面的计价

精装封面分为糊壳和上封两项。糊壳以开本大小，以个为计算单位。精装上封包括：扒圆、起脊、糊花头、贴脊背卡纸、纱布、贴环衬、裱封、压沟，以开本、页数和册为计算单位。糊壳和上封的计算主要应掌握以下几点：

(1)糊壳和上封不足4000个(册)的，按实际耗用工时计，但总价不得超过4000个(册)的价格。用压塑料薄膜的纸糊封，照基价加20%。使用布脊纸面布角，工价另加30%，使用布脊纸面加20%。

(2)丝织品、毛织品、皮革等封面糊工，按实际耗用工时计算。堵头布、卡纸、纱布由委印单位自备。

(3)精装烫金、压印以开本、每次为计算单位，不足2000次按2000次计算，材料由委印单位自备。每30000次计算一次上版费。用850mm×1168mm以上规格的纸，工价另加10%。

北京地区印刷工价曾于1988年、1991年、1994年、1996年作了多次修订。目前社、厂双方都根据实际情况，采取较灵活的做法，有的采用1991年的工价；有的采用1991年工价某项单价与1994年工价(附录10)的同项单价相加之和，再除以2，作为计价标准；有的则采用1994年的工价。1996年6月修订的工价(附录11)因刚开始实行，社、厂双方还需进行协商，一般情况，凡经过社、厂双方协商，然后确定计价办法，这对社、厂双方的合作十分有利。但其中铜版、锌版制版，凸印图片、表格上版，凸版图片、表格印刷改为议价，未列入1994年和1996年工价本。目前，厂方一般均参考1988年工价实行上浮的办法来计算。

按北京地区印刷工价本计价时，如同时出现几项需要加成计算的工价，均按累计法计算，即将所有应加成的百分率加在一起再乘以基价，得出的数字就是经过加成后的价格。但急、密件的加成需按累进法计算，即同时出现几项需要加成计算的工价，需进行逐项加成，累进计算。

七　纸张材料费的计算

纸张是印刷书刊的主要原材料，包括正文、插页和封面的用纸。纸张费占直接生产成本比重较大，所以选用纸张要十分慎重，既要保证书刊的质量，又要考虑书刊成本的高低。另外，对封面、插页纸张品种和定量的选择，以及对封面、插页的开切法都要精打细算。

总之，合理使用纸张材料是降低书刊成本的一个重要方面。纸张材料费的计算方法如下：

例：某书大32开本，10印张，印50000册，正文胶印，封面铅印四色。正文用52克胶印纸，纸价每令207元；封面用150克胶版纸，纸价每令600元，10开。

正文用纸费

公式　每令纸价×〔(印张×印数÷1000)×(1+印刷加放率+装订加放率)〕=每令纸价×实用纸令=纸张费

算式　270×〔(10×50000÷1000)×(1+1.8%+1.2%)〕-207×518=107226(元)

封面用纸费

公式　每令纸价×〔(印数÷开数÷500张)×(1+印刷加放率+装订加放率)+(小张×色数÷开数÷500张)〕=每令纸价×实用纸令=纸张费

算式　600×〔(5000÷10÷500)×(1+2.4%+1.3%)+(15×4÷10÷500)〕=600×10.382=6229.2(元)

八　装帧材料费的计算

用在精装书上的材料品种较多，主要的有封面纸板、漆布、亚麻布、烫印材料电化铝等。

1. 封面纸板的计算单位为张

首先计算出一张封面纸板能开切几块外壳，每一本精装书需上下外壳各一个。

例：某精装书大32开本，印数20000册，用规格920mm×1350mm的封面纸板开切外壳，需用整张封面纸板用量可照下列公式计算：

公式　印数×2÷全张板纸开数=纸板张数

算式　20000×2÷40=1000(张)

2. 精装书的成本计算

在计算一本精装封面漆布、亚麻布或胶版纸用料时，应将书脊厚度、扒圆起脊的规格、飘口规格、前后封里四周的折边规格加在一起计算。

例：某精装书大32开本，版面规格为140mm×203mm(实际用料部分为132mm×203mm)，印数20000册，30个印张，书脊厚度为36mm，扒圆起脊规格为6mm，飘口规格为4mm，四周折边规格为15mm，漆布幅面宽度为800mm。这本精装书封面所需要漆布的宽度、高度和用料数量的计算方法如下：

宽度公式 （版面宽度规格＋扒圆起脊规格＋飘口规格＋折边规格）×2＋书脊厚度规格＝漆布宽度规格（mm）

算式 （132＋6＋4＋15）mm×2＋36mm＝350mm

高度公式 版面高度尺寸×（飘口规格＋折边规格）×2＝漆布高度规格（mm）

算式 203mm＋（4＋15）mm×2＝241mm

漆布用量，如漆布幅面宽度为800mm，精装封面宽度用料为350mm。800mm的宽度可裁切两个350mm宽度的封面用料，剩余的为下脚料。

公式 用料高度（mm）×册数÷2÷1000×（1＋装订加放率）＝漆布用量（m）

算式 241mm×20000÷2÷1000×（1＋1.3%）＝2441.33m

精装封面所需漆布幅面大小的计算见图7—1。

烫印材料电化铝等的计算是按烫印面积来计算它的耗用量，再乘以该材料的价格，即为烫印材料的成本。其他装帧材料如堵头布、纱布、贴脊卡纸、丝带等均按实际用量计算。

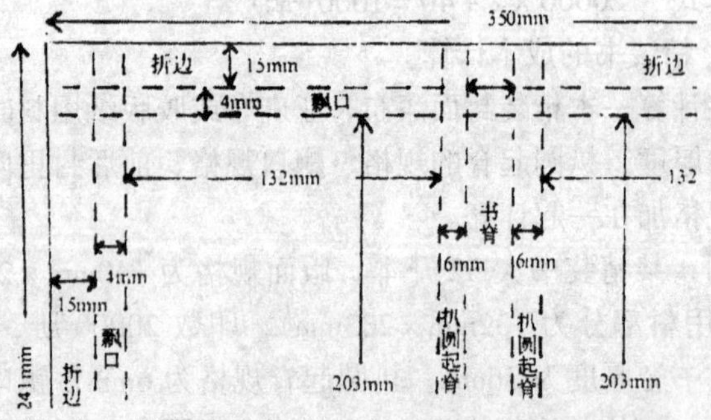

图7—1 大32开本精装封面漆布幅面规格

第三节　不变成本和可变成本

直接成本根据书刊印数大小的不同，又可分为不变成本和可变成本两类。

一　不变成本

不变成本指的是与书刊印数成正比例的部分，即印数越大，所需成本越高，印数越小，所需成本越低。不变成本包括：纸张材料费、装帧材料费、印刷费和装订费。这部分成本是根据印数的多少而增减。以正文用纸为例，某书 32 开本，10 个印张，以每令纸价 180 元计算，即每印张纸价为 0.18 元，即一本书纸张费用为 1.80 元。如印 1000 册，纸张成本为 1800 元，如印数加大 10 倍印 10000 册，纸张成本也同样要增加 10 倍，为 18000 元。这种因印数增加而成本也按比例随同增加，称之为不变成本。

二　可变成本

这指的是与书刊印数成反比例的，即印数越多，成本越低，印数越少，成本越高。可变成本包括：稿酬，校订费，绘图费，排版费，制版费，装版费，拼版费，晒、上版费。这部分成本是根据印数的多少而定的，即印数越大，成本越低，印数越小，成本越高。以排版费为例，某书 32 开本，320 面，以每面激光照排费 8 元计算，全书排版费为 2560 元。如该书只印 1000 册，那么每本书分摊排版费为 2.56 元；如印 10000 册，每本书分摊排版费为 0.26 元；如印 100000 册，那么每本书分摊排版费只有 0.026 元。这种因印数增加而每本书成本可相应降低的成本称之为可变成本。所以任何一种出版物的印数多少，都直接影响到某书成本的高低。也就是说印数越大的书，直接生产成本越低，印数越小的书，直接生产成本越高。所以出版社在经营管理工作中，要采取各种有效措施扩大书刊的销售量，这才是降低书刊成本的最重要的手段。

三　直接生产成本的测算

直接生产成本是计算定价的基础。因此，掌握了直接生产成本的测算，对成本的分析、盈余或亏损的情况，就能了解得十分清楚。所以一般情况，在制定各类书籍的定价标准或参考成本计算定价，都应根据直接生产成本的测算为基本依据，以达到预期的经济效益。

直接生产成本分为不变成本和可变成本两类。影响书籍成本的是可变成本，而使可变成本起变化的主要因素是印数。现根据 1994 年 4 月修订的《北京地区印刷工价》和目前的纸张价格，对自 1000 册至 100000 册不同的印数，进行测算，内容分为不变成本、可变成本和直接生产成本总计三部分。

1. 不变成本的测算

以 32 开本，10 印张，用纸规格 787mm×1092mm，纸张每令 120 元，胶印，锁线订和胶订为例(表 7—2)。

2. 可变成本的测算

以某社科书，32 开本，220 千字(稿酬每千字 30 元)，全书 10 印张为例(表 7—3)。

3. 直接生产成本总和

每印张的不变成本加可变成本之和，即为每印张的直接生产成本。再加上间接成本及销售成本，即构成书籍的全部成本。现将每印张直接生产成本列表(表 7—4)如下：

表 7—2　　不变成本的测算

单位:元/印张

印数(册)	纸张费	胶印		装订	
		平版	轮转	胶订	锁线订
1000	0.12	0.12	0.08	0.087	0.113
2000	0.12	0.06	0.04	0.044	0.057
3000	0.12	0.04	0.027	0.029	0.038
4000	0.12	0.03	0.02	0.022	0.028
5000	0.12	0.024	0.016	0.022	0.028
6000	0.12	0.024	0.016	0.022	0.028
7000	0.12	0.024	0.016	0.022	0.028
8000	0.12	0.024	0.016	0.022	0.028
9000	0.12	0.024	0.016	0.022	0.028
10000	0.12	0.024	0.016	0.022	0.028
15000	0.12	0.024	0.016	0.02	0.026
20000	0.12	0.024	0.016	0.02	0.026
30000	0.12	0.024	0.016	0.019	0.025
40000	0.12	0.024	0.016	0.015	0.019
50000	0.12	0.024	0.016	0.015	0.019
60000	0.12	0.024	0.016	0.015	0.019
70000	0.12	0.024	0.016	0.015	0.019
80000	0.12	0.024	0.016	0.015	0.019
90000	0.12	0.024	0.016	0.015	0.019
100000	0.12	0.024	0.016	0.015	0.019

说明:①印装加放纸张未计算在内。

②本表内的单价小数点后第四位数,按四舍五入计算。

③封面和插页不包括在内,可另行计算。

印刷基础及管理

表 7—3　可变成本的测算

单位:元/印张

印数(册)	稿酬	激光照排排版费	软片晒上版拼版费
1000	0.66	0.256	0.276
2000	0.33	0.128	0.138
3000	0.22	0.085	0.092
4000	0.165	0.064	0.069
5000	0.132	0.051	0.055
6000	0.11	0.043	0.046
7000	0.094	0.037	0.039
8000	0.083	0.032	0.035
9000	0.073	0.028	0.031
10000	0.066	0.026	0.028
15000	0.044	0.017	0.018
20000	0.033	0.013	0.014
30000	0.022	0.009	0.009
40000	0.017	0.006	0.007
50000	0.013	0.005	0.006
60000	0.011	0.004	0.005
70000	0.009	0.004	0.004
80000	0.008	0.003	0.003
90000	0.007	0.003	0.003
100000	0.007	0.003	0.003

说明:①稿酬未包括印数稿酬。

②本表内的单价小数点后第四位按四舍五入计算。

表 7—4　　直接生产成本总计

单位:元/印张

印数(册)	激光照排、胶印			
	平版		轮转	
	胶订	锁线订	胶订	锁线订
1000	1.579	1.605	1.539	1.565
2000	0.88	0.893	0.86	0.873
3000	0.646	0.655	0.633	0.642
4000	0.53	0.536	0.52	0.526
5000	0.454	0.47	0.444	0.462
6000	0.425	0.431	0.417	0.425
7000	0.396	0.402	0.388	0.394
8000	0.376	0.382	0.368	0.374
9000	0.358	0.364	0.35	0.396
10000	0.346	0.352	0.338	0.344
15000	0.303	0.309	0.295	0.301
20000	0.284	0.29	0.276	0.282
30000	0.263	0.269	0.255	0.261
40000	0.249	0.253	0.241	0.245
50000	0.243	0.247	0.235	0.239
60000	0.239	0.243	0.231	0.235
70000	0.236	0.24	0.228	0.232
80000	0.233	0.237	0.225	0.229
90000	0.232	0.236	0.224	0.228
100000	0.232	0.236	0.224	0.228

说明:本表中的单价和项目如有变动,可另行计算和补充。

第四节　定价的计算

各出版社书刊标准定价的制定，是一项很重要的工作，它具有很强的政策性。由于各出版社出书范围不同，出版成本又因印数的多少而有差异。但总的要求是经济效益必须服从社会效益，做到保本薄利、略有盈余的经营方针。在制定本社定价标准时，要在整个出版社范围内实行盈亏统筹，有盈有亏，总利润以不超过10%为原则。

各出版社应根据领导部门规定的书刊定价标准来制定本社各类图书的定价标准。由于书籍的内容不同，一般可分为社会科学、文化艺术、自然科学、应用技术等大类。大专教材可分为普通中专教材、教参，成人中专教材、教参，大学教材、教参等类。再按不同的类别确定定价标准的幅度。中、小学课本由国家规定的标准计算定价。纸张则以787mm×1092mm规格为标准纸张，850mm×1168mm规格的纸张，标准定价则应另加20%。小于787mm×1092mm或大于850mm×1168mm规格的纸张以此类推。

除了可按标准计算定价的各类书籍外，还有一些装帧精美、豪华的书籍，大型工具书，用高级纸张印刷的书籍，以及线装书等，则可参考实际成本计算定价。由于按实际成本计算定价，成本较高。因此，有的书籍可考虑以后重印的可能性，计算直接生产成本时可适当增加估计印数，从而降低成本，使定价不至过高。以下是定价的计算方法：

1. 按标准计算定价

在定价标准中，书籍的正文、插页、封面的定价是分别计算的。正文定价按印张计算；封面按个计算，然后按不同的类别进行计算。

例：某书大32开本，10印张，插页2页。正文每印张标准定价为1.2元，彩色插页每页标准定价为0.35元，封面每个标准定价为0.7元。其计算公式如卜：

公式　(每印张标准定价×正文印张数)×1.2+(每页标准定价×插页页数)+(每个标准定价×封面)=每册定价

算式　(1.2×10)×1.2+(0.35元×2)+(0.7元×1)=6.50(元)

2. 按实际成本计算定价

实际成本分为直接生产成本、间接成本和销售成本三部分。这三部分成本大体有一定的百分比，如直接生产成本占45%~50%，间接成本占17%~22%，销售成本占33%。一般印数较少的书籍，直接生产成本占定价的百分比可低一点，按45%计算；间接成本可高一点，按22%计算。印数稍多的书籍，直接生产成本占定价的百分比可高一点，按50%计算；间接成本可低一点，按17%计算。总之，按实际成本计算定价。因一般定价偏高，所以，在确定直接生产成本所占百分比的大小时，首先应考虑控制该书的定价，只要求保本，或略有薄利，必要时第一次印刷还允许低于实际成本，以不损害读者的利益。

以下为直接生产成本、间接成本和销售成本的计算方法：

例：某书大32开本，10印张，照排胶印，印数4000册，直接生产成本为每册10元。成本所占的百分比为：直接生产成本占50%，间接成本占17%，销售成本占33%。其计算公式如下：

(1)公式　直接生产成木÷50%-每册定价

算式　$10\times\frac{100}{50}=20$(元)

(2)公式　每册定价×间接成本所占百分比=间接成本

算式　$20\times\frac{17}{100}=3.4$(元)

(3)公式　每册定价×销售成本所占百分比=销售成本

算式　$20\times\frac{33}{100}=6.6$(元)

第五节　降低成本的措施与加强管理

书刊出版过程中环节很多，各个部门都应为降低书刊的成本而努力。要避免在整个生产过程中因工作疏忽，而造成损失；装帧、设计和印制工艺设计要在保证质量的前提下力争降低成本；选用纸张材料要合理不浪费。总之，每个环节都不应因质量问题而造成返工，或因采取不合理的工艺而造成损失。下面是降低直接生产成本的几个方面。

一　发稿要坚持做到“齐、清、定”

编辑部门处理稿件必须坚持“齐、清、定”的原则，发文字稿要做到“清”“定”，避免发稿后在排、校过程中进行修改，造成返工，从而增加了排版费用；发图稿要经过认真检查，避免因图面或图中文字有错，而造成重制图版的损失。

如果因书稿内容有问题而造成重排、重制、停机、重印等返工事故，那损失就更大了。这不仅仅增加了印制成本，而且还会严重影响出书时间。总之，编辑部门发的稿件“齐、清、定”的程度越高，在书籍生产过程中造成的差错和损失也就越小，对降低直接生产成本十分有利。

二　提高印制工艺设计水平

根据各类书籍不同的要求，在制定排版、制版、印刷、装订工艺设计方案时，既要考虑到保证质量，又要尽可能做到降低直接生产成本，这是排制、印装工艺设计的最佳方案。而这方面能降低成本的潜力又很大，特别是印数大的书籍，如果精心安排，就能节省一定的生产费用。降低印制成本主要有以下几个方面：

1. 排版凑印张

排版时应尽可能将版面凑成整印张，如仍有零页也应凑成整数，如4面、8面、16面。调整印张工作，以放在初校样上进行最为合适。如果一本书将扉页、版权页、序言、目录和正文加在一起凑成整印张还缺一、二页，那也可以用前、后衬页补上，凑足整印张。一本书如把印张凑成整数，进行印刷和装订，则可以节省不少印装费，降低了生产成本；并能缩短印装时间，加快出书周期。

2. 彩色插图制版

可采取将几个规格一致的图拼在一起一次制版；单色图也可采取拼好后再制版。将彩色图和单色图拼好版面一次制版，比分开单个制版再拼成版面，制版费相差甚大。所以，绘图设计人员在设计彩色图和单色图版面时，如将小图精心加工拼贴，则可节省大量的制版费。

3. 工艺的选择

一本书如果正文选择胶印工艺，一般情况套色封面和插页也会随同采取胶印工艺。但是为了降低生产成本，印数少的书籍，套色封面和插页可采用凸印工艺。因凸印封面和插页可单个印刷，印刷费较低；而胶印就得用四开机或对开机印刷，印刷费较高。所以，印数少的书籍，封面和插页采用凸印工艺，可节省不少印刷费，是降低生产成本的好办法。

平订书装订工艺的选择，一般本子薄的书(160页以下)可采用铁丝订或缝纫订，而本子厚的书则采用胶订或锁线订。本子薄的杂志(32页以下)可采用骑马订。装订费的单价骑马订最低，其次是铁丝订，最高是锁线订。因此，选择装订工艺时，一要考虑书籍的内容，二要考虑书籍的厚薄。

在保证质量的前提下，可用骑马订的决不采用铁丝订；可用铁丝订的决不采用胶订或锁线订；有条件用胶订的(工厂要有胶订联动机设备，如马天尼等)决不采用锁线订。这对印数较大的书刊能节省的生产成本也是很可观的。

三　合理使用纸张材料

纸张材料在书籍的成本中，占很大比重，因此，合理使用纸张材料是降低书籍成本的一个重要方面。主要的措施有以下几个方面：

1. 选择图书用纸

图书正文用纸通常使用 52 克胶印纸和凸版纸，一般不随意提高克重和品种，应使用 52 克的，决不改用 60 克纸。一般情况凸印图书使用凸版纸，胶印图书使用胶印纸，但胶印纸价格均高于凸版纸。因此，在选择胶印图书用纸时，除必要的用胶印纸外，也可选用纸质较好的凸版纸以代替胶印纸，从而降低纸张成本。

2. 封面印刷用纸的选择与计算

图书封面如套色印刷，一般可选用胶版纸，而不应选择价格较高的铜版纸。封面纸的克重可根据图书本子厚薄来确定。比如 160 页以上可用 150 克胶版纸；81 页至 160 页可用 120 克胶版纸；40 页至 80 页可用 100 克胶版纸；40 页以下可用 80 克胶版纸。要尽量避免本子薄的书用克重大的胶版纸，以免增加纸张的成本。封面用纸要精心计算，合理裁切，减少损失。例如，使用 787mm × 1092mm 的胶版纸开切大 32 开本、20 个印张书脊厚度的封面，不加勒口，1 张纸用纵横开切法能裁切 11 个封面，1 令纸可裁切 5500 个。有的印刷厂采用直线开切法 1 张纸只能裁切 10 个封面，1 令纸只能裁切 5000 个。两种不同的开切法相比较，1 令纸要少出 500 个封面。出现这种情况，就应和厂方说明道理，协商解决。如印刷管理人员不精心计算，积少成多，便会加大直接成本。

3. 出版社的存纸要适当

不使纸张材料过多积压，占用资金。特别存纸中多品种的零头纸张要及时清理利用，不要长期积压，造成浪费。

四　控制间接成本，增加销售收入

要尽量控制间接成本在全书成本中所占的比重，从节约行政开支、堵塞铺张浪费等方面着手，使管理费用保持在合理的界限以内。

扩大销售收入，一是要进行有效的宣传推广活动，缩短出书周期，扩大书刊销售量；二是要及时向销售部门收回书款，加速资金的周转。实际上扩大书刊销售量，既能增加销售收入，又有大幅度降低直接生产成本，从而获得较好的社会效益和经济效益。

[复习思考题]

1. 出版物的成本由哪几部分构成?其具体内容是什么?

2. 什么叫不变成本?什么叫可变成本?

3. 降低成本的措施有哪些?

4. 计算出一本图书的直接生产成本，以及每印张的直接生产成本。

附　录

1　印刷业管理条例

第一章　总　　则

第一条　为了加强印刷业管理，维护印刷业经营者的合法权益和社会公共利益，促进社会主义精神文明和物质文明建设，制定本条例。

第二条　本条例适用于出版物、包装装潢印刷品和其他印刷品的印刷经营活动。

本条例所称出版物，包括报纸、期刊、书籍、地图、年画、图片、挂历、画册及音像制品、电子出版物的装帧封面等。

本条例所称包装装潢印刷品，包括商标标识、广告宣传品及作为产品包装装潢的纸、金属、塑料等的印刷品。

本条例所称其他印刷品，包括文件、资料、图表、票证、证件、名片等。

本条例所称印刷经营活动，包括经营性的排版、制版、印刷、装订、复印、影印、打印等活动。

第三条　印刷业经营者必须遵守有关法律、法规和规章，讲求社会效益。

禁止印刷含有反动、淫秽、迷信内容和国家明令禁止印刷的其他内容的出版物、包装装潢印刷品和其他印刷品。

第四条　国务院出版行政部门主管全国的印刷业监督管理工作。县级以上地方各级人民政府负责出版管理的行政部门(以下简称出版行政部门)负责本行政区域内的印刷业监督管理工作。

县级以上各级人民政府公安部门、工商行政管理部门及其他有关部门在各自的职责范围内，负责有关的印刷业监督管理工作。

第五条　印刷业经营者应当建立、健全承印验证制度、承印登记制度、印刷品保管制度、印刷品交付制度、印刷活动残次品销毁制度等。具体办法由国务院出版行政部门会同国务院公安部门制定。

印刷业经营者在印刷经营活动中发现违法犯罪行为，应当及时向公安部门或者出版行政部门报告。

第六条　印刷行业的社会团体按照其章程，在出版行政部门的指导下，实行自律管理。

第二章　印刷企业的设立

第七条　国家实行印刷经营许可制度。未依照本条例规定取得印刷经营许可证的，任何单位和个人不得从事印刷经营活动。

第八条　设立印刷企业，应当具备下列条件：

(一)有企业的名称、章程；

(二)有确定的业务范围；

(三)有适应业务范围需要的生产经营场所和必要的资金、设备等生产经营条件；

(四)有适应业务范围需要的组织机构和人员；

(五)有关法律、行政法规规定的其他条件。

审批设立印刷企业，除依照前款规定外，还应当符合国家有关印刷企业总量、结构和布局的规划。

第九条　设立从事出版物、包装装潢印刷品和其他印刷品印刷经营活动的企业，应当向所在地省、自治区、直辖市人民政府出版行政部门提出申请；其中，设立专门从事名片印刷的企业，应当向所在地县级人民政府出版行政部门提出申请。申请人经审核批准的，取得印刷经营许可证；并按照国家有关规定持印刷经营许可证向公安部门提出申请，经核准，取得特种行业许可证后，持印刷经营许可证、特种行业许可证向工商行政管理部门申请登记注册，取得营业执照。

个人不得从事出版物、包装装潢印刷品印刷经营活动；个人从事其他印刷品印刷经营活动的，依照前款的规定办理审批手续。

第十条 出版行政部门受理设立从事印刷经营活动的企业申请，应当自收到申请之日起60日内作出批准或者不批准的决定。批准设立申请的，应当发给印刷经营许可证；不批准设立申请的，应当通知申请人并说明理由。

印刷经营许可证应当注明印刷企业所从事的印刷经营活动的种类。

印刷经营许可证不得出售、出租、出借或者以其他形式转让。

第十一条 印刷业经营者申请兼营或者变更从事出版物、包装装潢印刷品或者其他印刷品印刷经营活动，或者兼并其他印刷业经营者，或者因合并、分立而设立新的印刷业经营者，应当依照本条例第九条的规定办理手续。

印刷业经营者变更名称、法定代表人或者负责人、住所或者经营场所等主要登记事项，或者终止印刷经营活动，应当向原办理登记的公安部门、工商行政管理部门办理变更登记、注销登记，并报原批准设立的出版行政部门备案。

第十二条 国家允许设立中外合资经营印刷企业、中外合作经营印刷企业，允许设立从事包装装潢印刷品印刷经营活动的外资企业。具体办法由国务院出版行政部门会同国务院对外经济贸易主管部门制定。

第十三条 单位内部设立印刷厂(所)，必须向所在地县级以上地方人民政府出版行政部门办理登记手续，并按照国家有关规定向公安部门备案；单位内部设立的印刷厂(所)印刷涉及国家秘密的印件的，还应当向保密工作部门办理登记手续。

单位内部设立的印刷厂(所)不得从事印刷经营活动；从事印刷经营活动的，必须依照本章的规定办理手续。

第三章　出版物的印刷

第十四条 国家鼓励从事出版物印刷经营活动的企业及时印刷体现国内外新的优秀文化成果的出版物，重视印刷传统文化精品和有价值的学术著作。

第十五条 从事出版物印刷经营活动的企业不得印刷国家明令禁

止出版的出版物和非出版单位出版的出版物。

第十六条 印刷出版物的，委托印刷单位和印刷企业应当按照国家有关规定签订印刷合同。

第十七条 印刷企业接受出版单位委托印刷图书、期刊的，必须验证并收存出版单位盖章的印刷委托书，并在印刷前报出版单位所在地省、自治区、直辖市人民政府出版行政部门备案；印刷企业接受所在地省、自治区、直辖市以外的出版单位的委托印刷图书、期刊的，印刷委托书还必须事先报印刷企业所在地省、自治区、直辖市人民政府出版行政部门备案。印刷委托书由国务院出版行政部门规定统一格式，由省、自治区、直辖市人民政府出版行政部门统一印制。

印刷企业接受出版单位委托印刷报纸的，必须验证报纸出版许可证；接受出版单位的委托印刷报纸、期刊的增版、增刊的，还必须验证主管的出版行政部门批准出版增版、增刊的文件。

第十八条 印刷企业接受委托印刷内部资料性出版物的，必须验证县级以上地方人民政府出版行政部门核发的准印证。

印刷企业接受委托印刷宗教内容的内部资料性出版物的，必须验证省、自治区、直辖市人民政府宗教事务管理部门的批准文件和省、自治区、直辖市人民政府出版行政部门核发的准印证。

出版行政部门应当自收到印刷内部资料性出版物或者印刷宗教内容的内部资料性出版物的申请之日起30日内作出是否核发准印证的决定，并通知申请人；逾期不作出决定的，视为同意印刷。

第十九条 印刷企业接受委托印刷境外的出版物的，必须持有关著作权的合法证明文件，经省、自治区、直辖市人民政府出版行政部门批准；印刷的境外出版物必须全部运输出境，不得在境内发行、散发。

第二十条 委托印刷单位必须按照国家有关规定在委托印刷的出版物上刊载出版单位的名称、地址，书号、刊号或者版号，出版日期或者刊期，接受委托印刷出版物的企业的真实名称和地址，以及其他有关事项。

印刷企业应当自完成出版物的印刷之日起2年内，留存一份接受委托印刷的出版物样本备查。

第二十一条 印刷企业不得盗印出版物，不得销售、擅自加印或者接受第三人委托加印受委托印刷的出版物，不得将接受委托印刷的出版物纸型及印刷底片等出售、出租、出借或者以其他形式转让给其他单位或者个人。

第二十二条 印刷企业不得征订、销售出版物，不得假冒或者盗用他人名义印刷、销售出版物。

第四章 包装装潢印刷品的印刷

第二十三条 从事包装装潢印刷品印刷的企业不得印刷假冒、伪造的注册商标标识，不得印刷容易对消费者产生误导的广告宣传品和作为产品包装装潢的印刷品。

第二十四条 印刷企业接受委托印刷注册商标标识的，应当验证商标注册人所在地县级工商行政管理部门签章的《商标注册证》复印件，并核查委托人提供的注册商标图样；接受注册商标被许可使用人委托，印刷注册商标标识的，印刷企业还应当验证注册商标使用许可合同。印刷企业应当保存其验证、核查的工商行政管理部门签章的《商标注册证》复印件、注册商标图样、注册商标使用许可合同复印件2年，以备查验。

国家对注册商标标识的印刷另有规定的，印刷企业还应当遵守其规定。

第二十五条 印刷企业接受委托印刷广告宣传品、作为产品包装装潢的印刷品的，应当验证委托印刷单位的营业执照或者个人的居民身份证；接受广告经营者的委托印刷广告宣传品的，还应当验证广告经营资格证明。

第二十六条 印刷企业接受委托印刷包装装潢印刷品的，应当将印刷品的成品、半成品、废品和印板、纸型、底片、原稿等全部交付委托印刷单位或者个人，不得擅自留存。

第二十七条 印刷企业接受委托印刷境外包装装潢印刷品的，必须事先向所在地省、自治区、直辖市人民政府出版行政部门备案；印刷的包装装潢印刷品必须全部运输出境，不得在境内销售。

第五章 其他印刷品的印刷

第二十八条 印刷标有密级的文件、资料、图表等，按照国家有关法律、法规或者规章的规定办理。

第二十九条 印刷布告、通告、重大活动工作证、通行证、在社会上流通使用的票证的，委托印刷单位必须出具主管部门的证明，并按照国家有关规定向印刷企业所在地公安部门办理准印手续，在公安部门指定的印刷企业印刷。公安部门指定的印刷企业必须验证主管部门的证明和公安部门的准印证明，并保存主管部门的证明副本和公安部门的准印证明副本2年，以备查验；并且不得再委托他人印刷上述印刷品。

印刷机关、团体、部队、企业事业单位内部使用的有价票证或者无价票证，或者印刷有单位名称的介绍信、工作证、会员证、出入证、学位证书、学历证书或者其他学业证书等专用证件的，委托印刷单位必须出具委托印刷证明。印刷企业必须验证委托印刷证明。

印刷企业对前两款印件不得保留样本、样张；确因业务参考需要保留样本、样张的，应当征得委托印刷单位同意，在所保留印件上加盖“样本”“样张”戳记，并妥善保管，不得丢失。

第三十条 印刷企业接受委托印刷宗教用品的，必须验证省、自治区、直辖市人民政府宗教事务管理部门的批准文件和省、自治区、直辖市人民政府出版行政部门核发的准印证；省、自治区、直辖市人民政府出版行政部门应当自收到印刷宗教用品的申请之日起10日内作出是否核发准印证的决定，并通知申请人；逾期不作出决定的，视为同意印刷。

第三十一条 从事其他印刷品印刷经营活动的个人不得印刷标有密级的文件、资料、图表等，不得印刷布告、通告、重大活动工作证、通行证、在社会上流通使用的票证，不得印刷机关、团体、部队、企业事业单位内部使用的有价或者无价票证，不得印刷有单位名称的介绍信、工作证、会员证、出入证、学位证书、学历证书或者其他学业证书等专用证件，不得印刷宗教用品。

第三十二条 接受委托印刷境外其他印刷品的，必须事先向所在地省、自治区、直辖市人民政府出版行政部门备案；印刷的其他印刷品必须全部运输出境，不得在境内销售。

第三十三条 印刷企业和从事其他印刷品印刷经营活动的个人不得盗印他人的其他印刷品，不得销售、擅自加印或者接受第三人委托加印委托印刷的其他印刷品，不得将委托印刷的其他印刷品的纸型及印刷底片等出售、出租、出借或者以其他形式转让给其他单位或者个人。

第六章　罚　　则

第三十四条　违反本条例规定，擅自设立印刷企业或者擅自从事印刷经营活动的，由公安部门、工商行政管理部门依据法定职权予以取缔，没收印刷品和违法所得以及进行违法活动的专用工具、设备，违法经营额1万元以上的，并处违法经营额5倍以上10倍以下的罚款；违法经营额不足1万元的，并处1万元以上5万元以下的罚款；构成犯罪的，依法追究刑事责任。

单位内部设立的印刷厂(所)未依照本条例第二章的规定办理手续，从事印刷经营活动的，依照前款的规定处罚。

第三十五条　印刷业经营者违反本条例规定，有下列行为之一的，由县级以上地方人民政府出版行政部门责令停止违法行为，责令停业整顿，没收印刷品和违法所得，违法经营额1万元以上的，并处违法经营额5倍以上10倍以下的罚款；违法经营额不足1万元的，并处1万元以上5万元以下的罚款；情节严重的，由原发证机关吊销许可证；构成犯罪的，依法追究刑事责任：

(一)未取得出版行政部门的许可，擅自兼营或者变更从事出版物、包装装潢印刷品或者其他印刷品印刷经营活动，或者擅自兼并其他印刷业经营者的；

(二)因合并、分立而设立新的印刷业经营者，未依照本条例的规定办理手续的；

(三)出售、出租、出借或者以其他形式转让印刷经营许可证的。

第三十六条　印刷业经营者印刷明知或者应知含有本条例第三条规定禁止印刷内容的出版物、包装装潢印刷品或者其他印刷品的，或者印刷国家明令禁止出版的出版物或者非出版单位出版的出版物的，由县级以上地方人民政府出版行政部门、公安部门依据法定职权责令停业整顿，没收印刷品和违法所得，违法经营额1万元以上的，并处违法经营额5倍以上10倍以下的罚款；违法经营额不足1万元的，并处1万元以上5万元以下的罚款；情节严重的，由原发证机关吊销许可证；构成犯罪的，依法追究刑事责任。

第三十七条 印刷业经营者有下列行为之一的，由县级以上地方人民政府出版行政部门、公安部门依据法定职权责令改正，给予警告；情节严重的，责令停业整顿或者由原发证机关吊销许可证：

(一)没有建立承印验证制度、承印登记制度、印刷品保管制度、印刷品交付制度、印刷活动残次品销毁制度等的；

(二)在印刷经营活动中发现违法犯罪行为没有及时向公安部门或者出版行政部门报告的；

(三)变更名称、法定代表人或者负责人、住所或者经营场所等主要登记事项，或者终止印刷经营活动，不向原批准设立的出版行政部门备案的；

(四)未依照本条例的规定留存备查的材料的。

单位内部设立印刷厂(所)违反本条例的规定，没有向所在地县级以上地方人民政府出版行政部门、保密工作部门办理登记手续，并按照国家有关规定向公安部门备案的，由县级以上地方人民政府出版行政部门、保密工作部门、公安部门依据法定职权责令改正，给予警告；情节严重的，责令停业整顿。

第三十八条 从事出版物印刷经营活动的企业有下列行为之一的，由县级以上地方人民政府出版行政部门给予警告，没收违法所得，违法经营额1万元以上的，并处违法经营额5倍以上10倍以下的罚款；违法经营额不足1万元的，并处1万元以上5万元以下的罚款；情节严重的，责令停业整顿或者由原发证机关吊销许可证；构成犯罪的，依法追究刑事责任：

(一)接受他人委托印刷出版物，未依照本条例的规定验证印刷委托书、有关证明或者准印证，或者未将印刷委托书报出版行政部门备案的；

(二)假冒或者盗用他人名义，印刷出版物的；

(三)盗印他人出版物的；

(四)非法加印或者销售受委托印刷的出版物的；

(五)征订、销售出版物的；

(六)擅自将出版单位委托印刷的出版物纸型及印刷底片等出售、出租、出借或者以其他形式转让的；

(七)未经批准，接受委托印刷境外出版物的，或者未将印刷的境外出版物全部运输出境的。

第三十九条 从事包装装潢印刷品印刷经营活动的企业有下列行为之一的，由县级以上地方人民政府出版行政部门给予警告，没收违法所得，违法经营额1万元以上的，并处违法经营额5倍以上10倍以下的罚款；违法经营额不足1万元的，并处1万元以上5万元以下的罚款；情节严重的，责令停业整顿或者由原发证机关吊销许可证；构成犯罪的，依法追究刑事责任：

(一)接受委托印刷注册商标标识，未依照本条例的规定验证、核查工商行政管理部门签章的《商标注册证》复印件、注册商标图样或者注册商标使用许可合同复印件的；

(二)接受委托印刷广告宣传品、作为产品包装装潢的印刷品，未依照本条例的规定验证委托印刷单位的营业执照或者个人的居民身份证的，或者接受广告经营者的委托印刷广告宣传品，未验证广告经营资格证明的；

(三)盗印他人包装装潢印刷品的；

(四)接受委托印刷境外包装装潢印刷品未依照本条例的规定向出版行政部门备案的，或者未将印刷的境外包装装潢印刷品全部运输出境的。

印刷企业接受委托印刷注册商标标识、广告宣传品，违反国家有关注册商标、广告印刷管理规定的，由工商行政管理部门给予警告，没收印刷品和违法所得，违法经营额1万元以上的，并处违法经营额5倍以上10倍以下的罚款；违法经营额不足1万元的，并处1万元以上5万元以下的罚款。

第四十条 从事其他印刷品印刷经营活动的企业和个人有下列行为之一的，由县级以上地方人民政府出版行政部门给予警告，没收印刷品和违法所得，违法经营额1万元以上的，并处违法经营额5倍以上10倍以下的罚款；违法经营额不足1万元的，并处1万元以上5万元以下的罚款；情节严重的，责令停业整顿或者由原发证机关吊销许可证；构成犯罪的，依法追究刑事责任：

(一)接受委托印刷其他印刷品，未依照本条例的规定验证有关证明的；

（二）擅自将接受委托印刷的其他印刷品再委托他人印刷的；

（三）将委托印刷的其他印刷品的纸型及印刷底片出售、出租、出借或者以其他形式转让的；

（四）伪造、变造学位证书、学历证书等国家机关公文、证件或者企业事业单位、人民团体公文、证件的，或者盗印他人的其他印刷品的；

（五）非法加印或者销售委托印刷的其他印刷品的；

（六）接受委托印刷境外其他印刷品未依照本条例的规定向出版行政部门备案的，或者未将印刷的境外其他印刷品全部运输出境的；

（七）从事其他印刷品印刷经营活动的个人超范围经营的。

第四十一条 有下列行为之一的，由公安部门给予警告，没收印刷品和违法所得，违法经营额1万元以上的，并处违法经营额5倍以上10倍以下的罚款；违法经营额不足1万元的，并处1万元以上5万元以下的罚款；情节严重的，责令停业整顿或者吊销特种行业许可证：

（一）印刷布告、通告、重大活动工作证、通行证、在社会上流通使用的票证，印刷企业没有验证主管部门的证明和公安部门的准印证明的，或者再委托他人印刷上述印刷品的；

（二）不是公安部门指定的印刷企业，擅自印刷布告、通告、重大活动工作证、通行证、在社会上流通使用的票证的；

（三）印刷业经营者伪造、变造学位证书、学历证书等国家机关公文、证件或者企业事业单位、人民团体公文、证件的。

印刷布告、通告、重大活动工作证、通行证、在社会上流通使用的票证，委托印刷单位没有取得主管部门证明的，或者没有按照国家有关规定向印刷企业所在地公安部门办理准印手续的，或者未在公安部门指定的印刷企业印刷的，由县级以上人民政府公安部门处以500元以上5000元以下的罚款。

第四十二条 印刷业经营者违反本条例规定，有下列行为之一的，由县级以上地方人民政府出版行政部门责令改正，给予警告；情节严重的，责令停业整顿或者由原发证机关吊销许可证：

（一）从事包装装潢印刷品印刷经营活动的企业擅自留存委托印刷的包装装潢印刷品的成品、半成品、废品和印板、纸型、印刷底片、原稿等的；

(二)从事其他印刷品印刷经营活动的企业和个人擅自保留其他印刷品的样本、样张的，或者在所保留的样本、样张上未加盖“样本”“样张”戳记的。

第四十三条 印刷业经营者被处以吊销许可证行政处罚的，应当按照国家有关规定到工商行政管理部门办理变更登记或者注销登记；逾期未办理的，由工商行政管理部门吊销营业执照。

第四十四条 印刷企业被处以吊销许可证行政处罚的，其法定代表人或者负责人自许可证被吊销之日起10年内不得担任印刷企业的法定代表人或者负责人。

从事其他印刷品印刷经营活动的个人被处以吊销许可证行政处罚的，自许可证被吊销之日起10年内不得从事印刷经营活动。

第四十五条 依照本条例的规定实施罚款的行政处罚，应当依照有关法律、行政法规的规定，实行罚款决定与罚款收缴分离；收缴的罚款必须全部上缴国库。

第四十六条 出版行政部门、公安部门、工商行政管理部门或者其他有关部门违反本条例规定，擅自批准不符合设立条件的印刷企业，或者不履行监督职责，或者发现违法行为不予查处，造成严重后果的，对负责的主管人员和其他直接责任人员给予降级或者撤职的行政处分；构成犯罪的，依法追究刑事责任。

第七章　附　　则

第四十七条 本条例施行前已经依法设立的印刷企业，应当自本条例施行之日起180日内，到出版行政部门换领《印刷经营许可证》。

依据本条例发放许可证，除按照法定标准收取成本费外，不得收取其他任何费用。

第四十八条 本条例自公布之日起施行。1997年3月8日国务院发布的《印刷业管理条例》同时废止。

2　中华人民共和国国家标准·中国标准书号

本标准的目的在于使在中国注册的出版社所出版的每一种图书的每一个版本都有一个世界性的惟一标识代码，使利用计算机或其他现代化技术进行图书的贸易管理和信息交换得到更高的效率和可靠性，并为图书的分类统计和销售陈列工作创造方便条件。

1　中国标准书号的结构

一个中国标准书号由一个国际标准书号(International Standard Book Number, 缩写为 ISBN)和一个图书分类——种次号两部分组成，其中国际标准书号(ISBN)是中国标准书号的主体，可以独立使用。

1.1　国际标准书号(ISBN)的结构

国际标准书号由分为以下四段的十位数字所组成：

第一段——组号

第二段——出版社号

第三段——书序号

第四段——校验码

1.1.1　组号：组号是国家、地区、语言或其他组织集团的代号。由国际书号中心(International ISBN agency)负责分配。中国组号为一位数字“7”。

1.1.2　出版社号：由国家标准书号中心负责分配，其位数视申请出版社图书出版量多少而异。出版社号的设置参见本标准第 2 章。

1.1.3　书序号：由出版社负责管理分配，每个出版社所出各种图书的书序号的位数 L 是固定的，计算公式如下：

L = 9 - (组号位数 + 出版社号位数)

…………………………………………(1)

1.1.4　检验码：为中国标准书号的第十位数字。其数值 C_{10} 由中国标准书号的前九位数字($C_1 \sim C_9$)依次以 10 ~ 2 加权之和并以 11 为模数按式(2)计算得到：

$$C_{10} = 11 - \mathrm{MOD}\left[\sum_{i=1}^{9} C_i \times (11 - i),\ 11\right]$$

…………………………………………(2)

式中：MOD——求余函数。

当 MOD 函数值为 1($C_{10} = 10$)时，校验码以 × 表示；当 MOD 函数

值为 0($C_{10}=11$)时，校验码仍以 0 表示。

1.2　图书分类——种次号的结构

图书分类——种次号由图书所属学科的分类号和种次号两段组成，其间用中圆点“·”隔开。如：

A·125；　　TP·301 等等。

1.2.1　分类号：由出版社根据图书的学科范畴参照《中国图书馆图书分类法》的基本大类给出，其中工业技术类图书按二级类目给出(参见附录 A)。因此本段代码为 1~2 个汉语拼音字母。

1.2.2　种次号：为同一出版社所出版的同一图书类号的不同图书的流水编号，由出版社自行给出。其最大数字不应超过国际标准书号第三段书序号(见 1.1.3)的数字。

2　出版社号的设置

为使在相当长的历史时期内，满足申请中国标准书号的出版社的需要，并使各个出版社分配到与其出版量相适应的出版社号，本标准确定如下出版社号的分段范围设置表：

出版社号长度	出版社号范围	出版社数量
2 位数字	00~09	10
3 位数字	100~499	400
4 位数字	5000~7999	3000
5 位数字	80000~89999	10000
6 位数字	900000~999999	100000

3　中国标准书号的印刷与存储格式

中国标准书号应印在图书的版权页和封底(或护封)上。国际标准书号前应冠以 ISBN 字样；书号的四段(组号、出版社号、书序号、校验码)之间要用一个连字符相连接。例如：

ISBN 7-01-134069-6

国际标准书号和图书分类——种次号之间应以水平线或斜线隔开。例如：

$$\frac{\text{ISBN 7-144-11316-X}}{\text{TP}\cdot 1064}$$ 或：ISBN 7-144-11316-X/TP·1064

中国标准书号的印刷字体不应小于 13 级照排字(新五号字)。

当在计算机内部存储中国标准书号的ISBN部分时，可在相应字段内省略ISBN及连字符。如：7011340696，以节省存储空间。当由计算机内读出这种压缩形式的书号时，可借助本标准第2章所列出的出版社号分段范围设置表，打印ISBN分段格式。

注：该标准经国家标准局1986年1月16日发布，1987年1月1日实施。

附加说明：

本标准的国际标准书号结构和国际标准ISO 2108—1978《文献工作——国际标准书号(ISBN)的规定》完全相同。

本标准由全国文献工作标准化技术委员会第七分会提出。

本标准由第七分会“书号”起草小组负责起草。

本标准主要起草人万锦堃。

3　中华人民共和国国家标准·中国标准书号(ISBN 部分)条码

1　主题内容与适用范围

本标准规定了中国标准书号(ISBN 部分)条码的结构、尺寸、PCS 值和印刷位置。

本标准适用于在中国注册出版的图书。

2　引用标准

GB 5796　中国标准书号

GB 12904　通用商品条码

GB 12905　条码系统通用术语　条码符号术语

3　代码结构

978	X_1 X_2 X_3 X_4 X_5 X_6 X_7 X_8 X_9	C
前缀码	数据码	校验码

3.1　前缀码

978 是国际物品编码协会分配给国际标准书号(ISBN)系统专用的前缀码。

3.2　数据码

X_1 ~ X_9 是不含校验码的中国标准书号的 ISBN 部分。

3.3　校验码

校验码按 GB 12904 规定的方法计算得出。

4　条码结构、尺寸及 PCS 值

条码结构、尺寸及 PCS 值应符合 GB 12904 的有关规定。

5　条码印刷位置

一般将条码印刷在图书封底(或护封)的左下角，条的方向与书脊平行(或垂直)，也可根据需要将条码印刷在图书封 2 的左上角。具体尺寸见图 1 至图 4。

书脊在右时，一般应将条码印刷在图书封底(或护封)的右下角，条的方向与书脊平行(或垂直)，也可根据需要将条码印刷在图书封 2 的右上角。

图 1　条码位于封底左下角，条的方向与书脊平行　　图 2　条码位于封底左下角，条的方向与书脊垂直

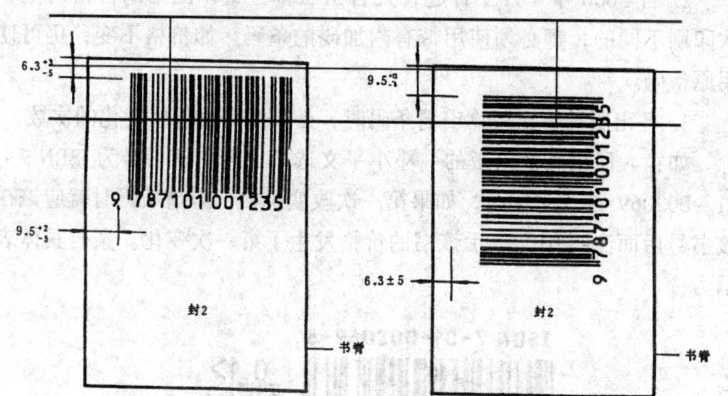

图 3　条码位于封 2 左上角，条的方向与书脊平行　　图 4　条码位于封 2 左上角，条的方向与书脊垂直

注：该标准经国家技术监督局 1991 年 5 月 17 日批准，1992 年 1 月 1 日实施。

附加说明：

本标准由中国物品编码中心提出和负责起草。

本标准主要起草人奚君武、康树国。

4　关于使用图书条码附加码的通知

新闻出版署各条码分中心、各中央级出版社：

目前不少出版社的图书在重印过程中价格作了改变，这样造成同一出版物在使用同一书号时，出现了两种甚至更多的价格。这种情况破坏了书号和条码的惟一性，给发行单位的计算机管理造成很大混乱，严重影响了书店的工作效率。

为了解决上述问题，确保不同价格图书的条码在计算机数据库中的惟一性，特制定图书附加码使用办法。具体要求如下：

1. 为解决图书重印时的变价问题，特增加图书条码附加码。附加码只表示该书的价格变化次数，以确保书号相同价格不同的图书其书号和条码在计算机数据库中的惟一性。

2. 自 2000 年 4 月 1 日起，凡各出版单位重印图书的价格与上一次印刷不同的，都必须使用带有附加码的条码。如价格不变，仍可使用原条码。

3. 各出版社为出版物申请条码时，必须注该书价格变化的次数。

如：人民出版社出版的《邓小平文选第二卷》，书号为 ISBN 7 - 01 - 002069 - 8。重印时，如果第一次改变价格，申请条码时就应该在该书号后面注明 01，以示该书的价格发生了第一次变化。条码具体表示为：

如再次重印时，价格又有改变，是在初版基础上的第二次改变价格。申请条码时就要在书号后注明 02，以示第二次变价，条码具体表示为：

4. 新闻出版署各条码分中心在接受出版社的重印图书条码制作申请时，要帮助出版社分清该书的价格变化次数，准确地向新闻出版署条码中心申报。中央级出版社在申请制作重印图书条码时，也要准确地注明价格变化的情况。

5. 带有附加码的条码制作费用为每个条码 48 元。

6. 为了保证出版周期，请各出版社协调好条码的申办时间。

注：新闻出版署文件〔新出办(2000)228 号〕。

5　图书和其他出版物的书脊规则

本标准参照采用国际标准ISO6357—1985《书和其他出版物的书脊名称》。

1　主要内容和适用范围

本标准规定了书脊的定义、内容和设计规则。

本标准适用于一般图书、系列出版物、多卷出版物、期刊报告、文件(如盒装文件和盒式磁带)以及拟上架的类似出版物。不适用于外文版图书及线装书。

2　定义

2.1　书脊

连接书的封面和封四，以缝、钉、粘或其他方法装订而成的转折部位，包括护封的相应位置。

2.1.1　书脊名称

印在书脊上的内容。

2.1.2　纵排书脊名称

从上向下排字的书脊名称(图1)。

2.1.3　横排书脊名称

当书直立时，横向排字的书脊名称(图2)。

2.2　边缘名称

出版物封四上沿书脊边缘纵排的书脊名称(图3)。

3　书脊名称和边缘名称的设计和使用

3.1　书脊名称的设计和使用

3.1.1　内容和设计规则

3.1.1.1　书脊厚度大于或等于5mm的图书及其他出版物，应设计书脊。

图书和其他出版物及其护封的书脊名称应与其封面、书名页上的名称一致(出版者名称用图案者除外)，不应有文字和措词的变化。

3.1.1.2　一般图书书脊上应设计主书名和出版者名称(或图案标志)，如果版面允许，还应加上著者或译者姓名，也可加上副书名和其他内容。

3.1.1.3　系列出版物的书脊名称，应包括本册的名称和出版者名称，如果版面允许，也可加上总书名和册号。

3.1.1.4　多卷出版物的书脊名称，应包括多卷出版物的总名称、分卷号和出版者名称，但不列分卷名称。

3.1.1.5　期刊及其合订本的书脊名称，应包括期刊名称、卷号、期号和出版年份。

书脊名称一般应采用纵排，横排也可采用。

注：书脊名称中含有外文或汉语拼音时，按外文习惯排印。

3.1.2　书脊名称的清晰度

书脊名称的排印应醒目、清晰、整齐，使人易读，并便于迅速查找。

3.2　边缘名称的设计和使用

若出版物太薄，厚度小于5mm或其他原因不能印上书脊名称时，可在紧挨书脊边缘不大于15mm处，印刷边缘名称。其内容除出版者名称不列入外，其他的内容与书脊名称相同。边缘名称排在封四(图3)。

注：边缘名称便于人们寻找上架的无书脊名称出版物及书脊朝上置于文件盒内或叠放的出版物。

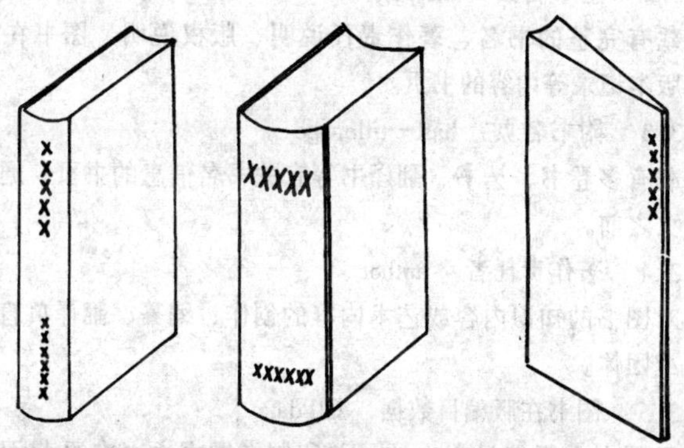

图1　纵排书脊名称　图2　横排书脊名称　图3　纵排边缘名称

附加说明：

本标准由全国文献工作标准化技术委员会第七分委员会提出，中华人民共和国新闻出版署归口。

本标准由中国标准出版社负责起草。

本标准主要起草人崔静珍。

6 图书书名页

本标准等效采用国际标准 ISO1086—87《图书书名页》。

1 主要内容与适用范围

本标准规定了图书书名页上的文字信息及其编排格式。

本标准适用于印刷出版的图书等。

2 引用标准

GB788 图书杂志开本及其幅面尺寸

GB5795 中国标准书号

GB12451 图书在版编目数据

3 术语

3.1 书名页 titleleaves

图书正文之前载有完整书名信息的书页，包括主书名页和附书名页。

3.2 主书名页 titlepage

载有完整的书名、著作责任说明、版权说明、图书在版编目数据、版本记录等内容的书页。

3.3 附书名页 half—titlepage

载有多卷书、丛书、翻译书等有关书名信息的书页，通常位于主书名页之前。

3.4 著作责任者 author

对图书的知识内容或艺术内容的创作、编纂、翻译负直接责任的个人或团体。

3.5 图书在版编目数据 CIPdata

经图书在版编目产生的，并印制在图书主书名页背面的书目数据。

4 主书名页

4.1 主书名页正面

提供图书的书名、著作责任者、出版者。

位于单数页码面。

4.1.1 书名

书名包括正书名、并列书名、副书名及说明书名文字。

正书名的编排必须醒目。正书名、并列书名、副书名、说明书名文字及著作责任者均应易于识别。

说明书名文字包括必要的版次说明。

4.1.2　著作责任者

著作责任者名称采用全称。

翻译书应包括原著作责任者的译名。

多著作责任者可只列载主要著作责任者。

4.1.3　出版者

出版者名称采用全称，并标出其所在地。

4.2　主书名页背面

提供图书的版权说明、在版编目数据和版本记录。位于双数页码面。

4.2.1　版权说明

按有关法规的规定执行。

4.2.2　图书在版编目数据

图书在版编目数据前冠以“图书在版编目(CIP)数据”字样。

图书在版编目数据的选取及编排格式执行GB12451的有关规定。

排印在主书名页背面的中部位置。

4.2.3　版本记录

提供图书在版编目数据未包含的印刷发行、载体形态等记录；提供出版人项。

排印在主书名页背面下部位置。

4.2.3.1　印刷发行记录

印刷者、发行者均采用全称。

列载第1版、本版、本次印刷的年月。

列载印张数、字数、印数、定价。

4.2.3.2　载体形态记录

根据GB788的规定列载开本及其幅面尺寸。

列载附件的类型和数量。如“附8开地图3张”“附3盒录像带”。

4.2.3.3　出版人姓名

即出版社主要负责人姓名。一个出版社在同一时期内只能有一个出版人。

5 附书名页

附书名页可以是一页或一页以上。

5.1 附书名页列载：

多卷书的总书名、主编或主要著作责任者；

丛书名、丛书主编；

翻译书的原著书名、著作责任者、出版者的原文、出版年及原版次；

多语种书的第二种语言之书名、著作责任者、出版者；

多著作责任者书的全部著作者名称。

5.2 附书名页的信息一般列载于双数页码面，与主书名页正面相对应。

必要时，可以使用附书名页正面，或增加附书名页。

5.3 不设附书名页时，附书名页的书名信息需列载于主书名页正面上。

附加说明：

本标准由图书在版编目工作领导小组提出。

本标准由全国文献工作标准化技术委员会第七分会归口。

本标准由“图书在版编目国家标准起草小组”负责起草。

7　中华人民共和国国家标准·科学技术期刊编排格式

为了统一科学技术期刊(以下简称期刊)的编排格式，加强科学管理，促进学术交流，便利编辑和出版工作，特制定本标准。

本标准等效采用国际标准 ISO8—1977《文献工作——期刊的编排格式》。

1　主题内容与适用范围

本标准规定了科学技术期刊的编排格式。

本标准适用于以刊登学术论文为主的学术性期刊和以刊登科学技术报告及其他科技内容为主的技术性期刊、指导性期刊、科普性期刊和检索性期刊可以参照采用。

2　引用标准

GB788　图书、杂志开本及其幅面尺寸

GB3259　中文书刊名称汉语拼音拼写法

GB3792.3　连续出版物著录规则

GB4894　情报与文献工作词汇　基本术语

GB6447　文献编写规则

GB7713　科学技术报告、学位论文和学术论文的编写格式

GB7714　文后参考文献著录规则

GB9999　中国标准刊号

GB11668　图书和其他出版物的书脊规则

GB/T 13417　科学技术期刊目次表

3　刊名

3.1　科学技术期刊的刊名包括刊名、并列刊名和副刊名。刊名应当简明确切，便于引用；应当明确反映本期刊所涉及的特定学术和知识领域；也可以冠其主办机构名称为刊名。

3.2　刊名如因必要尚未能确切反映本期刊的特定内容，应有副刊名作为补充。但一般力求不加副刊名。

3.3　为了国际间学术交流或其他需要，期刊可以有同义的外国文字并列刊名。

3.4　刊名应力求固定不变。标识刊名的字符，应显著地置于封面、目次页和版权标识页上的突出部位，便于辨识。刊名标识的印刷格式应该保持稳定。刊名不得与广告或其他内容混淆。

3.5　期刊如按 GB 3259 的要求，加注刊名的汉语拼音，可印在期刊的适当位置，例如目次页或版权标识页或封底等。

3.6　刊名如用缩写方式，应以直观和不引起误解为原则。外文并列刊名的缩写，应参照有关国际标准规定。

3.7　刊名不论在期刊的任何位置出现，必须保持一致。如受位置所限，可以用缩写刊名。

don: Chapman and Hall, Chap 7: 56—98

A_4　参考文献中相同项目的著录

在参考文献表中，下一条文献与上条相同的项目，应一一重复著录，不宜用“同上”“同出处”“ibid”“Loc. cit.”或“op. cit.”等。

注：本标准经国家技术监督局 1992 年 4 月 13 日批准，1992 年 12 月 1 日实施。

附加说明：

本标准由全国文献工作标准化技术委员会提出。

本标准由全国文献工作标准化技术委员会第七分委员会负责起草。

本标准于 1982 年首次发布。修订标准起草人谭丙煜。

本标准委托全国文献工作标准化技术委员会第七分委员会秘书处负责解释。

8　中华人民共和国国家标准·中小学教科书用纸、印制质量标准和检验方法

1　范围

本标准规定了中小学教科书用纸、印制质量要求和检验方法。

本标准适用于普通中小学使用的各种教科书。中小学生用教学辅助用书和其他类别的教科书可参照采用本标准。

2　引用标准

下列标准所包含的条文，通过在本标准中引用而构成为本标准的条文。本标准出版时，所示版本均为有效，所有标准都会被修订，使用本标准的各方应探讨使用下列标准最新版本的可能性。

GB/T 450—1989　纸和纸板试样的采取(eqv ISO 186: 1985)

GB/T 451.1—1989　纸和纸板尺寸及偏斜度的测定法

GB/T 451.2—1989　纸和纸板定量的测定法(eqv ISO 536: 1976)

GB/T 451.3—1989　纸和纸板厚度的测定法(eqv ISO 438: 1980)

GB/T 453—1989　纸和纸板抗张强度的测定法(恒速加荷法)(eqv ISO 1924－1: 1983)

GB/T 456—1989　纸和纸板平滑度的测定法(别克法)(eqv ISO 5627：1984)

GB/T 457—1989　纸耐折度的测定法(eqv ISO 5626: 1978)

GB/T 460—1989　纸和纸板施胶度的测定法(墨水画线法)

GB/T 462—1989　纸和纸板水分的测定法(eqv ISO 287: 1978)

GB/T 1541—1989　纸和纸板尘埃度的测定法

GB/T 1543—1988　纸不透明度测定法(neq ISO 2471: 1977)

GB/T 1545.1—1989　纸、纸板和纸浆水抽提液酸度或碱度的测定法

GB/T 2679.15—1997　纸和纸板印刷表面强度的测定(电动加速法)(eqv ISO 3783: 1980)

GB/T 2679.16—1997　纸和纸板印刷表面强度的测定(摆或弹簧加速法)(eqv ISO 3782: 1980)

GB/T 7974—1987　纸及纸板　白度测定法(漫射/垂直法)(neq

ISO 2470: 1977)

GB/T 12914—1991 纸和纸板抗张强度的测定法(恒速拉伸法)(eqv ISO 1924 - 2: 1985)

GB/T 9851—1990 印刷技术术语

GB/T 10739—1989 纸浆、纸和纸板试样处理与试验的标准大气(neq ISO 187: 1984)

GB/T 17934.2—1999 印刷技术 网目调分色片、样张及印刷成品的加工过程控制 第2部分：胶印(eqv ISO 12647 - 2: 1996)

GB/T 18358—2001 中小学教科书幅面尺寸及版面通用标准

CY/T 3 - 1999 色评价照明和观察条件

CY/T 5—1999 平版印刷品质量要求及检验方法

CY/T 13—1995 胶印印书质量要求及检验方法

CY/T 28—1999 装订质量要求及检验方法——平装

CY/T 29—1999 装订质量要求及检验方法——骑马订装

3 类别

单色印刷的教科书。

彩色印刷的教科书。

4 质量要求

4.1 纸张要求

4.1.1 彩色印刷的教科书内文可使用A等纸张印刷；单色印刷的教科书内文可使用B等或C等纸张印刷。A等纸为胶版印刷纸；B等和C等纸均为胶印书刊纸。封面应使用120g/m² 及以上的胶版印刷纸或铜版纸，彩色插页应使用80g/m² 及以上的胶版印刷纸或铜版纸。美术教科书彩色内文应使用铜版纸。

4.1.2 纸张的技术指标应符合表1规定。

4.1.3 卷筒纸宽度偏差不应超过±3mm, 卷筒直径为800mm±50mm；平板纸尺寸偏差不应超过±3mm，偏斜度不应超过3mm。

4.1.4 纸张在印刷过程中不应有透印和明显的掉毛、掉粉现象。纸张应平整，纤维组织应均匀，色泽应一致，每批纸张均不应有明显差异。

4.1.5 同批纸的亮(白)度差不大于3%。

4.1.6 纸面不应有影响印刷使用的外观纸病，如砂子、硬质

表 1　　纸张要求

<table>
<tr><td colspan="2" rowspan="2">指标名称</td><td colspan="3">规定</td></tr>
<tr><td>A 等</td><td>B 等</td><td>C 等</td></tr>
<tr><td colspan="2">定量·g/m²</td><td>55 ± 2.0
60 ± 3.0
70 ± 3.5
80 ± 3.5</td><td>55 ± 2.0
60 ± 3.0</td><td>52 ± 2.0
55 ± 2.0</td></tr>
<tr><td rowspan="5">厚度
μm</td><td>52g/m²</td><td colspan="3">61 ± 6.0</td></tr>
<tr><td>55g/m²</td><td colspan="3">65 ± 6.0</td></tr>
<tr><td>60g/m²</td><td colspan="3">70 ± 7.0</td></tr>
<tr><td>70g/m²</td><td colspan="3">82 ± 8.0</td></tr>
<tr><td>80g/m²</td><td colspan="3">94 ± 9.0</td></tr>
<tr><td colspan="2">亮(白)度·%</td><td>78.0 ~ 85.0</td><td>72.0 ~ 80.0</td><td>70.0 ~ 75.0</td></tr>
<tr><td colspan="2">不透明度·%　≥</td><td>85.0</td><td>80.0</td><td>78.0</td></tr>
<tr><td rowspan="2">平滑度</td><td>正反面平均·s　≥</td><td>40.0(机压)
100(超压)</td><td>30.0</td><td>25.0</td></tr>
<tr><td>正反面差·%　≤</td><td>20.0</td><td>30.0</td><td>30.0</td></tr>
<tr><td rowspan="2">抗张指数
N·m/g</td><td>卷筒　纵向　≥</td><td>42.0</td><td>35.0</td><td>32.0</td></tr>
<tr><td>平板　纵横平均　≥</td><td>31.0</td><td>27.0</td><td>23.0</td></tr>
<tr><td colspan="2">施胶度·mm　≥</td><td>1.00</td><td>0.50</td><td>0.25</td></tr>
<tr><td colspan="2">耐折度　横向·次　≥</td><td>12</td><td>8</td><td>5</td></tr>
<tr><td rowspan="3">尘埃度
个/m²</td><td>≥0.2mm² ~ 0.5mm² 的尘埃不多于</td><td>60</td><td>100</td><td>120</td></tr>
<tr><td>>0.5mm² ~ 1.5mm² 的尘埃不多于</td><td>1</td><td>2</td><td>3</td></tr>
<tr><td>>1.5mm² 的尘埃</td><td>不许有</td><td>不许有</td><td>不许有</td></tr>
<tr><td colspan="2">印刷表面强度(正反面均)·m/s　≥</td><td>2.80</td><td>1.60</td><td>1.00</td></tr>
<tr><td colspan="2">pH　≥</td><td>5.0</td><td>—</td><td>—</td></tr>
<tr><td colspan="2">交货水分·%</td><td colspan="3">4.0 ~ 8.0</td></tr>
</table>

块、折子、皱纹及各种条痕、斑点、透光点、裂口、孔眼等。平板纸件内不应有纸片、残张、破损、窝角等。

4.1.7　卷筒纸每卷的接头不多于3个。

4.1.8　复卷过程中不易发现的卷筒内部纸病，如不明显的折子、皱纹、条痕、斑点、透光点、孔眼等不应超过1.0%。

4.2　分色片要求

分色片应符合：

a)实地密度≥3.50；

b)片基灰雾密度≤0.15；

c)网点区域的透明部分附加密度≤0.10；

d)网线数(网点频率)：单色图像为40线/cm~48线/cm(100线/in~120线/in)，

彩色图像为48线/cm~70线/cm(120线/in~175线/in)；

e)文字、网点无破裂；

f)分色片版面干净、无脏迹；

g)分色片对角线套准误差≤0.01%。

4.3　印刷要求

4.3.1　单色印刷的教科书

单色印刷的教科书的印刷应符合：

a)印刷墨色均匀，印页折标印刷实地密度测量值：0.9~1.3；

b)文字清晰，无重影，无缺笔断画、糊字和坏字；

c)图像层次分明，图内说明文字清楚、位置准确；

d)表格线条清楚、无明显模糊不清；

e)页面无明显折痕、脏迹。

4.3.2　彩色印刷的教科书

彩色印刷的教科书的印刷应符合：

a)印刷实地密度测量值应符合表2的要求：

b)亮调网点面积再现范围为3%~5%；

c)文字清晰，无重影，无明显缺笔断画、糊字和坏字；

d)图像层次分明，网点清晰，印刷相对反差值$K=(D_{实地}-D_{75\%网点})/D_{实地}$应符合表3要求；

表 2　　　　　　　　**印刷实地密度测量值**

色　别	胶版印刷纸
黄(Y)	0.80～1.05
品红(M)	1.10～1.40
青(C)	1.10～1.40
黑(K)	1.00～1.50

表 3　　　　　　　　**胶版印刷纸 K 值**

<table>
<tr><th>色　别</th><th>胶版印刷纸 K 值</th></tr>
<tr><td>黄(Y)</td><td>0.20～0.30</td></tr>
<tr><td>品红(M)</td><td rowspan="3">0.30～0.40</td></tr>
<tr><td>青(C)</td></tr>
<tr><td>黑(K)</td></tr>
</table>

e)套印误差≤0.2mm;

f)颜色符合付印样，自然、协调，同批产品同色印刷实地密度允许误差应符合表 4 的要求;

表 4　　　　**同批产品同色印刷实地密度允许误差**

色　别	允 许 误 差
黄(Y)	≤0.15
品红(M)	≤0.20
青(C)	≤0.20
黑(K)	≤0.25

g)版面干净，无明显折痕、脏迹。

4.4　装订要求

4.4.1　书页与书帖

书页与书帖的装订要求如下:

a)三折及三折以上书帖，应划口排除空气;

b)59g/m² 及以下纸张最多折四折；60g/m²～80g/m² 纸张最多折三折;

c)书帖平服整齐，无明显八字皱折、死折、折角、残页、套帖和脏迹；

d)书帖页码和版面顺序正确，以页码中心点为准，相连两页之间页码位置允许误差≤4.0mm，全书页码位置允许误差≤7.0mm；画面接版允许误差≤1.5mm；

e)胶粘装订书帖的折页划口排列正确、划透，均在折缝线上。

4.4.2　书芯订联

4.4.2.1　书芯胶粘订要求如下：

a)胶粘订用黏合剂应符合相关质量要求；

b)铣背深度：三折书帖为2.0mm～3.0mm，四折书帖为2.5mm～3.5mm，以保证黏合剂能渗透到书帖最里页上，不出现散页、脱页和书背折断现象。铣背歪斜(天头到地脚)≤1.0mm；

c)施胶厚度；0.6mm～1.2mm。

4.4.2.2　书芯铁丝平订要求如下：

a)订位为订锯外订眼距书芯上下各1/4处，允许误差±5.0mm。订锯与书脊间的距离：书芯厚度≤4mm时，为3.0mm～6.0mm；书芯厚度>4mm时为4.0mm～7.0mm；

b)无坏锯、漏订、重订，订脚平服牢固；

c)根据纸质及书芯厚度，订锯应选用直径为0.50mm～0.70mm的光滑无锈铁丝。

4.4.3　封面覆膜、上光

封面覆膜、上光应符合：

a)覆膜粘结牢固，表面平整不模糊，无脏迹，光洁度好；无皱折、起泡、粉箔痕和亏膜；

b)分割尺寸准确，不出膜，无明显卷曲，破口≤4.0mm；

c)干燥程度适当，无粘坏表面薄膜或纸张的现象；

d)覆膜后放置10h～20h，覆膜质量应无变化；

e)封面上光，无划痕、脏迹。

4.4.4　包封面

4.4.4.1　胶粘装订包封面的要求如下：

a)机械粘贴封面的侧胶宽度为3.0mm～7.0mm；

b)粘贴封面应正确、平整；

c)定型后的书背应平直；无粘坏封面，无折角；

d)黏合剂黏度要适当，封面应粘牢，无黏合剂溢出。

4.4.4.2 铁丝平订包封面的要求如下：

a)根据书芯和封面纸的厚度，正确选用黏合剂的种类、黏度和用量。以书背为准，浆口≤8.0mm，不显露订锯。封面与书芯应吻合、包紧、包平，同批书上下误差≤3.0mm；

b)烫背后，书背应平整，无马蹄状压痕及变色等；

c)封面用纸超过 200g/m² 时，粘口应压痕；

d)书脊及粘口处压痕位置误差≤1.0mm。

4.4.5 骑马订装

骑马订装应符合：

a)配帖应正确、整齐；

b)订位为订锯外订眼距书芯上下各 1/4 处，允许误差 ±3.0mm；

c)无坏锯、漏订及重订，无双封面，书册平服整齐，订脚平整、牢固，订锯均订在折缝线上，书帖歪斜≤2.0mm。

4.4.6 成品质量

教科书成品质量应符合下列要求：

a)封面与书芯粘贴牢固，书背平直，无空泡，无皱折、折角、变色、破损。粘口符合要求。岗线≤1.0mm；

b)成品幅面尺寸符合 GB/T 18358 的规定，尺寸允差≤±1.5mm，非标准幅面尺寸按合同要求；

c)成品裁切歪斜误差≤1.5mm；

d)成品裁切后无严重刀花，无连刀页，无严重破头；

e)书背字平移误差以书背中心线为准，书背厚度在 10mm 及以下的成品书，书背字平移的允许误差为≤1.0mm；书背厚度大于 10mm，且小于等于 20mm 的成品书，书背字平移的允许误差为≤2.0mm；书背厚度大于 20mm，且小于等于 30mm 的成品书，书背字平移的允许误差为≤2.5mm；书背厚度在 30mm 以上的成品书，书背字平移的允许误差均为≤3.0mm。书背字歪斜的允许误差均比书背字平移的允许误差小 0.5mm；

f)封面勒口的折边与书芯前口对齐，误差≤1.0mm；

g)成品外观整洁平服，无压痕。

5 检验方法

5.1　纸张质量检验

5.1.1　试样的采取和处理按 GB/T 450 和 GB/T 10739 的规定进行。

5.1.2　纸张的尺寸和偏差检验按 GB/T 451.1 的规定进行。

5.1.3　纸张的定量检验按 GB/T 451.2 的规定进行。

5.1.4　纸张的厚度检验按 GB/T 451.3 的规定进行。

5.1.5　纸张的亮(白)度检验按 GB/T 7974 的规定进行。

5.1.6　纸张的不透明度检验按 GB/T 1543 的规定进行。

5.1.7　纸张的平滑度检验按 GB/T 456 的规定进行。

5.1.8　纸张的抗张指数检验按 GB/T 453 和 GB/T 12914 的规定进行，如有争议按 GB/T 12914 进行仲裁。

5.1.9　纸张的施胶度检验按 GB/T 460 的规定进行，并执行“纸张对墨水渗透和扩散比较板”第二线。

5.1.10　纸张的尘埃度检验按 GB/T 1541 的规定进行。

5.1.11　纸张的耐折度检验按 GB/T 457 的规定进行。

5.1.12　纸张的 pH 检验按 GB/T 1545.1 的规定进行。

5.1.13　纸张的水分检验按 GB/T 462 的规定进行。

5.1.14　卷筒纸内部纸病的测定：取卷筒纸的外部 10 层，去掉最外部 5 层，其余 5 层为试样，将其切成 0.05m^2 的纸片，选择并称重有纸病的纸片，求出其试样的百分比。

5.1.15　纸张的印刷表面强度按 GB/T 2679.15 和 GB/T 2679.16 的规定进行，使用国产低粘度拉毛油，如有争议按 GB/T 2679.15 进行仲裁。

5.2　印刷质量检验

5.2.1　检验条件

印刷质量检验条件应符合：

a)作业环境呈中性灰色、防尘、整洁；

b)作业环境温度(23±5)℃；相对湿度(65^{+10}_{-15})%；

c)彩色印刷品观察光源符合 CY/T 3 的规定。

5.2.2　检验仪器或工具

印刷质量检验仪器或工具如下：

a)符合要求并已检定合格的密度仪；

b)50～100 倍读数放大镜；

c)10～15 倍普通放大镜；

d)测控条；

e)对光谱无选择、漫反射、具有 1.5±0.20 反射密度的黑色底衬。

5.2.3　检验方法

印刷质量检验方法如下：

a)测量法；

b)计算法；

c)目测法；

d)比较法；

e)专家鉴定法。

5.3　装订质量检验方法

装订质量检验方法如下：

a)测量法；

b)目测法。

6　包装、运输、贮存

6.1　包装

印刷成品用专用包装材料包紧、包实；每包有符合相关标准与规定的标识。

6.2　运输

不允许踩踏、重压或从高处扔下，注意防雨、防潮、防晒、防腐。

6.3　贮存

环境温度、湿度适宜。注意防潮、防晒、防油污、防蛀、防腐，不能重压。

注：本标准经国家质量监督检验疫总局 2001 年 6 月 7 日批准，2001 年 6 月 7 日实施。

9　图书质量管理规定(试行)

第一章　总　　则

第一条　出版社出版图书必须坚持党的“一个中心、两个基本点”的基本路线，坚持党的出版方针和政策，坚持质量第一的原则，以社会效益为最高准则，注重社会效益和经济效益的统一。为了加强管理，全面提高图书质量，鼓励多出好书，特制定本规定。

第二章　图书出版过程质量分级

第二条　图书质量范围，包括选题、内容、编辑加工、校对、装帧设计、印刷装订、图书出版格式。为了便于管理，本规定将有连带关系的选题、内容合并为内容项；将编辑加工、校对合并为编校项。

第三条　图书出版过程质量分 4 级：优质品、良好品、合格品、不合格品。

第四条　内容质量分级。

1. 在思想、文化、科学、艺术等方面，有较高的学术价值，或使用价值，或文化积累价值的，为优质品。

2. 在思想、文化、科学、艺术等方面，有学术价值，或使用价值，或文化积累价值的，为良好品。

3. 在思想、文化、科学、艺术等方面，有一定的学术、使用、参考价值的，为合格品。

4. 在思想、文化、科学、艺术等方面没有价值，或内容有害，或按照国家规定应予取缔的，为不合格品。

第五条　编校质量分级。

1. 无严重文字错误，差错率在八万分之一至四万分之一的，为优质品。

2. 有一至二处严重文字错误，差错率在四万分之一至二万分之一的，为良好品。

3. 有三处以上五处以下(包括五处)严重文字错误，或差错率在二万分之一至万分之一的，为合格品。

4. 有六处以上(包括六处)严重文字错误，或差错率在万分之一以上的，为不合格品。

5. 文字错误计算

(1)文字、公式、标点、符号、数据、计量、图表等方面，因差错或遗漏造成政治性、学术性、知识性、技术性错误，影响使用的，为严重错误。

(2)文字、公式、标点、符号、数据、计量、图表等方面存在差错或遗漏，但不影响使用的，为一般性差错。一般性差错以万字计算差错率。

(3)同一文字、公式、标点、符号、数据、计量、图表的差错在同一册书中重复出现的，五处折合一个差错计算。

(4)图书中外文字母大写小写的差错，在同一书中重复出现的，以一个差错计算。

第六条 装帧设计质量分级。

1. 封面、扉页、封底、插图等恰当反映本书内容，格调健康，构图合理，风格独创，文字无差错；全书版式规范统一，字型、字号、序号合理，为优质品。

2. 封面、扉页、封底、插图等比较恰当反映本书内容，格调健康；全书版式大体上统一、规范的，为良好品。

3. 封面、扉页、封底、插图画面格调一般；版式一般的，为合格品。

4. 封面、扉页、封底、插图等画面不健康，文字有错误，均为不合格品。

第七条 印刷质量分级。

1. 国家技术监督局和新闻出版署已经发布《书刊印刷标准》。按此标准对图书印前处理、印刷和印后加工进行质量分级。

2. 图书印刷质量依据《书刊印刷标准》和《书刊印刷产品质量评价和分级方法》分为优质品、良好品、合格品、不合格品。

(1)优质品：产品质量全面达到优质品标准。

(2)良好品：产品质量某一项或两项存在细小疵点，其他各项均达优质品标准。

(3)合格品：产品质量全面达到合格品标准。

(4)不合格品：产品质量有严重缺陷，达不到合格品标准。

3. 具体内容见《书刊印刷标准》。

第八条 图书出版格式质量分级。

1. 国家技术监督局和新闻出版署已经发布使用《中国标准书号》和《图书书名页》标准。按上述两项标准对图书出版格式进行质量分级。

2. 图书出版格式依据《中国标准书号》和《图书书名页》标准分为优质品、良好品、合格品、不合格品。

(1)优质品：产品质量全面、正确使用国际标准。

(2)良好品：某一项存在错误、遗漏，其他各项均达国际标准。

(3)合格品：有二至三项存在错误、遗漏，其他各项均达到标准。

(4)不合格品：书号、正书名存在错误、遗漏，或其他各项有四项以上出现错误、遗漏。

3. 具体内容见《中国标准书号》和《图书书名页》标准。

第三章 图书成品质量分级

第九条 图书成品质量分为4级：优质品、良好品、合格品、不合格品。经典著作、党和国家领导人著作、国家重要法律、文献，以及其他对质量有特殊要求的图书，其编校、装帧设计和印刷的质量标准另行规定，图书成品不在此质量分级之列。

第十条 优质品：内容、编校、装帧设计、印刷和图书出版格式5项均为优质品。

第十一条 良好品：内容、编校、装帧设计、印刷和图书出版格式为良好品或部分项目为优质品。

第十二条 合格品：内容、编校、装帧设计、印刷和图书出版格式均为合格品或部分项目为优质品、良好品。

第十三条 内容为不合格品，或编校、装帧设计、印刷和图书出版格式4项中有一项为不合格品又不能做技术处理的，均为不合格品。

第四章　图书质量检查管理机构

第十四条　各省、自治区、直辖市、计划单列市新闻出版局和出版社主管部门，要切实加强对质量工作的领导，健全质量管理机构，也可以依托有关处室，聘请一些老同志，做好图书质量检查工作。建议中央级出版社的主管单位，明确管理机构或指定专人负责检查图书质量工作。

第十五条　出版社要加强全面质量和全员质量管理意识，与目标管理责任制结合起来，在图书出版的每个环节上都要保证达到相应的质量要求，力争图书成品的高质量。每个部门要有专人负责质量检查管理，出版社要成立总编辑主持的图书质量检查管理的专门机构。

第五章　图书质量检查管理制度

第十六条　各省、自治区、直辖市、计划单列市新闻出版局，出版社主管单位和出版社可以根据本规定，结合实际情况制定执行本规定的细则。各地区、各出版社要针对本地区、本社图书质量突出问题和读者要求，确定提高图书质量的奋斗目标，力争经过三至五年的努力，使图书质量有明显改观。

第十七条　各省、自治区、直辖市、计划单列市新闻出版局，出版社主管单位要建立经常性检查制度并负责图书质量检查工作。出版社内部各部门要定期自查、互查图书质量。质量检查的重点是各出版社的重点图书。地方出版社自查结果报当地新闻出版局。中央级出版社自查结果报主管单位。地方新闻出版局和中央级出版社主管单位，每年的6月30日和12月30日分两次将图书质量检查结果和有关情况上报新闻出版署。

第十八条　各省、自治区、直辖市、计划单列市新闻出版局负责处理辖区内出版社图书质量问题，如发生争议，报新闻出版署裁决。

第六章　奖励与处罚

第十九条　图书质量必须达到成品质量合格品以上才能参加图书评奖。

第二十条 出版社全年出书均为合格品，其中20%以上为优质品，出版社和主要领导人方可进入先进单位和先进个人评选。

第二十一条 对于注意提高图书质量的出版社和质量好的图书，应给予宣传和表扬。

第二十二条 不合格品图书流入市场，经检查发现后，视情节轻重，给予有关出版社或印刷厂处罚。处罚包括：批评、警告、罚款、停业整顿。由于印刷、装订所造成的质量问题，读者、书店向出版社退货或索赔，其经济损失由有关印刷厂、装订厂承担。此项处分决定，对中央单位由新闻出版署作出；对地方单位，由当地省级新闻出版局或新闻出版署作出。对被取缔的图书的处分，仍按有关规定执行。

第二十三条 不合格品图书须采取技术处理或改正后重印方可在市场上销售。如发现已定为不合格品的图书仍在市场上流通，要对出版社进行经济处罚，除没收该书所得外，还要根据情节轻重处以该书总码洋的20%以下罚款，上缴当地财政。

第七章 附 则

第二十四条 本规定由新闻出版总署负责解释，自发文之日起生效。

10　中华人民共和国新闻出版行业标准·装订质量要求及检验方法——精装

1　范围

本标准规定了精装书的装订质量要求及检验方法，其他精装印刷产品也可参照使用。

2　引用标准

下列标准包含的条文，通过在本标准引用而构成本标准的条文。在标准出版时，所示版本均为有效。所有标准都会被修订，使用本标准的各方应探讨使用下列标准最新版本的可能性。

GB/T 9851 - 1990　印刷技术术语

GB/T 788 - 1999　图书和杂志开本及其幅面尺寸

3　质量要求

本标准的本章及其他章节采用 GB/T 9851 的定义。

3.1　书页与书帖

3.1.1　三折及三折以上书帖，应划口排除空气。

3.1.2　59/m² 以下纸张最多折四折；60g/m² ~ 80g/m² 纸张最多折三折；81g/m² 以上纸张最多折二折。

3.1.3　书帖平服整齐，无明显八字皱折、死折、折角、残页、套帖和脏迹。

3.1.4　书帖页码和版面顺序正确，以页码中心点为准，相连两页之间页码位置允许误差≤4.0mm，全书页码位置允许误差≤7.0mm；画面接版允许误差≤1.5mm。

3.1.5　书帖与零散页张、图表的粘连位置要准确，遇有横图粘天头，不漏粘、联粘，牢固平整。粘口要求见表 1。

3.2　书芯订联

3.2.1　锁线订

a)锁线订针位与针数要求见表 2。针位应均匀分布在书帖的后一折缝线上；

b)用线规格：42 支纱或 60 支纱、4 股或 6 股的白色蜡光塔线，或相同规格的塔形化纤线；

表 1　　粘口要求　　单位：mm

订联方法	页张图表粘口	环衬粘口
锁线订	3.0～4.0	3.0～4.0(先粘时缩进折缝 1.5±0.5;后粘与折缝对齐)
胶粘订	3.0～4.0	3.0～4.0

表 2　　锁线订针位与针数

开本数	上下针位与上下切口的距离(mm)	针数	针组
≥8	20～25	8～14	4～7
16	20～25	6～10	3～5
32	15～20	4～8	2～4
≤64	10～15	4～6	2～3

c)订缝形式：40g/m² 及以下的四折页书帖，41g/m²～60g/m² 的三折页书贴，或相当以上厚度的书帖可用交叉锁。除此以外均用平锁；

d)锁线前根据开本尺寸与要求，调好订距、针数，并检查配页有无差错；

e)锁线后书芯各贴应排列正确、整齐，无破损、掉页和脏迹，书芯厚度应基本一致；

f)锁线松紧适当，无卷帖、歪帖、漏锁、扎破衬、折角、断线和线圈，缩帖≤2.5mm。

3.2.2　胶粘装订

a)胶粘装订用粘合剂粘度适当，严禁使用植物类粘合剂；

b)书帖划口排列正确，均在最后折缝线上；

c)锯口深度：2.0mm～3.0mm，锯口宽度：1.5mm～2.5mm。锯口数见表 3；

d)胶粘装订以使粘合剂能渗透到书帖最里页张上，并粘牢为准；

e)胶粘装订后的书芯，每本厚度应基本一致，书背平直。

表 3　　　　胶粘装订开本与锯口数

开 本 数	锯 口 数
8	10~12
16	8~10
32	6~8
64	4~6

3.3　书芯加工

3.3.1　书芯加工形式：方背、圆背。圆背分有脊、无脊，方角、圆角，有无堵头布，软、硬衬，有无筒子纸。

3.3.2　半成品书芯加工前必须压平，排除书芯内部空气。压平后的书芯平实，厚度基本一致。

3.3.3　书芯裁切尺寸及误差符合 GB/T 788 的规定，非标准尺寸按合同要求；纸板尺寸误差 ±1.0mm；护封尺寸误差≤1.5mm；书芯、纸板歪斜度以对角线测量为准。

3.3.4　扒圆起脊要求如下：

a)书芯圆背的圆势应在 90°~130°之间；起脊高度为 3.0mm~4.0mm，书脊高与书芯表面倾斜度应是 120°±10°；

b)扒圆起脊后的书芯四角应垂直，书背无呲裂、皱折、破衬。

3.3.5　堵头布粘贴前，应用粘合剂将其过浆，干燥挺括后使用。具体要求如下：

a)方背堵头布的长以书背宽为准，误差 ±1.5mm；圆背堵头布的长以书背弧长为准，误差范围 1.5mm~2.0mm；

b)堵头布粘贴平服牢固、不歪斜，外露线棱整齐。

3.3.6　丝带书签应粘贴在书背上方中间位置，粘正、粘平、粘牢。

丝带长应比书芯对角线长 10.0mm~20.0mm；丝带宽：32 开本及以下为 2.0mm~3.0mm，16 开本及以上为 3.0mm~7.0mm。

3.3.7　书背布应居中，粘正、粘平、粘牢。

书背布的长应短于书芯长 15.0mm~25.0mm，书背布的宽应大于书背宽(方背)或书背弧长(圆背)40.0mm~50.0mm。

3.3.8　书背纸粘贴位置应准确，粘平、粘牢。

书背纸的长应短于书芯长 4.0mm~6.0mm，宽应与书背宽(方背)

或弧长(圆背)相同；8开以上画册书背纸的宽可与书背布宽相同。

3.3.9　筒子纸应粘贴平整、牢固。

a)筒子纸的长应短于书芯长2.0mm~4.0mm，宽应是书背宽(方背)或弧长(圆背)的两倍加5.0mm粘口；

b)筒子纸应使用牛皮纸。

3.3.10　书芯加工的各种粘结，严禁使用植物类粘合剂。

3.4　书壳加工

3.4.1　书壳加工形式包括：整面、接面、圆角、方角、包角、不包角、活套、死套、烫箔、烫压凸凹印。

3.4.2　书壳应使用挺、平、光滑的灰白纸板。

3.4.3　纸板含水量不应高于12%，贮存温度应为5℃~30℃，相对湿度应为50%左右，严禁露天放置。

3.4.4　书壳尺寸要求：

a)中缝尺寸：方背(假脊)应是两张书壳纸板厚度加6.0mm(槽宽)；圆背应是一张书壳纸板厚度加6.0mm(槽宽)；

b)中径宽：圆背应是书背弧长加两个中缝宽；方背(假脊)应是书背宽加两个中缝宽和两张书壳纸板厚；

c)飘口宽：32开本及以下为3.0mm±0.5mm；16开本为3.5mm±0.5mm；8开本及以上为4.0mm±0.5mm；

d)包边宽：15.0mm；

e)接面联接边宽：12.0mm~14.0mm；粘口宽：4.0mm~6.0mm；

f)书壳纸板：长应是书芯长加两个飘口宽，宽应是书芯宽减2.0mm~3.0mm；

g)中径纸板：长应与书壳纸板长相同；方背假脊宽应是书背宽加两张书壳纸板厚；圆背宽应是书背弧长，或加1.5mm；

h)整面面料：长应是书壳纸板长加两个包边宽；宽应是两张书壳纸板宽加中径宽和两个包边宽；

i)接面书腰：长与整面长相同；宽应是中径宽加两个联接边宽；

j)接面面料：长与整面长相同或加长5.0mm；宽应是纸板宽加8.0mm~10.0mm。

3.4.5　书壳制作要求：

a)应使用水分少、干燥快、粘结牢固的动物胶或性能相近的合成树脂胶糊制书壳；

b)动物胶应提前浸泡，要用套锅形式；

c)动物胶在使用中应保持胶体流动的均匀性；

d)使用动物胶时，胶温应保持在75℃±10℃之间，胶与水的比例一般为1:3左右；

e)使用聚乙烯醇(PVA)合成树脂胶时，应使用套锅形式水浴加热；

f)聚乙烯醇(PVA)的使用温度应是45℃±10℃，胶与水的比例一般为1:2左右；

g)涂胶应少而均，不溢不花；

h)书壳纸板和中径纸板组合正确，尺寸允许误差：长≤1.5mm，宽≤2.5mm；

i)书壳糊制后，应表面平整，无胶脏粘联，方角整齐；圆角塞折至少五折，圆势适当、整齐；包边坚实、牢固，无空套；

j)书壳糊制后应面对面堆积、压平。压平后，将其立放，自然干燥10小时以后，再进行堆积，自然压平。不得烘干暴晒。

3.5 烫箔与压印

3.5.1 烫箔与压印分为单一烫箔、单一压凹凸印、混合烫和套烫几种形式。

3.5.2 烫印要求：

a)上版正确、牢固，根据所烫面积调定压力；

b)根据烫印形式、封面材料和烫箔种类确定烫印温度和时间，详见附录B。书壳应字迹、图案清晰，不糊版、花版，烫箔牢固，光泽度好；

c)压烫凹凸印应图文清晰；

d)以书脊中心线为准，书脊字误差范围如表4。

表4 书脊字误差要求 单位：mm

书脊厚度	误差范围
≤10	≤1.0
>10，≤20	≤2.0
>20，≤30	≤2.5
>30	≤3.0

3.6　套合加工

3.6.1　套合形式：

套合形式有方背的假脊、平脊、方脊，圆背的真脊、假脊，黏合中的软背、硬背、活腔背等。

3.6.2　书芯与书壳套合要求：

a)套合前，中缝(或书背)必须涂黏合剂，黏合剂不得涂在书壳纸板上，严禁使用植物类黏合剂；

b)套合时，以飘口规矩为准，符合 3.4.4 中 c)的规定；

c)套合后，三面飘口一致，书的四角垂直，歪斜误差≤1.5mm。

3.6.3　压槽要求：

压槽用铜、铝或塑料线板。

a)压槽线板的高应为 3.0mm，宽应为 3.0mm~4.0mm；

b)先用热压板加热，温度要适当，压力要正确，然后用压槽板定型，或直接用压槽板及压槽金属条定型。槽形应牢固，整齐。

3.6.4　扫衬：

a)根据书壳面料和环衬的质地选用适当的黏合剂；

b)扫衬粘合剂的粘度应适当，涂抹时应少而均，不溢不花；

c)扫衬压平后的精装书，错口堆积 12 小时上，方可作为成品检查与包装。

3.6.5　精装成品质量要求：

a)表面应平整、无明显翘曲，书的四角垂直符合 3.6.2 中 c)的规定；飘口符合 3.4.4 中 c)的规定；圆背圆势符合 3.3.4 中 a)的规定；

b)烫印字迹、图案清晰，不糊、不花，牢固有光泽；

c)书槽整齐牢固，深、宽度为 3.0mm±1.0mm；

d)环衬和书芯前后无明显皱折；

e)烫印歪斜误差要求见 3.5.2 中 d)；

f)全套书的书脊字上下误差≤2.5mm。

4　检验方法

4.1　测量法

按有关标准的要求，用符合规定的计量工具检验页码、粘口、针距、针数、圆势、脊高、飘口和书脊、封面的烫印印迹。

4.2　目测法

按有关标准的要求，目测相应部位的质量。

5　包装、运输、贮存

5.1　包装

按客户要求的每包数量进行打包，用专用包装材料包紧、包实，每包应加上标识。

5.2　运输

运输中不许将包件由高处扔下。不许砸、踏。注意防雨、防潮、防晒、防腐，不能重压。

5.3　贮存

贮存环境应温湿度适宜。注意防潮、防晒、防燥热、防油、防蛀、防腐。不能重压。

附　录　A

(提示的附录)

精装工艺流程

A1　书芯生产工艺流程

A1.1　锁线订

撞页→开料→折页→黏套页→捆帖→配帖→锁线→半成品检查→压平→裁切半成品→涂黏合剂 →捆书→涂黏合剂→分本→裁切半成品(涂黏合剂或润湿)→扒圆→起脊(方背例外)→涂黏合剂→黏书签丝带和堵头布→涂黏合剂→黏书背布→涂黏合剂→黏书背纸→(涂黏合剂黏筒子纸)。

A1.2　胶黏订

撞页→开料→折页→黏套页→捆帖→配帖→半成品检查(锯口或铣背)→捆书→涂黏合剂→分本→裁切半成品→润湿→扒圆→起脊(方背例外)→涂黏合剂→黏书签丝带和堵头布→涂黏合剂→黏书背布→涂黏合剂→黏书背纸。

A1.3　精装书生产线(锁线以后开始)

压平→涂黏合剂→烘干→压实定型→裁切半成品→夹丝带→扒圆→起脊→涂黏合剂→黏书背布→涂黏合剂→黏堵头布和书背纸并托平→扫衬→书芯与书壳套合→压平和压槽→成品。

A2　书壳生产工艺流程

A2.1　制硬壳

计算书壳各部位用料尺寸→裁切书壳料→涂黏合剂→组壳→糊壳包边角→压平→自然干燥。

A2.2　制软壳

计算软面料尺寸→裁切软面料→热压黏合→烫箔→削边。

A2.3　烫箔

检修烫版→调定烫版和底板规矩→调定温度、时间、压力→烫箔。

A3　套合工艺流程

涂中缝黏合剂→套壳→压槽→扫衬→压平→自然干燥→成品检查→包护封→套书盒→包装→贴标识。

附　录　B

(提示的附录)

烫印温度与时间

	PVC涂料面		织物或真皮		纸　张		塑　料		漆　布	
	时间 min	温度 ℃	时间 min	温度 ℃	时间 min	温度 ℃	时间 min	温度 ℃	时间 min	温度 ℃
电化箔	0.5~1	100~145	1~2	110~150	1~1.5	110~150	2	90~110	1~2	100~140
色箔	0.5~1	100~140	1	110~150	1~1.5	110~150	2	90~110	1	100~140
金属箔	0.5~1	100~140	1	110~150	1~1.5	110~150	2	90~110	1~2	100~140

11 中华人民共和国新闻出版行业标准·装订质量要求及检验方法——平装

1 范围

本标准规定了平装书刊的装订质量要求及检验方法，其他平装印刷产品也可参照使用。

本标准适用于锁线订、胶粘装订、铁丝平订、缝纫订的平装产品。

2 引用标准

下列标准包含的条文，通过在本标准引用而构成为本标准的条文。在标准出版时，所示版本均为有效。所有标准都会被修订，使用本标准的各方应探讨使用下列标准最新版本的可能性。

GB/ T 851—1990 印刷技术术语

GB/ T 88—1999 书和杂志开本及其幅面尺寸

3 质量要求

本标准的本章及其他章节采用 GB/ T 851 的定义。

3.1 书页与书帖

3.1.1 三折及三折以上书帖，应划口排除空气。

3.1.2 59g/m² 以下纸张最多折四折；60g/m² ~ 80g/m² 纸张最多折三折；81g/m² 以上纸张最多折二折。

3.1.3 书帖平服整齐，无明显八字皱折、死折、折角、残页、套帖和脏迹。

3.1.4 书帖页码和版面顺序正确，以页码中心点为难，相连两页之间页码位置允许误差≤4.0mm，全书页码位置允许误差≤7.0mm；画面接版允许误差≤1.5mm。

3.1.5 胶粘装订书帖的划口排列正确，划透，均在折缝线上。

3.1.6 书芯粘连的零散页张应不漏粘、联粘，牢固平整，尺寸允许误差≤2.0mm。粘口要求见表 1。

3.1.7 涂蜡均匀、不溢，蜡口宽度为 1.5mm ~ 2.5mm。

3.2 书芯订联

表 1　　粘 口 要 求　　单位：mm

订联方法	页张图表粘口	环 衬 粘 口
铁丝平订	4.0～7.0	盖住订痕
缝纫订	4.0～8.0	盖住订痕
锁线订	3.0～4.0	3.0～4.0，先粘时缩进折缝 2.0，后粘与折缝对齐
胶粘订	3.0～4.0	3.0～4.0

3.2.1　锁线订

a）锁线订针位与针数见表 2。针位应均匀分布在书帖的最后一折缝线上；

表 2　　线订针位与针数

开本数	上下针位与上下切口的距离（mm）	针 数	针 组
≥8	20～25	8～14	4～7
16	20～25	6～10	3～5
32	15～20	4～8	2～4
≤64	10～15	4～6	2～3

b）用线规格：42 支纱或 60 支纱、4 股或 6 股的白色蜡光塔线，或相同规格的塔形化纤线；

c）订缝形式：40g/m² 及以下的四折页书帖，41g/m²～60g/m² 的三折页书帖，或相当以上厚度的书帖可用交叉锁。除此以外均用平锁；

d）锁线前根据开本尺寸与要求，调好订距、针数，并检查配页有无差错；

e）锁线后书芯各帖应排列正确、整齐，无破损、掉页和油脏；

f）锁线紧松适当，无卷帖、歪帖、漏锁、扎破衬、折角、线断和线圈，缩帖≤2.5mm。

3.2.2　胶粘订

a）胶粘订用黏合剂应粘度适当，以使黏合剂能渗透到书帖最里页张上，并以粘牢为准，严禁使用植物类黏合剂；

b)书帖划口排列正确，均在最后一折缝线上；

c)锯口深度 2.0mm～3.0mm，宽度：1.5mm～2.5mm。锯口数见表3；

表3　粘订开本与锯口数

开　本　数	锯　口　数
8	10～12
16	8～10
32	6～8
64	4～6

d)铣背深度：三折书帖为 2.0mm～3.0mm，四折书帖为 2.5mm～3.5mm，以书帖最里面一页能粘牢为准，铣削歪斜≤2.0mm；

e)粘书背纸。

1)书芯厚度在 15mm 以上时，应粘书背纸；书芯厚度在 15mm 以下时，可以不粘书背纸；

2)封面用纸≥150g/m² 时，可不粘书背纸；

3)用胶粘装订联动机粘贴书背纸时，其长度应比书芯长度长 5.0mm～8.0mm，宽度与书背的宽度相同或两边各小于书背宽度 1.0mm；

4)手工粘贴书背纸，其长度应比书捆长 20.0mm～40.0mm，宽度应与书芯的长度相同，误差应≤3.0mm；

5)捆书时，天头或地脚的书芯缩帖≤2.5mm，书背缩帖≤1.0mm。书背纸应粘平、粘牢、不断裂、无歪斜；

6)分本正确，书背无岗线，不割坏书页。

3.2.3　铁丝平订

a)铁丝平订的订位为钉锯外订眼距书芯上下各 1/4 处，允许误差 ±5.0mm。钉锯与书背间的距离：书芯厚度≤4mm 时，为 3.0mm～6.0mm；书芯厚度>4mm 时，为 4.0mm～7.0mm；

b)无坏锯、漏订、重订，订脚平服牢固；

c)根据纸质及书芯厚度，选用直径为 0.50mm～0.70mm 的铁丝。

3.2.4 缝纫订

a)订线与书背的距离要求：100 页及以下为 4.0mm ~ 6.0mm，100 页以上为 5.0mm ~ 8.0mm；

b)针数要求见表 4。16 页以下针距为 3.0mm ~ 4.0mm；

表 4　　缝纫订开本与针数

开本数	针数
16	17 ± 2
32	12 ± 2
64	7 ± 2

c)订线平直，无漏针、出套、扎豁和破碎，断线不超过 1 针。订线歪斜≤2.0mm，天头地脚空针≤15.0mm；

d)订缝的上线和底线对称锁紧，无线圈；

e)缝纫订应使用 60 支纱或 60 支纱以上的 6 股白色蜡光塔线，或规格相同的化纤线。

3.3 包封面

3.3.1 胶粘装订封面

a)机械粘贴封面的侧胶宽度为 3.0mm ~ 7.0mm；

b)粘贴封面应正确、牢固、平整；

c)定型后的书背应平直，岗线≤1.0mm。无粘坏封面，无折角；

d)粘合剂粘度要适当，书背纸和封面应粘牢，无黏合剂溢出。

3.3.2 铁丝平订和锁线订封面

a)根据书芯和封面纸的厚度，正确选用黏合剂的种类、粘度和用量。以书背为准，浆口≤7.0mm。封面与书芯应吻合，包装、包平，无双封面，上下误差≤3.0mm；

b)烫背后，书背应平整，无马蹄状压痕及杠线、变色等；

c)封面用纸超过 $200g/m^2$ 时，粘口应压痕；

d)书背及粘口压痕误差≤1.0mm。

3.4 成品质量

3.4.1 封面与书芯粘贴牢固，书背平直，无空泡，无皱折、变色、破损。粘口符合要求。

3.4.2　成品尺寸符合 GB 788 的规定，非标准尺寸按合同要求。

3.4.3　成品裁切歪斜误差≤1.5mm。

3.4.4　成品裁切后无严重刀花，无连刀页，无严重破头。

3.4.5　书背字平移误差以书背中心线为准，书背厚度在 10mm 及以下的成品书，书背字平移的允许误差为≤1.0mm；书背厚度大于 10mm，且小于等于 20mm 的成品书，书背字平移的允许误差为≤2.0mm；书背厚度大于 20mm，且小于等于 30mm 的成品书，书背字平移的允许误差为≤2.5mm；书背厚度在 30mm 以上的成品书，书背字平移的允许误差均为 3.0mm。书背字歪斜的允许误差均比书背字平移的允许误差小 0.5mm。

3.4.6　成品护封上下裁切尺寸误差≤2.0mm。护封或封面勒口的折边与书芯前口对齐，误差≤1.0mm。

3.4.7　成品书背平直，岗线≤1.0mm。无粘坏封面，无折角，不显露钉锯。

3.4.8　成品外观整洁，无压痕。

3.5　封面覆膜

3.5.1　粘结牢固，表面平整不模糊，光洁度好。无皱折、起泡、粉箔痕和亏膜。

3.5.2　分割尺寸准确，不出膜，无明显卷曲，破口≤4.0mm。

3.5.3　干燥程度适当，无粘坏表面薄膜或纸张的现象。

3.5.4　覆膜后放置 10h～20h，覆膜质量应无变化。

3.5.5　覆膜环境应防尘、整洁，室内温度适当，涂胶装置应密封。

3.6　烫箔质量

3.6.1　烫箔后字迹、图案清晰，不糊版、花版，烫箔牢固，光泽度好。

3.6.2　烫箔后书背字居中，歪斜误差见 3.4.5。

4　检验方法

4.1　测量法

按有关标准的要求，用符合国家规定的计量工具检查相应部位的尺寸。

4.2　目测法

按有关标准的要求，目测相应部位的质量。

5 包装、运输、贮存

5.1 包装

按客户要求的每包数量打包，用专用包装材料包紧、包实，每包应加上标识。

5.2 运输

运输中不许将包件由高处扔下。不许砸、踏。注意防雨、防潮、防晒、防腐，不能重压。

5.3 贮存

贮存环境应温湿度适宜。注意防潮、防晒、防油、防蛀、防腐，不能重压。

附 录 A

(提示的附录)

平装工艺流程

A1 铁丝平订工艺流程

折页→捆帖→黏套插页→上蜡→配帖→撞捆浆背→干燥分本→订书→半成品检查→涂黏合剂包封面→烫背干燥→裁切成品→检验→包装→贴标识。

A2 缝纫订工艺流程

折页→捆帖→黏、套插页→上蜡→配帖→撞捆浆背→干燥分本→订书→黏衬纸→半成品检查→涂黏合剂→包封面→烫背→干燥→裁切成品→检验→包装→贴标识。

A3 锁线订工艺流程

折页→捆帖→粘、套页→黏环衬→配帖→锁线→半成品检查→压平→捆书涂黏合剂→黏书背纸→干燥→分本→涂黏合剂→包封面→烫背→干燥→裁切成品→检验→包装→贴标识。

A4 胶黏装订工艺流程

A4.1 机械加工

折页→捆帖→粘、套插页→粘环衬→配帖→半成品检查→托平、夹紧、铣背→涂黏合剂→粘书背纸→涂黏合剂→包封面→托打、夹紧、定型→裁切成品→检查→包装→贴标识。

A4.2　半机械加工

折页(划口)→捆帖→黏、插套页→黏衬纸→配帖→半成品检查→锯口→撞捆涂黏合剂→粘书背纸(或纱布)→干燥、分本→涂黏合剂→包封面→烫背、干燥→裁切成品→检验→包装→贴标识。

12　中华人民共和国新闻出版行业标准·装订质量要求及检验方法——骑马订装

1　范围

本标准规定了骑马订装书刊的装订质量要求及检验方法，其他骑马订装印刷产品也可参照使用。

2　引用标准

下列标准包含的条文，通过在本标准引用而构成本标准的条文。在标准出版时，所示版本均为有效。所有标准都会被修订，使用本标准的各方应探讨使用下列标准最新版本的可能性。

GB/ T 851—1990　印刷技术术语

GB/ T 88—1999　图书和杂志开本及其幅面尺寸

3　质量要求

本标准的本章及其他章节采用 GB/ T 9851 的定义。

3.1　使用铁丝规格

根据纸质与厚度，铁丝直径为 0.5mm ~ 0.6mm。

3.2　书页与书帖

3.2.1　三折及三折以上书帖，应划口排除空气。

3.2.2　59g/m² 以下纸张最多折四折；60g/m² ~ 80g/m² 纸张最多折三折；81g/m² 以上纸张最多折二折。

3.2.3　书帖平服整齐，无明显八字皱折、死折、折角、残页、套帖和脏迹。

3.2.4　书帖页码和版面顺序正确，以页码中心点为准，相连两页之间页码位置允许误差≤4.0mm，全书页码位置允许误差≤7.0mm，画面接版允许误差≤1.5mm。

3.3　装订质量

3.3.1　配(或贮)帖应正确、整齐。

3.3.2　订位为钉锯外钉眼距书芯长上下各1/4处，允许误差 ±3.0mm。

3.3.3　订后书册无坏钉、漏钉及重钉，书册平服整齐、干净，钉脚平整、牢固，钉锯均钉在折缝线上，书帖歪斜≤2.0mm。

3.3.4　全书整洁，成品尺寸应符合 GB/ T 788 的规定。非标准尺寸按合同要求。

3.4　成品质量

3.4.1　成品裁切歪斜误差≤1.5mm。

3.4.2　成品裁切后无严重刀花，无连刀页，无严重破头。

3.4.3　成品外观整洁，无压痕。

4　检验方法

4.1　测量法

按有关标准的要求，用符合国家规定的计量工具检查相应部位的尺寸。

4.2　目测法

按有关标准的要求，用目测检验书本幅面及钉位的尺寸。

5　包装、运输、贮存

5.1　包装

按客户要求的每包数量打包，应使用专用包装材料包紧、包实，每包应加上标识。

5.2　运输

在运输中不许将包件由高处扔下。不许砸、踏。注意防雨、防潮、防晒、防腐，不能重压。

5.3　贮存

贮存环境应温湿度适宜。注意防潮、防晒、防油、防蛀、防腐，不能重压。

附　录　A

(提示的附录)

骑马订装工艺流程

A1　单机工艺流程

折页→配帖→撞齐→订书→数册→压紧或捆书→裁切产品→计数→包装→贴标识。

A2　联动机工艺流程

折页→配帖→订书→裁切成品→计数→包装→贴标识。

13　北京地区印刷工价

（1994年4月修订）

一、汉文正文排版

单位：元(以下从略)

项　　目	计算单位	手动照排 铅排	激光照排	备注
社会科学类	面	6.80	8.00	
自然科学类	面	9.00	9.80	
古典类(不混排或行间串排大小字)	面	9.10	10.00	
古典类(文中单、双行混排)	面	11.00	13.00	
字典类	面	11.30	13.30	

说明：

1. 排版工价以面为计算单位，以32开老五号750字为计算标准，但770字以下及不足750字均按一面计。其他开数均按此标准折合。小四号字及以上均按老五号一面750字计。小五号字及以下均按实际版面字数折合以750字为一面计。折合后，不足半面不计，半面以上按一面计。实际版面字数 = 每行字数×每面行数(横排书的页码以每面加一行计，页码、书眉分排在正文上下者以每面加两行计，直排书的页码以每行加一字计。书眉每面加一行计，页码、书眉在一行者，以加一行计)。文内图版、空白均不予剔除。全书排字尾数不足一面者按一面计。图版超出版心者按面加20%计。

2. 表格、歌谱计算办法：排简单表格(只有横线或竖线)每面按上表分项150%计，排复杂表和歌谱(横竖线俱排)每面按上表分项200%计，表格、歌谱，不足半面者，表格，(歌谱)、文字各按半面计，超过半面者，按整面计，不另计文字。

3. 零星排字不足一面者按一面计。书的封面、内封、插页、版权、提要、拼图等均按社会科学类一面计算。

4. 手动照排、激光照排另收软片费：32开每面3.00元，16开每面6.00元计。如用进口软片价格另议。复印样每次送一份，超过者，16开每面收0.15元，32开每面0.08元。手动照排甲方要求出相纸者，另收相纸费：16开及以下每面 1.50 元、32 开及以下每面 0.80 元，使用进口相纸另议(在本厂制版者，不另收相纸费)。

5. 上表工价为普通装价格，单面装按上表工价加 20% 计，双面装加 40% 计。

6. 委印单位自备磁盘出软片版者，32 开每面 6.50 元(包括软片费)，如重新进行组版出大样者，32 开每面 9.00 元(包括软片费)，按此标准 16 开加倍，64 开减半。把磁盘带走者，每张磁盘 20.00 元(此标准磁盘规格为 5 英寸，其他规格的磁盘另议)。

7. 委印单位要求工厂排长条样者，按上表工价加 30%；排版版面为双栏者工价加 10%；三栏者加 20%。

8. 社会科学类和自然科学类中，均包括文内有不同字体、字号、注文、公式、西文、数码等。文中叠排公式不足 1/2 面者，按上表工价加 50% 计算。叠排公式在 1/2 面及以上者按上表加 100% 计。

9. 委印单位要求排繁体字或繁体字稿排简体字者，均按上表工价加 10% 计(上表 5 项均适用)。

10. 送校样以三次为限，每超过一次按排版工价的 15% 收费。每次送样后，如由于委印单位的原因，造成改动较大或推行倒版者，改动之面，按全书平均每面价格的 50% 计收改版费。

11. 凡期刊排版费按上表工价加收 20%。

12. 发稿前双方应协议排版、校对周期，如委印单位校对时间超过周期规定者，每天按全部排版费的 5‰计收存版费。如存版时间过长，影响铅字周转时，得经双方协商后拆版。活字版在印完或打完纸型后，一般立即拆版，不予保存。必须存版者，委印单位应事先通知工厂，存版在一周以内不收存版费，超过一周，按天计收存版费，收费标准同上。工厂排版、改版、制型周期，如超过规定期限者，应按计收存版费的标准减收排版费。因委印单位的原因造成推行倒版、改动过大的，改版、出样时间亦应顺延，如超过顺延期限亦应按存版费的标准，减收排版费(此项指铅字排版)。

13. 校样每次均送 1 份，超过者另收工料费，32 开及以上的每面 0.06 元，16 开及以上的每面 0.08 元，8 开及以上的每面 0.10 元。随纸型的清样，每付以一份为限，超过者按以上标准计价。

14. 需工厂校对者(毛校除外)，按版面字数每校千字收校对费 0.60 元，自然科学和古典类每校千字收 0.80 元。

15. 刻字工价：二号字及以上每字 1.00 元、三号字及以下每字 0.80 元。照排字模版、激光字库没有的文字，需要拼字者价格另议。

二、外文及中外文对照排版

项　目	计算单位	俄、英、德、法、日文（6~10.5 磅字）	俄、英、德、法、日文（12 磅字）
赉纳机排版	每行每厘米	0.036	0.03
两种文字对照排版	每行每厘米	0.048	0.036
三种文字对照排版	每行每厘米	0.066	0.06

说明：

1. “每行每厘米”系按版面可能容纳量计算。文内图版、空白均不予剔除。如整面全为图版或多图者均按社会科学类一面计算。

2. 手工排外文版的工价照上表第一项“赉纳机排版”工价加 20% 计算。激光排外文照上表工价加 20% 计，软片费按表一另收。

3. 赉纳机排版在 12.7 厘米以上接版者加 30% 计算。

4. 泰国文、缅甸文、印地文、阿拉伯文、越南文等外文排版工价，以每行每厘米 0.06 元计算。

5. 摩诺机排西方文种和拉丁文加 30% 计算，图版超出版心规格者，以面为计算单位，每面加 10%。

6. 送校样以四次为限，每超过一次按排版工价的 15% 收费。每次送校后，如由于委印单位的原因，造成改动较大或推行倒版者，改动之面，按全书平均每面价格的 50% 计收改版费。

7. 校样每次均送一份，超过者另收工料费：32 开及以上的每面 0.06 元、16 开及以上的每面 0.08 元、8 开及以上的每面 0.10 元。随纸型的清样，每付以一份为限，超过者按上述标准计价。

8. 发稿前双方应协议排版、校对周期，如委印单位校对时间超过周期规定者，每天按全部排版费的 5‰计收存版费。如存版时间过长，影响铅字周转时，需经双方协商后拆版。活字版在印完或打完纸型后，一般立即拆版，不予保存，必须存版者，委印单位应事先通知工厂，存版在一周内不收存版费，超过一周，按天计收存版费，收费标准同上。工厂排版、改版、制型周期，如超过规定期限者，应按计收存版费的标准减收排版费。因委印单位的原因造成推行倒版、改动过大的，改版出样时间亦应顺延，如超过顺延期限亦应按存版费的标准减收排版费(此项指铅字排版)。

9. 每增加一种语种或字体加 10%，最多不超过 40%。有卢比字、黑体字或国际音标者各加 10%。两种或三种文字对照排版均包括汉语拼音。

三、纸型

项　　目	计算单位	工　价	备注
16 开及大于 32 开	每页	8.00	
32 开及大于 64 开(包括大 32 开)	每页	4.00	
64 开及以下	每页	2.30	

说明：

1. 一页为两个页码。

2. 母型照上表工价加 15% 计。

3. 16 开以上按 16 开及大于 32 开工价另加 50% 计。

4. 文中有数理化公式、表格、歌谱、锌版、图版者，每页工价另加 20%。

5. 如用进口材料，价格另议。

6. 翻制轮转机纸型另收浇版费。

四、凸印浇镀版

项　　目	计算单位	浇　版	浇、镀版(镀铁、铜)
8 开及大于 16 开	每块	1.50	3.00
16 开及大于 32 开	每块	1.25	2.50
32 开及大于 64 开(含大 32 开)	每块	0.75	1.50
64 开以下	每块	0.60	1.20

说明：

1. 每块为一个页码。

2. 铅版以印一万印计，超过一万印者按浇、镀版计。

3. 挖改纸型、修改铅版，每字收 0.50 元(如工厂无相同字体的铅字时，铅字由委印单位自备)。

4. 铅版上焊铜版加工费每块 1.00 元。

5. 文内如有空白页者，计算浇镀版工价时均不予剔除，按全书面数计算，但正文零页需浇同样的几块版拼印者，按实际情况计。

6. 浇镀版中遇有镀镍、镀铬者，按上表工价加 100%。

五、凸版正文上版(平台、单双面、书版轮转机)

项　目	计算单位	大于16开	16开	小于16开大于32开	32开	小于32开大于64开	64开	小于64开
平台、单面全张机上版	每次	72	60	90	70	105	90	135
对开机上版	每次	43	36	54	42	63	54	81
双面、书版轮转机上版	每次		100		100			

说明：

1. 平版纸双面轮转机及书版轮转机的每次上版面数为：32开64面，16开32面。

2. 凸版正文印刷无论印数多少，每版只收一次上版费。

3. 铜版占全书面数20%～40%，锌版占全书面数40%以上者，铜、锌版都有占全书面数40%以上者，照上表工价均加30%，不足者均按上表计算。铜版占全书面数40%以上者，照上表工价加100%。

4. 由于版面和印数关系，不够用全张机或对开机印者，其剩余版面的上版费为：4开每次15.00元，8开每次8.00元(此规定只限于书版，不包括图版上版)。

5. 外文版、民族文版以及占全书面数50%以上的中外文对照文字版或加拼音字母的文字版上版费，照上表工价加收15%。

6. 单面轮转机印数在3万以下者，照上表工价均加30%。

7. 用薄铅版印刷者，每台版收胶纸费25.00元。

8. 开本尺寸以全张纸635mm×914mm、787mm×1092mm为标准。超过以上标准者上版费照上表工价加20%。小于635mm×914mm者，上版费按照对开机计算。

六、凸版正文印刷

项　目	计算单位	工　价	备　注
平版印刷	1印张	0.016	
轮转印刷	1印张	0.014	

说明：

1. 上表项目平版印刷系指平版纸印刷，轮转印刷系指卷筒纸印刷。

2. 印数不足 4000 印张者按 4000 印张计，超过 4000 印张按实际计。

3. 上表印刷工价系指用每千克 10.00 元以下的一般黑墨，如所用黑墨单价超过 10.00 元、不足 11.00 元的，每千印张加 0.40 元，每千克单价在 11.00 元及以上不足 12.00 元的，每千印张加 0.80 元，依此类推，用彩色油墨者，照上表工价另加 30% 计。

4. 由于版面和印数关系，不够用全张机印者，其剩余版面的印刷工价为：对开机每千印 11.00 元，4 开机每千印 10.00 元，8 开机每千印 8.00 元，16 开机及以下每千印 6.00 元，需全张机印对开纸者，照全张工价计(此项规定，只限于书刊印刷)。

5. 外文版、民族文版以及占全书面数 50% 以上的中外文对照文字版或加拼音字母的文字版的印刷费，照上表工价加 15%。

6. 只印一面者，照上表工价加 20% 计。

7. 书版轮转机书页外发装者，每令收折页费 3.00 元，胶印轮转机亦然。

8. 正文内有铜锌版的印件划分标准及工价计算办法按“凸版正文上版”第 3 条说明计算。

9. 使用胶版纸，书皮纸和 65 克及以上各类厚纸加 20%，使用铜版纸、字典纸和 45 克及以下各类薄纸加收 30%。

10. 全张纸尺寸以 635mm × 914mm、787mm × 1092mm 为标准，超过上述尺寸者，印刷费照上表工价加 20%。小于 635mm × 914mm 者按对开纸计。

七、胶印轮转书刊印刷及上版

项　目	计算单位	工　价	备　注
文字线条版	1 印张	0.016	
文字网纹版	1 印张	0.018	
上版	对开版每次	70.00	

说明：

1. 印数不足 5000 印张者按 5000 印张计，超过 5000 印张按实际计。无论印数多少均收一次上版费。

2. 网纹版系指占全书面数 20% 及以上者，如有面积较大的实地版，工价另议。

3. 用 45 克及 45 克以下薄纸者，印费加 20%。

4. 用平台胶印机印书刊者，按第 10 表工价计算。

5. 软片、转印膜、雁皮纸样拼版，每对开版收拼版及片基费 16 开 15.00 元，32 开 20.00 元，每加拼一图加收 0.50 元。

6. 外来软片版需改字，换图者每处加收 0.80 元。

7. 用清刷机转印碳素薄膜者，每对开版收工料费 40.00 元，需浇铅版者另收浇版费。

8. 铅版上版打雁皮纸样者，每对开版收工料费 30.00 元。

9. 上表印刷工价系指用每千克 10.00 元以下的一般黑墨，如所用黑墨单价超过 10.00 元不足 11.00 元的，每千印张加 0.40 元，每千克单价在 11.00 元及以上不足 12.00 元的，每千印张加 0.80 元，依此类推，用彩色油墨者，照上表工价另加 30% 计。

10. PS 版系按每块 30.00 元为基价，如价格超过 30.00 元时，可加版材差价费。

11. 全张纸尺寸以 787mm × 1092mm 为标准，超过此标准者，照上表工价加 20%。

八、平印照相版

项　　目	计算单位	全开图 787×1092	对开图 546×787	四开图 393×546	八开图 273×393	十二开图 262×273	二十开图 196×218	四十开图 136×157
单色无网版	块	62.00	42.00	24.00	18.00	12.00	8.00	5.00
双色及多色无网版	块	78.00	52.00	31.00	24.00	16.00	11.00	6.00
单色阳图网目版	块	85.00	59.00	38.00	29.00	19.00	13.00	8.00
四色分色简单版	每套	702.00	455.00	270.00	205.00	135.00	130.00	110.00
四色分色复杂版	每套	962.00	657.00	390.00	296.00	200.00	184.00	155.00

说明：

1. 平印照相制版以每个图为计算单位，图的面积以上表开本尺寸为标准。如图的长度或宽度超过上表开本尺寸者，按超过后的开本尺寸计。

2. 五色及五色以上每色按四色加 10% 计。三色及双色分色版分别按四色、分色、简单版工价的 75% 和 50% 计。电分扫单色版、双色版及三色版者分别按复杂版的 25%、50%、75% 计。

3. 40 开～64 开规格一致的单色连环画稿，线条版阳图每面 4.00 元，网目版阳图每面 5.00 元。

4. 图片说明文字的排字费每千字 6.00 元，打样费每千字 4.00 元，照相拼版费每千字 5.00 元。每面稿不足 1 千字者以 1 千字计。

5. 阴图版工价按上表阳图版工价 50% 计，阳图网目版挖空按上表网目版工价加 50% 计。

6. 几个规格一致的图能拼在一起(由委印单位自拼)一次照相制版者，单色版按拼好后的开本大小照上表工价计，分色版按拼好的开本大小每增加一图照上表工价加 10%，最多不超过 70%。

7. 拷单色阳图版照上表单色版工价计，单色阴图版照上表单色版工价50%计，复制分色版按完成的开本尺寸大小，照上表工价70%计算，复制版面比较复杂需修版打样的按复制完的开本尺寸照上表工价计。拷联版按拷完的版面尺寸计，每增加一图按原图版面尺寸工价加10%。

8. 分色版遇有接版(即一个图分别拼在两块版上)者，按上表工价加30%计。

9. 委印单位自备分色底片作阳图版者，按上表工价50%计。

10. 天然色负片及黑白稿制彩色版者，按上表工价加20%计。

11. 凡用软片制阳图版者，另收软片费：全开每张80.00元、对开每张40.00元、4开每张20.00元、8开每张10.00元、16开每张5.00元、32开每张2.50元。版面复杂需做多种格式者，从第三个格式起收取软片费。

12. 如委印单位要求必须加工加料或原稿过分复杂特别费工的，其制版工价另议(平印印刷亦照此执行)。

13. 外来版打样者每色收70.00元。

14. 上表项目前三项制版的产品只晒蓝图样，每对开张收5.00元，四开每张收3.00元，如委印单位要求打样者另收打样费。

九、平版印刷及晒版、上版

项　　目	计算单位	单色及多色套色版
文字、线条版	对开千印	12.00
网纹版	对开千印	25.00
实地版	对开千印	33.00
晒版及上版基价(阳图版)	对开版每次	70.00
套白油	对开千印	15.00

说明：

1. 每色印数不足5对开千印者按5对开千印计，5对开千印以上按实际计(对开千印=色令)。无论印数多少只收一次上版费。

2. 上表系对开张的工价。如用四开纸(含四开机)印者每四开千印照上表对开千印工价85%计。如用三开纸印者照上表对开工价计。

3. 单色线块连环画按单色文字、线条版工价每对开千印另加0.30元。

4. 一色或多色网点构成色地占纸面60%以上者，其中一色或两色可照上表实地版计。

5. 使用金色、银色油墨的印件，印刷费照上表工价计，金银油墨按实际用量价格收费。

6. 使用双色胶印机印刷或套白油时，如有一个滚筒跑空，仍应计价，每对开千印收 8.00 元。四色机有两组(含两组)以上跑空者收两个跑空费，有一组跑空者收一个跑空费。

7. 上表印刷工价系按 1991 年黄、红、蓝、黑四种油墨的每千克平均价格 20.00 元为标准制定的，如每公斤平均价格超过 2.00 元时，每对开色令加 0.50 元，依此类推。PS 版系按每块 30.00 元作为基价，如果版材超过此基价时，可加版材差价费。

8. 四开胶印机印刷工价照说明第 2 条计算。晒版及上版按对开版 70% 计。

9. 凡用四色胶印机印刷产品，照上表工价加 20% 计。

10. 晒版及上版工价，遇有三拼晒及以上者，每对开版按晒版及上版基价加 25% 计。

11. 凡印件用 200 克及以上的厚纸，45 克及以下薄纸印者工价另议。

12. 单独晒版(PS 版)按晒上版基价 80% 计，外来拷版者每对开版收 10.00 元。

13. 用锌皮版晒版、上版者按 PS 版工价 50% 计。

14. 印竣后需要保留原版者以三个月为限，由工厂通知委印单位，过期不再保留。

15. 中途需换纸印刷时，不足 2 对开千印按 2 对开千印计。

16. 成品如需裁切、点数、包扎者，每令纸收工料费(包装纸自备)：全开对开 3.50 元、4 开 4.00 元、8 开 5.00 元、小于 8 开的另议。

17. 用 850mm × 1168mm 及以上规格纸张者照上表工价加 20%。

十、书刊装订

(包括：折页、配页、上皮、订本、锁线、切成品、送书、捆工、包包费；不包括：精装糊封及上封、烫金、压印、装订零件)

项　　目	计算单位	8 开	16 开	32 开	64 开
平装书　平订	每册	.041	.035	.045	0.07
胶订	每册	.045	.041	.047	0.09
精平装锁线	每册	.054	.047	.061	0.12
骑马订	每册		.034	.037	.054

说明：

1. 每册以三个印张为基数，订数不足4000册按4000册计(一印张32开为16页，16开为8页)，零页不足半个印张按半个印张计，超过半个印张按一个印张计。骑马订画报和畸形开本以及期刊印数在3万以下者装订工价另议。

2. 平装书(包括骑马订)、精平装锁线书、在基数以上每增加一印张，按上表工价加30%计，依此类推，两个印张及以下者，按上表80%计，两个印张以上不足三个印张的按三个印张计。

3. 正文用铜版纸，照上表工价加收40%。胶版纸以及用70克以上厚纸、45克及以下薄纸，照上表工价加收30%。平装封面用纸在180克以上者，每千册加收3.00元。压塑料薄膜的封面，每千册加收20.00元(需垫衬纸者，纸由委印单位自备，需压钢线者，8开及以下每千印收5.00元)。

4. 平装锁线，胶订书的书脊垫卡纸者，每千印张另收工料费1.30元，书脊加纱布者，每千印张另收工料费2.70元。使用热熔胶装订者，每千印张另收胶的差价费5.00元。

5. 厚平装书用两面铁丝订的，装订工价除按上表“平装书”工价计算外，每千册另加6.00元。

6. 三眼线的装订工价除按上表“平装书”工价计算外,每千册另加3.60元。

7. 封面带号码者，照上表工价另加20%。

8. 平装锁线书用300克以上的厚纸做封面者，加收上封费，每册另加16开0.05元，32开0.04元。

9. 上表胶订工价系按每千克6.00元以下的聚醋酸乙烯酯(乳胶)为标准制订的，胶价如有提高，酌加胶的差价费。

10. 一般包装不另收工费(包装纸由委印单位自备)。需配本包的每千册加收4元，以三册为基数，超过三册每千册收5.20元。

11. 如委印单位有特殊原因临时通知停装者，由此而产生的问题和损失，由厂社双方协商解决。

12. 装订短版活加成办法：印数在1万册及以下者加50%、2万册及以下者加40%、3万册及以下者加30%(此办法适用于全部书刊装订)。

13. 书刊装竣后，如委印单位自办发行或特殊原因需暂存工厂者,以一个月为限,但必须先结清工料费用,过期可由厂送交委印单位，运输费用由委印单位负担。如需继续存放在工厂内，每日按书刊总定价2‰计收保管费，每月结算一次，存放时间最长不得超过6个月。

14. 16开横开本加25%。特殊装画册和书刊者，工价另议。

15. 书刊中每增加一个彩页(一页两面)可按0.004元计，书中整版彩页应按书心加工计。

16. 书刊需打捆者，每千印张收塑料绳、带费 0.50 元。

17. 凡用书刊胶订联动机者(马提尼、方野等)。照上表工价加 10%。

18. 用 850mm×1168mm 及以上规格的纸工价照上表加 20% 计。

十一、书刊装订零件

(包括：正文单页和双页、环衬、扉页、插图、插表等装订零件)

项　　目	计算单位	工价	项　　目	计算单位	工价
割一刀	千刀	5.00	折图表	千折	2.50
粘页	千页	4.00	折图表(开图)	千折	3.50
折页	千页	1.20	折前口	千册	20.00
平订书粘前环	千册	7.00	折前口(覆膜)	千册	32.00
贴前后环(点)	千册	10.40	加包封	千册	30.00
贴前后环(裱)	千册	13.00	加丝带	千册	16.00
点续拷贝纸	千张	6.50	包里衬	千册	22.00
套页	千张	3.20			

说明：

1. 开数在 32 开及以下者照上表工价计，16 开及以上照上表加 50%，8 开及以上照上表加 100% 计。

2. 以上工价以 787mm×1092mm 规格纸为准，超过以上规格者照上表加 20%。

十二、精装封面、活页夹

(包括：开料、糊工，以成书开本计算)

项　　目	计算单位	16 开及大于 32 开	32 开及大小 64 开	64 开及以下
糊壳	个	0.19	0.15	0.13
活页夹	个	0.40	0.31	

说明：

1. 上表工价不包括封面布料的裱工，裱工应按实际情况另议。

2. 糊封面4000个以上者按上表工价计，不足4000个按实际耗用工时计，但总价不得超过4000个的价格。

3. 用压塑料薄膜的纸糊封，照上表工价加50%。

4. 封面指定要圆角，照上表工价加20%。

5. 使用布脊纸面布角，工价另加30%，使用布脊纸面加20%。

6. 丝织品、毛织品、皮革等封面的糊工，按实际耗用工时计算。

7. 糊壳大于16开者，工价另议。

8. 用850mm×1168mm及以上规格的纸，工价照上表加10%。

十三、精装上封

(包括：扒圆、起脊、糊花头、粘脊背卡纸、纱布、贴环补、褙封、压沟)

项　　目	计算单位	16开及大于32开	32开及大于64开	64开及以下
130页以下	每册	0.17	0.15	0.13
181页～260页	每册	0.18	0.16	0.14
261页～380页	每册	0.19	0.17	0.15
381页～500页	每册	0.21	0.18	0.16
501页～600页	每册	0.23	0.20	0.17

说明：

1. 书刊上封4000册以上者按上表工价计，不足4000册者，按实际耗用工时计，但总价不得超过4000册的价格。

2. 正文书页指定要圆角者照上表工价加5%。

3. 堵头布、卡纸、纱布由委印单位自备。

4. 套塑料封的工价照上表工价折扣计算：扒圆、糊花头都做者按80%计，只扒圆、不糊花头者按60%计，不扒圆，不糊花头者按50%计，书芯不加工，只套塑料封皮者按20%计(包包需垫衬纸者，纸由委印单位自备)。

5. 精装上封加601页～650页照上表501页～600页工价标准加5%，依此类推。

6. 上封大于16开者，工价另议。

7. 用850mm×1168mm及以上规格的纸，工价照上表加10%计。

十四、精装烫金、压印

(以成书开本计算)

项　　目	计算单位	16 开及大于 32 开	32 开及大于 64 开	64 开及以下
烫电化铝、色片	每次	0.07	0.04	0.03
烫金套色及套版	每次	0.09	0.09	0.09
压印	每次	0.04	0.03	0.03
烫金上版	每次	13.00	13.00	13.00
烫金套色及套版上版	每次	19.50	19.50	19.50
压印上版	每次	6.50	6.50	6.50

说明：

1. 上表所列工价不包括电化铝、色片等材料费，材料由委印单位自备。
2. 不足 2000 次按 2000 次计算，2000 次以上者按上表工价计。
3. 铺色片，电化铝费工者，按实际情况计算。
4. 烫金、压印每 3 万次计一次上版费。
5. 特殊加工工价另议。
6. 用 850mm × 1168mm 及以上规格的纸，工价照上表加 10%。

十五、覆膜机覆膜

计算单位：张

开　数	16 开及以下者	12 开	8 开	6 开	4 开	2 开
单价	0.12	0.14	0.20	0.24	0.32	0.50

说明：

1. 书刊封面、卡片等，不足 2000 个按 2000 个计，1 万以下按单个计，1 万以上按纸张大小计。

2. 以上价格包括工料费，膜价按每千克 16.00 元为标准，若膜价超过此标准者，每超过 1.00 元时照上表加 10%，用进口材料价格另议。

3. 如有特殊纸张及其他原因造成费工费料者，价格可另议。

4. 以上开数以全张纸 787mm × 1092mm 为标准，使用 850mm × 1168mm 纸照上表工价加 20% 计。

14　北京地区印刷工价

（1996年6月修订）

印刷工价的几点说明

一、依据北京市物价局、京价收字(92)471号通知的精神，本市印刷工价制定权限自1992年11月20日下放到企业。为加强行业对印刷工价的协调与管理，以北京地区印刷工价历史形成的框架和水平为基础，结合诸多项目的调价因素，对本市印刷工价进行了局部的修订与调整，在市物价部门的具体指导和参与下，制定本计算办法为本市印刷行业的指导价格。北京地区各印刷企业可根据本指导价格的水平结合本企业的具体情况，制定本单位的产品具体价格。

二、印刷工价系按“排版、纸型”、“凸版印刷”、“装订”、“平印照相制版”、“平版印刷”等产品分别制定分段的各类产品价格。工厂应按双方协议的时间、质量完成各段任务，每完成一段可分段结算账款。在结算最后一批费用时应将纸型、铜锌版、软片整理好退回委印单位。委印单位应在收到工厂的发票后五日内付款。发现问题及时解决，不应拖欠或无理拒付。

三、遇有本工价中没有规定的费工费料或省工省料的印件时，工价按实际耗用的工料计算。

四、由于委印单位的原因造成停机、停工或多费工时者，按实际占用工时计收损耗费。

五、纸张如有折角、破口、破洞、残缺、油污、水残、浮砂、厚薄不一、光麻不一等缺点者，为了保证印刷质量和效率，工厂应要求委印单位换纸，如委印单位无纸可换，则必须对该类纸张进行挑选，另收选纸费每令2.00元。如委印单位不同意选纸，可提高加放率直至实报实销。

六、加急印件，可按实际情况一般加急件费30%～60%；秘密、机密、绝密印件，可酌情加收密件费30%～35%。经典著作及精细、特制、特急产品的工价，由厂社双方协议。

七、厂社双方应按照北京市印刷工业总公司京印总发[1989]5号《关于实行产品加工优质优价劣质劣价的规定》执行。

八、北京地区印刷产品如打入国际市场，出口创汇，或高档优质品(含对国外宣传品)可以实行优质优价。对加工工艺和用料有特殊需要的产品，亦可双方议价。

九、凡需由工厂代料的纸张和材料一律按工厂进价加15%收款。(由外省市生产厂直接购货，可另收实际运杂费)代客发外加工的产品，若由工厂向委印单位结算工价者，工厂可按发外加工费的10%收取经营管理费。

十、印刷厂对运输费统一规定承担一次，即成品完成后，由工厂负责送往委印单位指定不超过三处的市内地点(不包括远郊区县)。如需要送至其他地点者，运输工具及运输费用由委印单位自理。

十一、本计算办法中所列各表，如同时出现几项需要加成计算的工价，表内项目按累计法计算。但急、密件的加成需按累进法计算。

十二、委印单位要求包工、包料、按印张定价者，双方协商定价。要签订合同，并预收部分费用。

目　录

六、附有关文件

20. 北京市印刷业管理暂行办法

21. 北京市书刊印刷产品质量监督管理暂行办法

22. 北京地区书刊印刷厂纸张加放率调整办法

23. 其他有关资料

一、汉文正文排版

单位：元(以下从略)

项　　目	计算单位	手动照排、铅排	激光照排	备　注
社会科学类	面	6.80	8.00	
自然科学类	面	9.00	9.80	
古典类(不混排或行间串排大小字)	面	9.10	10.00	
古典类(文中单、双行混排)	面	11.00	13.00	
字典类	面	11.30	13.30	

说明：

1. 排版工价以面为计算单位，以32开老五号750字为计算标准，但770字以下及不足750字均按一面计。其他开数均按此标准折合。小四号字及以上均按老五号一面750字计。小五号字及以下均按实际版面字数折合以750字为一面计。折合后，不足半面不计，半面以上按一面计。实际版面字数=每行字数×每面行数(横排书的页码以每面加一行计，页码、书眉分排在正文上下者以每面加两行计，直排书的页码以每行加一字计。书眉每面加一行计，页码、书眉在一行者，以加一行计)。文内图版、空白均不予剔除，全书排字尾数不足一面者按一面计。图版超出版心者按面加20%计。

2. 表格、歌谱计算办法：排简单表格(只有横线或竖线)每面按上表分项150%计，排复杂表和歌谱(横竖线俱排)每面按上表分项200%计，表格、歌谱，不足半面者，表格(歌谱)、文字各按半面计，超过半面者，按整面计，不另计文字。

3. 零星排字不足一面者按一面计。书的封面、内封、插页、版权、提要、拼图等均按社会科学类一面计算。

4. 手动照排、激光照排另收软片费：32开每面3.00元、16开每面

6.00 元计。如用进口软片价格另议。复印样每次送一份，超过者，16 开每面收 0.15 元，32 开每面 0.08 元。手动照排甲方要求出相纸者，另收相纸费；16 开及以下每面 1.50 元、32 开及以下每面 0.80 元，使用进口相纸另议(在本厂制版者，不另收相纸费)。

5. 上表工价为普通装价格，单面装按上表工价加 20% 计，双面装加 40%。

6. 委印单位自备磁盘出软片版者，32 开每面 6.50 元(包括软片费)，如重新进行组版出大样者，32 开每面 9.00 元(包括软片费)，按此标准 16 开加倍，64 开减半。把磁盘带走者，每张磁盘 20.00 元(此标准磁盘规格为 5 英寸，其他规格的磁盘另议)。

7. 委印单位要求工厂排长条样者，按上表工价加 30%；排版版面为双栏者工价加 10%；三栏者加 20%。

8. 社会科学类和自然科学类中，均包括文内有不同字体、字号、注文、公式、西文、数码等。文中叠排公式不足 1/2 面者，按上表工价加 50% 计算，叠排公式在 1/2 面及以上者按上表加 100% 计。

9. 委印单位要求排繁体字或繁体字稿排简体字者，均按上表工价加 10% 计(上表 5 项均适用)。

10. 送校样以三次为限，每超过一次按排版工价的 15% 收费，每次送样后，如由于委印单位的原因，造成改动较大或推行倒版者，改动之面，按全书平均每面价格的 50% 计收改版费。

11. 凡期刊排版费按上表工价加收 20%。

12. 发稿前双方应协议排版、校对周期，如委印单位校对时间超过周期规定者，每天按全部排版费的 5‰计收存版费。如存版时间过长，影响铅字周转时，得经双方协商后拆版。活字版在印完或打完纸型后，一般立即拆版，不予保存。必须存版者，委印单位应事先通知工厂，存版在一周以内不收存版费，超过一周，按天计收存版费，收费标准同上。工厂排版、改版、制型周期，如超过规定期限者，应按计收存版费的标准减收排版费。因委印单位的原因造成推行倒版、改动过大的，改版、出样时间亦应顺延，如超过顺延期限亦应按存版费的标准，减收排版费(此项指铅字排版)。

13. 校样每次均送 1 份，超过者另收工料费，32 开及以上的每面 0.06 元，16 开及以上的每面 0.08 元，8 开及以上的每面 0.10 元，随纸型的清样，以每付一份为限，超过者按以上标准计价。

14. 需工厂校对者(毛校除外)，按版面字数每校千字收校对费 0.60 元，自然科学和古典类每校千字收 0.80 元。

15. 刻字工价：二号字及以上每字 1.00 元、三号字及以下每字 0.80 元。照排字模版、激光字库没有的文字，需要拼字者价格另议。

二、外文及中外文对照排版

项　目	计算单位	俄、英、德、法、日文（6 磅～10.5 磅字）	俄、英、德、法、日文（12 磅字）
赉纳机排版	每行每厘米	0.043	0.036
两种文字对照排版	每行每厘米	0.057	0.043
三种文字对照排版	每行每厘米	0.076	0.072

说明：

1. “每行每厘米”系按版面可能容纳量计算。文内图版、空白均不予剔除。如整面全为图版或多图者均按社会科学类一面计算。

2. 手工及激光排外文版的工价照上表计算。激光排外文软片费按表一另收。

3. 赉纳机排版在 12.7 厘米以上接版者加 30% 计算。

4. 泰国文、缅甸文、印地文、阿拉伯文、越南文及其他文种排版工价，以每行每厘米 0.08 元计算。

5. 摩诺机排西方文种和拉丁文加 20% 计算，图版超出版心规格者，以面为计算单位，每面加 10%。

6. 送校样以四次为限，每超过一次按排版工价的 15% 收费。每次送校后，如由于委印单位的原因，造成改动较大或推行倒版者，改动之面；按全书平均每面价格的 50% 计收改版费。

7. 校样每次均送一份，超过者另收工料费：32 开及以上的每面 0.06 元、16 开及以上的每面 0.08 元、8 开及以上的每面 0.10 元。随纸型的清样，每付以一份为限，超过者按上述标准计价。

8. 发稿前双方应协议排版、校对周期，如委印单位校对时间超过周期规定者，每天按全部排版费的 5‰计收存版费。如存版时间过长，影响铅字周转时，得经双方协商后拆版。活字版在印完或打完纸型后，一般立即拆版，不予保存，必须存版者，委印单位应事先通知工厂，存版在一周内不收存版费，超过一周，按天计收存版费，收费标准同上。工厂排版、改版、制型周期，如超过规定期限者，应按计收存版费的标准减收排版费。因委印单位的原因造成推行倒版、改动过大的，改版出样时间亦应顺延，如超过顺延期限亦应按存版费的标准减收排版费(此项指铅字排版)。

9. 每增加一种语种或字体加 10%，最多不超过 40%。有卢比字、黑体字或国际音标者各加10%。两种或三种文字对照排版均包括汉语拼音。

三、纸　　型

项　　目	计算单位	工价	备注
16开及大于32开	每页	8.00	
32开及大于64开(包括大32开)	每页	4.00	
64开及以下	每页	2.30	

说明：

1. 一页为两个页码。

2. 母型照上表工价加15%计。

3. 16开以上按16开及大于32开工价另加50%计。

4. 文中有数理化公式、表格、歌谱、锌版、图版者，每页工价另加20%。

5. 如用进口材料，价格另议。

6. 翻制轮转机纸型另收浇版费。

四、凸印浇镀版

项　　目	计算单位	浇版	浇、镀版(镀铁、铜)
8开及大于16开	每块	1.50	4.00
16开及大于32开	每块	1.25	3.00
32开及大于64开(含大32开)	每块	0.75	2.00
64开以下	每块	0.60	1.50

说明：

1. 每块为一个页码。

2. 铅版以印1万印计，超过1万印者按浇、镀版计。

3. 挖改纸型，修改铅版，每字收0.50元(如工厂无相同字体的铅字时，铅字由委印单位自备)。

4. 铅版上焊铜版加工费每块1.00元。

5. 文内如有空白页者，计算浇镀版工价时均不予剔除，按全书面数计算，但正文零页需浇同样的几块版拼印者，按实际情况计。

6. 浇镀版中遇有镀镍、镀铬者，按上表工价加100%。

五、凸版正文上版(平台、单双面、书版轮转机)

项　　目	计算单位	大于16开	16开	小于16开大于32开	32开	小于32开大于64开	64开	小于64开
平台、单面全张机上版	每次	72	70	90	80	105	100	135
对开机上版	每次	43	42	54	48	63	60	81
双面、书版轮转机上版	每次		120		120			

说明：

1. 平版纸双面轮转机及书版轮转机的每次上版面数为：32开64面，16开32面。

2. 装版每版以5万印张为一个基价，印数超过5万印张者，每千印张另收2.00元上版费。每对开千印加收1.00元上版费。

3. 铜版占全书面数20%～40%，锌版占全书面数40%以上者，铜、锌版都有占全书面数40%以上者，照上表工价均加30%，不足者均按上表计算。铜版占全书面数40%以上者，照上表工价加100%。

4. 由于版面和印数关系，不够用全张机或对开机印者，其剩余版面的上版费为：4开每次20.00元，8开每次15.00元(此规定只限于书版，不包括图版上版)。

5. 外文版、民族文版以及占全书面数50%以上的中外文对照文字版或加拼音字母的文字版上版费，照上表工价加收15%。

6. 单面轮转机印数在3万以下者，照上表工价均加30%。

7. 用薄铅版印刷者，每台版收胶纸费25.00元。

8. 开本尺寸以全张纸635mm×914mm、787mm×1092mm为标准，超过以上标准者上版费照上表工价加20%。小于635mm×914mm者，上版费按照对开机计算。

六、凸版正文印刷

项　　目	计算单位	工　　价	备　　注
平版印刷	1印张	0.018	
轮转印刷	1印张	0.016	

说明：

1. 上表项日平版印刷系指平版纸印刷，轮转印刷系指卷筒纸印刷。

2. 印数不足4000印张者按4000印张计，超过4000印张按实际计。

3. 上表印刷工价系指用每千克12.00元以下的一般黑墨，如所用黑墨单价超过12.00元、不足13.00元，每千印张加0.5元，每千克单价在13.00元及以上不足14.00元的，每千印张加1.00元，依此类推，用彩色油墨者，照上表工价另加30%计。

4. 由于版面和印数关系，不够用全张机印者，其剩余版面的印刷工价为：对开机每千印12.00元、4开机每千印11.00元，8开机每千印9.00元，16开机及以下每千印7.00元，需全张机印对开纸者，照全张工价计(此项规定，只限于书刊印刷)。

5. 外文版、民族文版以及占全书面数50%以上的中外文对照文字版或加拼音字母的文字版的印刷费，照上表工价加15%。

6. 只印一面者，照上表工价加20%计。

7. 书版轮转机书页外发装者，每令收折页费4.00元，胶印轮转机亦然。

8. 正文内有铜锌版的印件划分标准及工价计算办法按“凸版正文上版”第3条说明计算。

9. 使用胶版纸、书皮纸和65克及以上各类厚纸加20%。使用铜版纸、字典纸和45克及以下各类薄纸加收30%。

10. 全张纸尺寸以635mm×914mm、787mm×1092mm为标准，超过上述尺寸者，印刷费照上表工价加20%。小于635mm×914mm者按对开纸计。

七、胶印轮转书刊印刷及上版

项　　目	计算单位	工　　价	备　　注
文字线条版	1印张	0.020	
文字网纹版	1印张	0.022	
上　　版	对开版每次	80	

说明：

1. 印数不足5000印张者按5000印张计，超过5000印张按实际计。无论印数多少均收一次上版费。

2. 网纹版系指占全书面数20%及以上者，如有面积较大的实地版，工价另议。

3. 用45克及45克以下薄纸者，印费加30%；用60克及以上厚纸者印费加 20%。

4. 用平台胶印机印书刊者，按第 9 表工价计算。

5. 软片、转印膜、雁皮纸样拼版，每对开版收拼版及片基使用费 16 开 20.00 元，32 开 30.00 元，64 开 40.00 元，每加拼一图加收 1.00 元，委印单位要求取走片基者每对开收 8.00 元。

6. 外来软片版需改字、换图者每处加收 2.00 元。

7. 用清刷机转印碳素薄膜者，每对开版收工料费 40.00 元，需浇铅版者另收浇版费。

8. 铅版上版打雁皮纸样者，每对开版收工料费 30.00 元。

9. 上表印刷工价系指用每千克 12.00 元以下的一般黑墨，如所用黑墨单价超过 12.00 元不足 13.00 元的，每千印张加收 0.50 元，每千克单价在 13.00 元及以上不足 14.00 元的，每千印张加 1.00 元，依此类推，用彩色油墨者，照上表工价另加 30%。

10. PS 版系按每块 30.00 元为基价，如价格超过 30.00 元时，可加版材差价费。

11. 全张纸尺寸以 787mm×1092mm 为标准，超过此标准者，照上表工价加 20%。

八、平印制版

项　目	计算单位	全开图 787×1092	对开图 546×787	四开图 393×546	八开图 273×393	十二开图 262×273	二十开图 196×218	四十开图 136×157
单色无网版	块	62.00	42.00	24.00	18.00	12.00	8.00	5.00
双色及多色无网版	块	78.00	52.00	31.00	24.00	16.00	11.00	6.00
单色阳图网目版	块	85.00	59.00	38.00	29.00	19.00	13.00	8.00
四色分色简单版	每套	1000.00	540.00	340.00	230.00	160.00	130.00	110.00
四色分色复杂版	每套	1300.00	800.00	480.00	340.00	240.00	184.00	155.00

说明：

1. 平印制版以每个图为计算单位，图的面积以上表开本尺寸为标准。如图的长度或宽度超过上表开本尺寸者，按超过后的开本尺寸计。

2. 五色及五色以上每色按四色加 10% 计。三色及双色分色版分别按四色分色简单版工价的 75% 和 50% 计。电分扫单色版、双色版及三色版者分别按复杂版的 25%、50%、75% 计。

3. 40 开～64 开规格一致的单色连环画稿，线条版阳图每面 4.00 元，网目版阳图每面 5.00 元。

4. 图片说明文字的排字费每千字 6.00 元，打样费每千字 4.00 元，照相拼版费每千字 5.00 元。每面稿不足 1 千字者以 1 千字计。

5. 阴图版工价按上表阳图版工价 50% 计，阳图网目版挖空按上表网目版工价加 50% 计。

6. 几个规格一致的图能拼在一起(由委印单位自拼)一次照相制版者，单色版按拼好后的开本大小照上表工价计，多图版按拼好的开本大小每增加一图照上表工价加 10%。

7. 拷单色阳图版照上表单色版工价计，单色阴图版照上表单色版工价 50% 计；复制分色版按完成的开本尺寸大小，照上表工价 70% 计算，复制版面比较复杂需修版打样的按复制完的开本尺寸照上表工价计。拷联版按拷完的版面尺寸计，每增加一图按原图版面尺寸工价加 10%。

8. 分色版遇有接版(即一个图分别拼在两块版上)者，按上表工价加 30% 计。

9. 委印单位自备分色底片作阳图版者，按上表工价 50% 计。

10. 天然色负片及黑白稿制彩色版者，按上表工价加 20% 计。

11. 凡用软片制阳图版者，另收软片费：全开每张 80.00 元、对开每张 40.00 元、4 开每张 20.00 元、8 开每张 10.00 元、16 开每张 5.00 元、32 开每张 2.50 元。版面复杂需做多种格式者，从第三个格式起收取软片费。

12. 如委印单位要求必须加工加料或原稿过分复杂特别费工的，其制版工价另议(平印印刷亦照此执行)。

13. 外来版打样者每色收 80.00 元，外来版需拼版者每色收 30.00 元。

14. 上表项目前三项制版的产品只晒蓝图样，每对开张收 5.00 元，四开每张收 3.00 元，如委印单位要求打样者另收打样费。

九、平版印刷及晒版、上版

项　　目	计算单位	单色及多色套色版
文字、线条版	对开千印	14.00
网纹版	对开千印	27.00
实地版	对开千印	36.00
晒版及上版基价(阳图版)	对开版每次	80.00
套白油	对开千印	15.00
跑空	对开千印	10.00

说明：

1. 每色印数不足5对开千印者按5对开千印计，5对开千印以上按实际计(对开千印 = 色令)晒上版以四十色令为一个基价，印数超过四十色令者，每色令另收2.00元上版费。

2. 上表系对开张的工价，如用四开张(含四开机)印者每四开千印照上表对开千印工价85%计。如用三开纸印者照上表对开工价计。

3. 单色线块连环画按单色文字、线条版工价每对开千印另加1.00元。

4. 一色或多色网点构成色地占纸面60%以上者，其中一色或两色可照上表实地版计。

5. 使用金色、银色油墨的印件，印刷费照上表工价计，金银油墨按实际用量价格收费。

6. 使用双色胶印机印刷或套白油时，如有一个滚筒空跑，仍应计价。四色机有两组(含两组)以上跑空者收两个跑空费，有一组跑空者收一个跑空费。

7. 上表印刷工价系按1991年黄、红、蓝、黑四种油墨的每千克平均价格20.00元为标准制定的，如每千克平均价格超过2.00元时，每对开色令加0.50元，依此类推。PS版系按每块30.00元作为基价，如果版材超过此基价时，可加版材差价费。

8. 四开胶印机印刷工价照说明第2条计算。晒版及上版每版按60.00元计。

9. 凡用四色胶印机印刷产品，照上表工价加20%计。

10. 晒版及上版工价，遇有三拼晒及以上者，每对开版按晒版及上版基价加25%计。

11. 凡印件用200克及以上的厚纸，45克及以下薄纸以及用外来版印刷者工价另议。

12. 单独晒版(PS版)按晒上版基价80%计，外来拷版者每对开版收10.00元。

13. 用锌皮版晒版、上版者按PS版工价50%计。

14. 印竣后需要保留原版者以三个月为限，由工厂通知委印单位，过期不再保留。

15. 中途需换纸印刷时，不足2对开千印按2对开千印计。

16. 成品如需裁切、点数、包扎者，另收工料费。

17. 用850mm×1168mm及以上规格纸张者照上表工价加20%。

十、书刊装订

(包括：折页、配页、上皮、订本、锁线、切成品、送书、捆工、包包费；不包括：精装糊封及上封、烫金、压印、装订零件)

项　　目	计算单位	8开	16开	32开	64开
平装书　平订	每印张	0.014	0.012	0.015	0.024
胶订	每印张	0.015	0.014	0.016	0.03
精平装锁线	每印张	0.018	0.016	0.021	0.04
骑马订	每印张		0.012	0.013	0.018

说明：

1. 订数不足4000册按4000册计(一印张32开为16页，16开为8页)，零页不足半个印张按半个印张计，超过半个印张按一个印张计，封面按一个印张计。骑马订画报和畸形开本以及期刊印数在3万以下者装订工价另议。

2. 平装书(包括骑马订)、精平装锁线书，正文两个印张及以下者，按上表工价加30%计。两个印张以上不足三个印张的按三个印张计。

3. 正文用铜版纸，照上表工价加收40%。胶版纸以及用70克及以上厚纸、45克及以下薄纸，照上表工价加收30%。平装封面用纸在180克及以上者，每册加收0.01元。压塑料薄膜的封面，需垫衬纸者，纸由委印单位自备，需压钢线者，8开及以下每千印收5.00元。

4. 精平装锁线，胶订书的书脊垫卡纸者，每千印张另收工料费1.30元，书脊加纱布者，每千印张另收工料费3.70元。使用热熔胶装订者，每千印张另收胶的差价费6.00元。

5. 厚平装书用两面铁丝订的，装订工价除按上表“平装书”工价计算外，每千册另加6.00元。

6. 三眼线的装订工价除按上表“平装书”工价计算外，每千册另加3.60元。

7. 封面带号码者，照上表工价另加20%。

8. 平装锁线书用300克以上的厚纸做封面者，加收上封费，每册另加16开0.05元，32开0.04元。

9. 上表胶订工价系按每千克6.00元以下的聚醋酸乙烯酯(乳胶)为标准制定的，胶价如有提高，酌加胶的差价费。

10. 一般包装不另收工费(包装纸由委印单位自备)，需配本包的每千册加收6.00元，以三册为基数，超过三册每千册收8.00元。

11. 如委印单位有特殊原因临时通知停装者，由此而产生的问题和损失，由厂社双方协商解决。

12. 装订短版活加成办法：印数在1万册及以下者加50%、2万册及以下者加40%、3万册及以下者加30%(此办法适用于全部书刊装订项目)。

13. 书刊装竣后，如委印单位自办发行或特殊原因需暂存工厂者，以一个月为限，但必须先结清工料费用，过期可由工厂送交委印单位，运输费用由委印单位负担。如需继续存放在工厂内，每日按书刊总定价2‰计收保管费，每月结算一次，存放时间最长不得超过6个月。

14. 16开横开本加25%。特殊装画册和书刊者，工价另议。

15. 书刊中每增加一个彩插页(一页两面)按0.004元计(正文装订中不再另计)。

16. 书刊需打捆者，每千印张收塑料绳、带费1.00元。

17. 凡用书刊胶订联动机者(马提尼、方野等)，照上表工价加15%。

18. 用850mm×1168mm及以上规格的纸工价照上表加20%计。

十一、书刊装订零件

(包括：正文单页和双页、环衬、扉页、插图、插表等装订零件)

项　目	计算单位	工价	项目	计算单位	工价
割一刀	千刀	5.00	折图表(开图)	千折	5.00
粘页	千页	6.00	折前口	千册	20.00
折页	千页	2.00	折前口(覆膜)	千册	36.00
粘前环	千册	10.00	加包封	千册	30.00
贴前后环	千册	15.00	加丝带	千册	16.00
点续拷贝纸	千张	10.00	包里衬	千册	26.00
套页	千张	3.20	压膜封面	千册	20.00
折图表	千折	3.50			

说明：

1. 开数在32开及以下者照上表工价计，16开及以上照上表加50%计，8开及以上照上表加100%计。

2. 以上工价以787mm×1092mm规格纸为准，超过以上规格者照上表加20%。

十二、精装封面

(包括：开料、糊工，以成书开本计算)

项　目	计算单位	16开及大于32开	32开及大于64开	64开及以下
糊　壳	个	0.22	0.17	0.14

说明：

1. 上表工价不包括封面布料的裱工，裱工应按实际情况另议。

2. 糊封面4000个以上者按上表工价计，不足4000个按实际耗用工时计，但总价不得超过4000个的价格。

3. 用压塑料薄膜的纸糊封，照上表工价加50%。

4. 封面指定要圆角，照上表工价加20%。

5. 使用布脊纸面布角，工价另加30%，使用布脊纸面加20%。

6. 丝织品、毛织品、皮革等封面的糊工，按实际耗用工时计算。

7. 糊壳大于16开者，工价另议。

8. 用850mm×1168mm及以上规格的纸，工价照上表加10%。

十三、精装上封

（包括：扒圆、起脊、糊花头、贴环衬、裱封、压沟）

项　　目	计算单位	16开及大于32开	32开及大于64开	64开及以下
130页以下	每册	0.17	0.15	0.13
131页～260页	每册	0.18	0.16	0.14
261页～380页	每册	0.19	0.17	0.15
381页～500页	每册	0.21	0.18	0.16
501页～600页	每册	0.23	0.20	0.17

说明：

1. 书刊上封4000册以上者按上表工价计，不足4000册者，按实际耗用工时计，但总价不得超过4000册的价格。

2. 正文书页指定要圆角者照上表工价加5%。

3. 堵头布，每千印张另收工料费1.00元。

4. 套塑料封的工价照上表工价折扣计算：扒圆、糊花头都做者按80%计，只扒圆、不糊花头者按60%计，不扒圆、不糊花头者按50%计，书芯不加工，只套塑料封皮者按20%计(包包需垫衬纸者，纸由委印单位自备)。

5. 精装上封如601页～650页照上表501页～600页工价标准加5%，依此类推。

6. 上封大于16开者，工价另议。

7. 用850mm×1168mm及以上规格的纸，工价照上表加10%计。

十四、精装烫金、压印

（以成书开本计算）

项　　目	计算单位	16开及大于32开	32开及大于64开	64开及以下
烫电化铝、色片	每次	0.08	0.05	0.03
烫金套色及套版	每次	0.10	0.10	0.09
压印	每次	0.05	0.04	0.03
烫金上版	每次	13.00	13.00	13.00
烫金套色及套版上版	每次	20	20	20
压印上版	每次	7	7	7

说明：

1. 上表所列工价不包括电化铝、色片等材料费，材料由委印单位自备。
2. 不足4000次按4000次计算，4000次以上者按上表工价计。
3. 铺色片，电化铝费工者，按实际情况计算。
4. 烫金、压印每3万次计一次上版费。
5. 特殊加工工价另议。
6. 用850mm×1168mm及以上规格的纸，工价照上表加10%。

十五、覆膜收费标准

光膜规格	单位	单价	备注	亚光膜规格	单位	单价	备注
全开	张	1.00		全开	张	2.20	
对开	张	0.50		对开	张	1.10	
3开	张	0.41		3开	张	0.85	
4开	张	0.32		4开	张	0.65	
6开	张	0.24		6开	张	0.53	
7开	张	0.22		7开	张	0.49	
8开	张	0.20		8开	张	0.44	
9开	张	0.18		9开	张	0.38	
12开	张	0.14		12开	张	0.32	
16开及以下	张	0.12		16开及以下	张	0.30	

说明：

1. 书刊封面、卡片等，不足2000个按2000个计，1万以下按单个计，1万以上按纸张大小计。

2. 以上价格包括工料费，膜价按每千克16.00元为标准，若膜价超过此标准者，每超过1元时照上表加10%，用进口材料价格另议。

3. 如有特殊纸张及其他原因造成费工费料者，价格可另议。

4. 开窗覆膜加收50%。

5. 急件根据情况加收30%～50%。

6. 以上开数以全张纸787mm×1092mm为标准。使用850mm×1168mm纸照上表工价加30%计。

十六、彩色电脑系统制版

(一)四色制作

项目＼规格	16开(210×285)	8开(285×420)	4开(420×570)	对开(570×840)	备注
每画三幅图以内	450	720	1500	2500	

说明：

1. 上表工价系每面全套制作价格，但不包含特技制作。

2. 每面三幅图以上者，每增加一幅图另加100元。

3. 制单色版以四色版制作费的40%计价。

4. 全开版制作价格另议。

5. 特技制作收费：

一类特技：挖空、制作底纹、艺术字、渐变色、印刷品去网纹加收100元；

二类特技：复杂挖空、修版除尘、换色、马赛克加收200元；

三类特技：图像拼接修改、图像移植、柔化、虚化及Photoshop中的各种效果加收500元；

四类特技：三维立体字、三维立体效果加收800元；

其他特技制作价格另议。

6. 报版、磁带、录像带、激光盘、封面、包装盒价格加倍。

(二)PS电子文件输出

项目 \ 规格	32开~16开	8开	4开	对开	备　注
每色	50	80	200	300	

说明：

非PS文件转为PS文件输出者加收50%。

(三)原稿扫描

客户提供存贮媒介

RGB文件：反射稿：20兆及以下50.00元，20兆以上每增加一兆加收2.00元；透射稿：按反射稿价加收20%。

(四)其他服务项目

1. 打样：

项目 \ 规格	8开	4开	对开	备　注
每　色	40	60	80	

2. 设计、创意：

一类加收制版费的50%，包括：实现版式(用户提供草稿、原稿、文字)；

二类加收制版费的60%，包括：版式设计(用户提供原稿、文字)；

三类加收制版费的120%，包括：设计创意(用户提出思想)；

四类徽标设计：简单设计300元，复杂设计600元，创意设计1000元；

五类特种创意设计，价格另议。

3. 电子文件保留：

已出阳(阴)图的文件，一般保留一个星期，不收保留费，逾期删除文件。如客户要求延长保留期者，保留期最多不超过一个月，并加收保留费每兆5.00元。电子文件复制每兆15.00元。

4. 用户在屏幕上直接修改版式，调整色调，每小时收占机费

300元。

（五）急件收费标准

1. 立等可取加100%；

2. 生产周期要求一天内完成者，加收50%；

3. 生产周期要求在三日内完成者加收30%；

4. 特殊情况加急者由委印、承印双方协商解决。

十七、包装、装潢、商标印刷

（包括：上版、版材、印刷、改色、包装。不含制版）

计算单位：元

规格(mm)（开数）	计算单位	3000印及以内基础价	3000印以上超基础加价（每印次）	4万印以上标准价（每印次）	备　注
780×540（2开～3开）	每色	700.00	0.032	0.046	
540×390（4开～7开）	每色	500.00	0.023	0.033	
390×270（8开～13开）	每色	350.00	0.017	0.024	
270×200（14开以下）	每色	260.00	0.013	0.018	

说明：

1. 上表工价以每张每色为计算单位。每张每色在3000印及以内者，只收基础价，印数在3000印以上至4万印者，除照收基础价外，还应另按超基础标准计收工价。其计算公式为：总金额＝基础价＋（实际印数－3000印）×超基础加价，印数在4万印以上者，只按4万印以上标准价收费（不另收基础价），其计算公式为：总金额＝总印数张×4万印以上标准价。

2. 200克及以上的厚纸，40克及以下的薄纸，照上表加收30%；400克及以上的厚纸加收50%。玻璃粉卡纸加收50%。

3. 铝泊纸（钢精纸）加收150%，描图纸加收150%。PVC胶片加收400%。

4. 凸印串色加收50%；用荧光墨加收100%。普通墨调入少量荧光墨加收50%；印金银墨时，按色地占纸张面积大小分别计算：墨地占纸张的面积1/4者加收100%；面积占1/2者加收200%；面积占3/4者加收300%；面积占3/4以上者加收400%。

5. 叠色、压凸各按加一色计算收费。

6. 烫印电化铝以2000张为计算起点，不足2000印按2000印计。2开～3

开每张每次 0.07 元，4 开～7 开每张每次 0.05 元，8 开～12 开每张每次 0.035 元，12 开以下每张每次 0.025 元。

7. 上亮油 2 开～3 开每张 0.15 元；4 开～7 开每张 0.10 元；8 开及以下每张 0.06 元。

8. 印刷产品特别费工，或有特殊要求者工价另议。急件产品，根据不同情况可加收加急费 30%～50%（印刷要求在两天以内完成者加收 50%；要求四天以内完成者加收 30%）。

9. 胶印机跑空时，对开机每组每次收 0.016 元；四开机每组每次收 0.01 元。

10. 本收费办法如有不尽事宜，委印、承印双方临时商定。

11. 印完交货后，印版保留半年，到期不取者，不予保存。

12. 上表工价是以 787mm×1092mm 纸为准。用大规格的纸工价照上表加 30% 计。但纸张超过 900mm 者按全张纸计。

十八、刖型、模切加工收费标准

〔包括：模具、上版、模切(刖型)整理费、包装费〕

计算单位：元

规格(mm) (开数)	2000 刖张及以内基础价	超基数每增加一刖张加收标准	备　注
780×540 (2 开～3 开)	850	0.05	
540×390 (4 开～7 开)	600	0.035	
390×270 (8 开～13 开)	420	0.025	
270×215 (14 开以下)	320	0.019	

说明：

1. 上表工价以每张每刖次(每刖张)为计算单位。每刖张在 2000 刖次及以内者，只收基础价；超过 2000 刖次者，除照收基础价外，还应另按超基础标准计收工价。其计算公式为：总金额 = 基础价 + (实际印数 - 2000 印) × 超基数加价。

2. 产品成型，特别费工、特别复杂者工价另议。

3. 急件产品根据不同情况，加收 30%～50%（三天以内交货加收 50%，五天以内交货加收30%)。

4. 上表工价以787mm×1092mm规格纸为准，超过以上规格者照上表加收30%。但纸张超过900mm者按全张纸计。

十九、糊盒加工收费标准

计算单位：个

工序 单价 开数	糊一道口	糊一道口 自封底点浆糊	倒口	备注
2开~3开	0.035	0.08	0.01	
4开~7开	0.035	0.07	0.008	
8开~18开	0.02	0.045	0.006	
19开~32开	0.015	0.035	0.004	
33开~64开	0.011	0.025	0.002	
65开以下	0.08	0.016	0.001	

说明：

1. 糊盒加工3000个以上者，按上表工价计，不足3000者，按实际耗用工时计，但总价不得超过3000个的价格。

2. 计算开数以787mm×1092mm规格纸为标准，超过以上规格者照上表加收30%，其他开数以787mm×1092mm规格纸套算。

3. 上表工价系一般盒收费标准。如有特殊盒形，可根据费工、费料的实际情况，工价另议。

15　上海市书刊印刷行业印刷工价表

(2000 年 7 月)

总　说　明

一、本工价是经过近三年来，上海各出版社与印刷(集团)有限公司充分协商后制定的。

二、本工价全部为不含税价，在计算时加价部分的百分比一律连加后再和单价相乘，最后加上税率。

三、本工价分为三大块：

1. 正常工价：排版、书刊印刷、书刊印刷辅助、书刊装订、装订辅助、彩色印刷。

2. 参考工价：上塑、四色打样、自来盘片四色输出、彩色(单色)制版、彩色拼版拷版。

3. 附件：精装材料代料价。

四、本工价可以分段结算，加工厂在排制版、印刷、装订等工序完成后，可向委印单位收款。

五、运费：委印单位与加工厂对原材料、成品、半成品各承担一次运输。

六、正常工价计算方法：

1. 排版计算法：(分类单价 + 说明) × 数量 ×1. 17

2. 书刊印、装计算法：[单价 × 印张 × 印数 + 辅助(说明)] ×1. 17

3. 彩印计算法：(单价 + 说明) × 印数 × 对开版数 ×1. 17

七、社厂双方可根据质量、出书要求及市场状况，酌情上下浮动。

八、本工价未包含的内容可另议。

上海出版社经营管理协会　上海印刷(集团)有限公司

书版电脑排版工价

项　　目	单位	单价(元)
中文含夹排外文	千字	10.00
有外文有公式、多种字号字体夹排	千字	13.00
有外文有公式有叠码	千字	20.00
复杂迭码、叠码超 30% 版面、歌谱、曲谱	千字	27.00
辞书、日文排版	千字	20.00
内封、版权(不论开本)	面	10.00
线条图扫描(1)	幅	5.00
线条图绘图(2)	幅	8.00
网线图扫描(3)	幅	10.00
网线图绘图(4)	幅	20.00
(以上四项以 80×100mm 为标准,超幅按面积比例递增)		
软片 32 开及以下(1)	面	5.00
软片 16 开及以下(2)	面	8.00
软片 64 开及以下(3)	面	4.00
(以上三项超过 787×1092 的大尺寸增加 20%)		
相纸(进口)按同尺寸软片加 30% 计算,相纸(国产)按同尺寸软片的 80% 计算		
造字	只	1.00

说明:

1. 加 10% 的项目:双栏、直排。除英文日文外,其他西文、夹注、面末注、统改 10% 以下。

2. 加 20% 的项目:期刊、三栏、正文用四号及以上字号(纯文字除外)统改 20% 以下。

3. 加 30% 的项目、繁体字排版、拼音、阿拉伯文等。特殊字形、有单(双)面装工、中外文夹排每面超过 1/3、总谱、民族器乐谱等复杂曲谱、统改 30% 以下。

4. 统改30%以上，加40%计价，统改超过50%作重排计算，上述统改指委托方原因造成，按面计算。

5. 纯外文按中文相同字号的版面字数加20%计算。

6. 表格字数按版面实际字数计算，简表增加50%计价。复杂表格(纯文字、挂线、流程等)增加100%计价。

7. 委托方提供文字软盘的，承排方按六折计价。因委托方原因，改动不超过10%按七折计价；改动不超过20%按八折计价；改动不超过30%按九折计价；改动超过30%的按全额计价。

8. 存盘原则上由印刷厂保存，在保存过程中有遗失和损坏，印刷厂应免费为委托方重新排版。委托方有特殊情况需要收回的，按每片10元计算，图片存盘价格另议。

9. 文中单图超过版面50%，应剔除所占版面排字数。

10. 送校样以3次6份为限，因委托方原因超校次，每增加一个校次增加5%工价。多送的校样按32开0.20元/面、16开0.40元/面计价。

书刊印刷工价

单价：元/印张

印数	1000册及以下	1001－2000册	2001－3000册	3001－4000册	4001－5000册	5001－10000册	10001－15000册	15001－30000册	30001册以上
单价	0.26	0.20	0.10	0.08	0.06	0.04	0.034	0.03	0.025

说明：

1. 不足1000册以1000册计价。
2. 纸张大于787×1092mm，印工每印张加15%计。
3. 用纸在45克及以下每印张加40%计。
4. 单面印产品，印工每印张以50%计。
5. 胶轮印刷，每印张单价减少0.005元计。
6. 不足半印张作半印张计，超过半印张以一印张计。

书刊印刷辅助工价

单价：元/印张

项　目	拼　版	拼版片基	晒兰图
工　价	50.00	14.40	24.00

说明：32开以下开本，辅助工价照上表乘上系数计价(系数为：开本/32)。

书刊装订工价

单价：元/印张

印数	1000－2000		2001－10000		10001－30000		30001 以上	
项目	骑，平	串，胶	骑，平	串，胶	骑，平	串，胶	骑，平	串，胶
工价	0.022	0.03	0.021	0.028	0.019	0.026	0.016	0.024

说明：

1. 正文用纸大于 787×1092mm 加 20%，正文用纸在 80 克及以上，加 10%；45 克及以下用纸加 40%。

2. 封面、插页、插表、环衬以实际页数折合成印张。整本书以实际页数相加不足半印张作半印张计，超过半印张以一印张计。

3. 32 开以下开本，装订工价照上表乘上系数计价(系数为：开本/32)。

4. 订数不足 1000 本，以 1000 本计价。

5. 串线后再上胶订价目：

10 个印张及以下每本另加 0.03 元，超过 10 印张每 5 个印张内加 0.01 元，依此类推。

装订辅助工序

单位：元

项目	工价	
做壳(含中径纸)	每只	0.45
烫火印、电化铝、粉片	每次	0.12
加丝带	每根	0.02
轧钢线	每根	0.005
包护封、套塑套书	每本	0.03
上塑、上光、过油封面	每本	0.03
书页前后加白卡	每本	0.08
铜版纸(不含骑订)	每页	0.005
配套书、勒口封面	每部(本)	0.02

说明：

凡不足 1000 册以 1000 册计算(除全书铜版纸外)。

彩印工价

单位：元/四色对开单面

印数 \ 单价 \ 用纸	铜版纸	轻涂纸	胶版纸
1000及以下	0.706	0.616	0.574
1001－1500	0.653	0.557	0.512
1501－2000	0.466	0.398	0.366
2001－2500	0.412	0.345	0.314
2501－3000	0.337	0.282	0.257
3001－3500	0.285	0.239	0.195
3501－4000	0.247	0.207	0.188
4001－4500	0.218	0.183	0.135
4501－5000	0.195	0.163	0.149
5001－10000	0.144	0.114	0.099
10001－20000	0.127	0.097	0.083
20001－40000	0.119	0.089	0.075
40001及以上	0.116	0.086	0.072

说明：

1. 纸张(以787×1092mm为准)上车尺寸超过对开者，按上表加15%。用纸250克及以上者加40%。45克及以下加30%。70克及以下轻涂纸照铜版纸计价。

2. 彩色加印金、印银按上表单价另加67%计，大面积印金、印银，以及印其他特种油墨如荧光墨及特种纸印刷等，工价另议。

3. 全张纸上车，按同类纸照上表工价加倍计。

4. 三开纸用对开机印刷，照上述工价计。四开软片印刷按上表工价70%计。

5. 双色印刷照上表单价50%计，3色照75%计，5色照125%计，单色色墨(黑色除外)及铜版纸黑白印刷照25%计。

6. 印数不足1000册以1000册计价。

7. 年画、年历、用牛皮纸打包，每包收打包费 1.00 元。

8. 计算中单面对开 4 色作为系数 1、求出对开版数后计算工价。

自来盘片四色输出工价(参考价)

单价：元/面

开　　本	单　　价
16 开,大 16 开	50
8 开,大 8 开	100
4 开,大 4 开	200
对开,大对开	400

说明：

1. 一色以工价 30% 计。
2. 二色以工价 50% 计。
3. 三色以工价 75% 计。
4. 含材料费。
5. 来盘如有改动文字及开本大小者，则另加改动费。
6. 以上之外开本取相对两个开本中间价计。

四色打样工价(参考价)

单价：元/面

开　　本	单　　价
16 开,大 16 开	44
8 开,大 8 开	80
4 开,大 4 开	160
对开,大对开	240

说明：

1. 一、二色以工价 50% 计。
2. 三色以工价 75% 计。
3. 专色以两色计算。
4. 含材料费。
5. 以上之外开本取相对两个开本中间计。

彩色(单色)制版工价(参考价)

单价：元/面

开　数	彩色单价	开　数	彩色单价	单色单价 (大度正度同一标准)
32 开	130	大 32 开	155	15
16 开	190	大 16 开	215	20
8 开	265	大 8 开	330	40
4 开	385	大 4 开	470	70
对开	770	大对开	855	125

说明：

1. 彩色稿以 4 色为准，3 色不减 5 色不加。超过 5 色，每色另加 25%。
2. 单色稿加网，每面另加 20%。
3. 画册、地图版等难度较高的产品，工价可另议。
4. 简单翻版稿的工价按单色标准的 90% 计。
5. 以上未包括的开本，工价以两个相邻开本的平均价计算。
6. 上述单价含打样费、材料费。

彩色拼版、拷版工价(参考价)

单价：元/面/色

开　本	单　价	开　本	单　价
32 开	7.00	4 开	26.00
16 开	9.00	2 开	50.00
8 开	13.50		

说明：

1. 以上标准指以小阳图原版制成阳图上车版。只拷一次阴图或阳图的单价另议。

2. 大度开本另加 10%，未列出的开本，取相邻 2 个开本的中间值。

3. 软片费按成品尺寸另加。

4. 扫描单价：20 兆(M)及以下，40 元；20 兆(M)以上，1.50 元/兆(M)。

5. 客户提供阳图散片直接上车的，按照“书刊印刷辅助工价(拼版)”的标准，另加 20% 费用。

贴塑工价(参考价)

项目	尺寸(mm)	光膜(张/元)
全张	1092×787	0.77
对开	780×540	0.39
大对开	880×590	0.46
三开	780×360	0.30
大三开	880×390	0.36
四开	540×390	0.20
大四开	590×440	0.24
六开	390×360	0.15
大六开	440×390	0.19
八开	390×270	0.10
大八开	440×295	0.12

说明：

亚膜工价照光膜工价的140%计，过油工价以光膜工价的50%计。

附件

装订精装代料价(参考价)

单位：元(含税)

项目＼开本	16开		32开		大32开		64开		大64开	
150克双胶上下环衬(本)	0.22		0.11		0.14		0.06		0.07	
纱布堵头布(本)	0.105		0.085		0.085		0.07		0.07	
荷兰板(本)	2mm	1.01	2mm	0.51	2mm	0.62	2mm	0.26	2mm	0.30
	2.5mm	1.27	2.5mm	0.63	2.5mm	0.78	2.5mm	0.32	2.5mm	0.38
	3mm	1.48	3mm	0.74	3mm	0.90	3mm	0.37	3mm	0.44

说明：

1. 150克双胶纸以6500元/吨计，上下浮动超过500元/吨时，以原纸价作为1，求出系数计价。

2. 上下环衬价目中，如只用上环衬或下环衬，则以50%计价。

3. 参考价目：纱布3.60元/米，堵头布0.33元/米，2mm荷兰板8.00元/张，2.5mm荷兰板10.14元/张，3mm荷兰板11.80元/张。

16　东北地区书刊印刷工价标准

（1997 年 1 月）

一、本工价标准由排版、铅印、胶印书刊、平印、装订五个部分、十七个分项组成。总体可分为排制、印装两段。为加速工厂资金周转，工费可根据实际进度情况分为两段结算；对平装书超过 5 万册，精装书超过 1 万册的大批量图书，可酌情分批结算。排制部分凭版样，印装部分凭收货单，并应在结算前将纸型、软片等退回委印单位，或根据协议由工厂代保管。委印单位应在接到工厂发票后五日内付款，外地可由银行办理托收。为便于委印单位审核，工厂应提前将结算明细表送交社方，发现问题及时解决，社方不应拖欠或无理拒付。

二、遇有本工价中没有规定的特别费工费料或特别省工省料的印件时，工价可按实际耗用工料情况协议。

三、由于委印单位的原因造成停机、停工或多费工时或造成排制、印装过程中断施工超过一个月以上者，厂方可结算工费并按实际耗用工时计收损耗费或存版费。

四、期刊和加急印件，加收急件费。期刊定期发稿：制版费加 20%，印装费各加 10%；其他急件，加收急件费为：制版费加 30%，印装费各加 20%。机密、绝密印件，另收密件费 20%。

五、凡承印出版社、杂志社的印件，其成品应由承印厂负责送到委印单位指定的市内地点，但以两处为限，超过者加收运输费，如需承印厂协助代为发运到外地者，加收代发费。

六、委印单位来纸如有折角、破口、残缺、油污、水残、浮砂、厚薄不一、光麻不一等缺点者，为了保证印刷质量和效率，工厂应要求委印单位换纸，如委印单位无纸可换则必须对该类纸张进行挑选，选纸费及残纸损失由委印单位负担。

七、印件所用纸张，一般由委印单位自备，按时送交承印厂所指定地点。如需工厂代取代运者，运费和其他费用均由委印单位负担。如需占用工厂仓库代储者，酌收仓储及装卸费。

一、排版部分

(一)汉文正文排版　　单位：元

项　　目	计算单位	工价	备　注
社会科学类	千字	8.00	
自然科学类	千字	9.80	
古典类(不混排及行间不串排大小字)	千字	10.00	
古典类(行间单双行混排)	千字	13.00	
字(词)典类	千字	13.20	

说明：

1. 排版字数以面折算，排老五、小五、六号字均以版面字数按上表单价计算。大于五号字按版面可容五号字数量计算。实际版面字数 = 每行字数 × 每面行数。页码、书眉、栏线独占一行者，均以一行计，文内图版、空白均不予剔除，图版超出版心者按版心加 20% 计。全书排字尾数不足一千字者，按一千字计。

2. 零星排版，例如书的封面、内封、插页、版权、提要、拼图等版面字数不易计算者，以下表规定字数、社会科学类标准计算：

开　　数	大 16 开以下	大 32 开以下	大 64 开以下
字　　数	1,600	800	400

注：排大于五号字时，计算字数公式为：可容五号字数 = 版面平方厘米 × 4.76

3. 激光照排按上表工价加 15%，文中有单色插图的制版费，按锌版标准计价。另收软片费：32 开每面 2.00 元；16 开每面 3.50 元。如使用相纸排版另收相纸费：16 开每面 1.50 元；32 开每面 0.80 元。

4. 委印单位自备磁盘出软片者，32 开每面 5.00 元，如重新进行组版出大样者，32 开每面 7.00 元(均含软片费)，按此标准 16 开加倍，64 开减半。排版后要求带走磁盘者，每片磁盘收费 20.00 元(5 英寸磁盘)。

5. 上表工价为普通装价格。单面装按上表工价加 20% 计，双面装加 40% 计。

6. 委印单位要求工厂排长条样者，按上表工价加 30%。排版版面为双栏版加价 10%；三栏版加价 20%(不含字典辞书)。

7. 社科类和自然科学类中，均包括文内有不同字体、字号、注文、西文、数码等。文中有一般公式者加价 20%；有叠排公式不足 1/2 面者，按上表工价加价 50% 计；叠排公式占 1/2 面及以上者，按上表工价加 100% 计。文中带插图者加价 10%(辞书类除外)。

8. 委印单位要求排繁体字或繁体字稿排简体字者，按上表工价加 20%。

9. 送校样以三次为限，每超过一次按排版工价的 15% 收费。每次送样后，如由于委印单位的原因，造成改动较大或进行串版者，改动版面按全书平均每面价格的 50% 收改版费。

10. 校样每次均送一份，超过者另收工料费：小于 16 开的每面 0.03 元；16 开及以上小于 8 开的每面 0.05 元；8 开及以上的每面收 0.08 元。复印样 16 开每面收 0.15 元；32 开每面收 0.08 元。

11. 刻字工价：二号字及以上每字 0.80 元；三号字以下每字 0.60 元。激光照排字库没有的文字，需要拼字者，每字收 0.80 元。

12. 朝文版加价 20%，中、朝文混排加价 50%。

(二)外文及中外文对照排版　　单位：元

分类	计算单位	俄、英、德、法、日文	
		6 磅～10 磅字	12 磅字
外文排版	每行每厘米	0.037	0.03
中外文对照排版	每行每厘米	0.048	0.04
三种文字对照排版	每行每厘米	0.065	0.05

说明：

1. 外文占版面 1/2 以上者，按外文版计算。计算“每行每厘米”系按版面可能容纳量计算，空白及图版部分不予剔除，计算方法同汉文排字。

2. 三种文字以上每增加一种语种加价 10%，最多不超过 40%，有卢比字、黑体字或国际音标者各加价 10%。两种或三种文字对照排版均包括汉语拼音。

3. 激光照排外文按上表工价加 15% 计算。软片及送校样、复印样等规定与汉文排版同。

(三)表格、歌曲版

单位：元

分类	单位	整版部分				非整版	
		8开	16开	32开	64开	50cm^2	每cm^2
一般简单表格	面	16.80	8.40	5.60	2.80	2.10	0.042
竖线、横线俱排的，文字数码占全面积30%以下的表格；只排竖线或横线的，文字数码占70%以下的表格	面	28.00	14.00	7.00	4.90	2.80	0.056
竖线、横线俱排的，文字数码占全面积30%～50%的表格；只排竖线或横线的，文字数码占70%以下的表格	面	39.20	19.60	9.80	7.00	3.50	0.070
竖线、横线俱排的，文字数码占全面积50%以上的表格	面	45.40	22.70	12.70	7.00	4.20	0.084
六号字表格；带复杂公式的表格	面	50.40	25.20	14.00	8.40	4.90	0.098
五号、小五号单层歌曲版	面		20.70	9.80	7.70		
五号、小五号双层歌曲版	面		22.40	12.60	8.80		
六号单层歌曲版	面		26.00	14.00	9.80		
六号双层歌曲版	面		28.00	15.40	10.90		

说明：

1. 正文表格、歌曲夹排超过1/2以上者，按表格或歌曲版计，不足1/2者，其表格部分按平方厘米加算，以50平方厘米起算，歌曲版不足1/2按1/2加算。

2. 表格或歌曲用外文排版加价20%；用繁体字排加价10%；排戏曲版按歌曲版加价50%。

3. 表格内有两条以上斜线加价10%。复杂的组织表或元素表加价100%。

4. 激光照排表格、歌曲按上表加价15%。

（四）铜锌版

分　　类	计量单位	起码尺寸	工价(元)	分　　类	计量单位	起码尺寸	工价(元)
铜凸版	平方厘米	40	0.12	光锌版	平方厘米	20	0.05
铜网版	平方厘米	40	0.14	锌凸版	平方厘米	20	0.08
铜凸网版	平方厘米	40	0.16	锌网版	平方厘米	20	0.09
套色铜版	每色平方厘米	60	0.14	锌凸网版	平方厘米	20	0.10
套色网纹铜版	每色平方厘米	60	0.35	套色锌版	每色平方厘米	40	0.10
光铜版	平方厘米	40	0.08	彩色锌网版	每色平方厘米	80	0.29

说明：

1. 计算方法：以长乘宽计算面积，每版面积不足起算尺寸者，按起算尺寸计算。图中空白面积不予剔除。长条版宽度不足2厘米者以2厘米乘长度计算。

2. 套色版每色均按最大一色的版面计算面积。

3. 以一稿分制多色版者，加价20%。用彩色原稿制版者，每色另收软片费10.00元。自带软片者按8折计价。

4. 打彩色样者，每色收打样费2.50元。

5. 上表所列工价均不包括木底托。加配木底托者每平方厘米收费0.02元。

(五)纸型　　单位：元

项　目	计算单位	工　价	备　注
16开及大于32开	每　页	5.00	
32开及大于64开	每　页	2.50	
64开及以下	每　页	1.50	

说明：

1. 一页为两个页码。页码的计算，同排版计算法。空白版也计算在内。尾数不足一页按一页计。

2. 850mm×1168mm规格开本加价10%。

3. 带插图、表格、歌谱、公式算式版、外文版均加价30%。朝文版加价50%。

4. 超版心页，以实际面数按上一档价格计算。

5. 翻型亦按此标准计算，但不执行第三条加价规定。

6. 经典著作、重点及特殊要求产品加价20%。

二、铅印书刊部分

(六)铅印正文上版及浇版　　单位：元

项　目	计算单位	全开机			对开机(半印张)		
		16开	32开	64开	16开	32开	64开
浇镀版	印　张	40.00	50.00	60.00	20.00	30.00	40.00
上　版	印　张	70.00	80.00	100.00	40.00	48.00	60.00

1. 浇镀版说明：

(1)浇镀版及上版不论印数多少，均按每印张收一次计算。850mm×1168mm规格加价10%。

(2)铅轮翻型、转印及零星浇版：8开每块3.40元；16开每块2.00元；32开每块1.20元；64开每块0.80元。需镀版者加价50%。

(3)挖改纸型、修改铅版，每字收费0.50元(每一外文字母或标点符号，均算一字。如工厂无相同字体的铅字时，铅字由委印单位自备)。

(4)铅版上焊锌、铜版加工费每块0.80元。

(5)经典著作及重点、特殊要求产品按上表加价50%。

2. 上版说明：

(1)非标准开本按小于16开、32开、64开分类，分别照16、32、64开加价50%。

(2)图版(指铜锌版的原版或翻成铅版的网版)占全书面数20%~50%加价50%，图版占50%以上加价100%。

(3)外文版、表格版、歌曲版，以及占全书面数50%以上的中外文对照版或加拼音字母的文字版的上版费，照上表工价加收15%，朝文版加收15%。

(4)不足一印张的剩余版面，无对开机者按一印张计算；有对开机者不足半印张按半印张计算，超过半印张按一印张计算。

(5)用色墨(即非黑色)印刷者，加收换色费对开每次15.00元，全开每次30.00元(书用同一种色墨只收一次)。

(6)铅轮机浇镀版及上版每次为2印张，尾数不足2印张按2印张计算。

(7)开本尺寸以全张纸787mm×1092mm为标准。超过以上标准者上版费照上表加价20%，达到或超过635mm×880mm者，按全开计价。

(8)活版印刷按上表标准计价，超过8千印者，每千印加价1.00元。

(9)经典著作及重点、特殊要求产品加价100%。

(七)铅印正文印刷 单位：元

项　　目	计算单位	工　　价	备　　注
平版印刷	千印张	16.00	
轮转印刷	千印张	14.00	以787mm卷筒纸为标准

说明：

1. 平版铅印以全张纸787mm×1092mm为标准。超过上述尺寸者，印刷费照上表工价加20%，达到或超过635mm×880mm的纸张，用全开机印刷的按全张纸计价。对开机印刷照上表工价加10%；只印一面者，按上表工价加20%。印数不足2000印按2000印计价。

2. 正文内有网版的印件，占全书面数20%~50%，照上表工价加收15%，占全书面数50%以上者，照上表工价加收30%。

3. 外文版、表格版、歌曲版，以及占全书面数50%以上的中外文对照文字版或加拼音字母的文字版印刷费，照上表工价加10%，朝文版加价10%。

4. 用彩色墨者照上表工价加30%计算。

5. 使用胶版纸、书皮纸和65克以上各类厚纸加价20%，使用铜版纸、字典纸和45克及以下纸张加价30%。

6. 书版轮转机书页发外装者，每令收折页费3.50元，胶轮机书页亦同。

7. 经典著作及重点、特殊要求产品加价20%。

(八)凸印封面、零件印刷及上版

单位：元

分类	计算单位	用纸开数					
		4开及以下	6开及以下	8开及以下	12开及以下	16开及以下	32开及以下
文字、线条、表格版	千印	9.00	7.00	6.00	5.00	4.50	3.50
图版占纸面积 10%～25%及简单封面版	千印	12.50	9.50	8.00	6.50	5.00	4.50
图版占纸面积26%～50%	千印	16.00	12.50	11.00	8.50	6.50	5.00
图版占纸面积51%～75%	千印	19.50	15.50	13.50	10.50	8.00	6.00
图版占纸面积76%以上	千印	23.50	18.50	15.50	12.50	9.50	7.00
烫印电化铝	千印	24.50	22.50	21.00	18.50	16.00	13.50
各类上版(不分印数)	次	30.50	24.50	19.50	17.50	15.00	12.50

说明：

1. 不论印数多少，上版费均按一次计算。
2. 每版印数不足3千印按3千印计，尾数不足1千印按1千印计。
3. 电化铝材料，由工厂供给，按实收费。
4. 图面积计算，图中空白面积超过20%以上者应予剔除。
5. 串色印刷加价30%。套号码印件加价25%。垫纸印件每千印加收工料费3.50元。
6. 使用金墨或银墨印刷加价200%。
7. 玻璃纸、钢精纸印件加价150%。丝麻、布类印件加价100%。铜版纸印件加价20%。200克以上厚纸加价50%。
8. 打单色样按上版费计算。
9. 封面及零件压钢线、暗线按文字线条版计价。
10. 经典著作、重点及特殊要求产品上版加价50%，印刷加价20%。

(九)封面覆膜　　单位：元

项　　目	计算单位	覆膜开数							
		4开	6开	8开	10开	12开	14开	16开	32开
书刊封面及其他覆膜	每张	0.33	0.24	0.20	0.17	0.14	0.12	0.10	0.07

说明：印数较大的课本封面覆膜价格另议。

三、胶印书刊部分

(十)胶印正文印刷及上版(晒版)　　单位：元

分　　类	计算单位	卷筒纸印刷	平版纸双面印刷	说　　明
单色文字版	全张千印	20	27	包括格线及表格
线条、网文版	全张千印	22	28	
晒版及上版基价(每5万对开印及以下)	每色次	80		每半印张

说明：

1. 计算晒版及上版费时，均不包括社方自用样本数量。印数不足2千印按2千印计。不足一个印张的另页按实际上版次数计。

2. 网纹版指占全书面数20%及以上者。胶轮双色千印按2千印计。对滚机单面印件，按双面印价75%计算。用45克及以下薄纸加价40%，铜版纸加价20%，70克以上胶版纸加价10%。

3. 如有着墨面积较大的实地版，占面数20%～30%者加价10%；占面数31%～50%者加价20%。占面数51%以上者加价30%。

4. 用彩色墨者工价另加30%。

5. 全张纸以787mm×1092mm为标准。850mm×1168mm印刷费照上表工价加20%；880mm×1230mm照上表工价加30%；达到或超过635mm×880mm的纸张用全开机印刷的，按全张纸计价。

6. 转印费(包括球震打样或机打样)每一对开版45.00元。每一对开版收拼版及片基费：8开、16开20.00元，32开25.00元，其他开30.00元。版数按实际计算。

7. 胶片改字，每字0.70元。

8. 用树脂版印刷按胶印印书工价有关项目计算。

9. 经典著作、重点及特殊要求产品加价30%。

四、平印部分

(十一)平版照相制版

单价：元

分　类	计算单位	全开图 78×109	对开图 55×78	三开图 36×78	四开图 39×55	八开图 27×39	十二开图 27×27	二十开图 20×22	四十开图 14×16
单色无网版	块	62.00	42.00	32.00	24.00	18.00	12.00	8.00	5.00
双色及多色无网版	块	78.00	52.00	40.00	31.00	24.00	16.00	11.00	6.00
单色阳图网目版	块	85.00	59.00	47.00	38.00	29.00	19.00	13.00	8.00
四色分色简单版	每套	700.00	550.00	400.00	330.00	250.00	190.00	155.00	130.00
四色分色复杂版	每套	962.00	675.00	538.00	415.00	320.00	248.00	203.00	165.00

说明：

1. 平印照相制版以每个图为计算单位，图的面积以上表开本尺寸(厘米)为标准，如图的长度或宽度超过上表开本尺寸者，按超过后的开本尺寸计。制版小于“四十开图”的按“四十开图”计。

2. 分色版以四色版为标准，三色按75%，双色按50%计。要求加铺网地者(两色以上)加价10%。加花纹地者另加收单色网版制版费。电分扫单色及双色版者分别按复杂版的25%、50%计。五色及五色以上按四色版每增一色加价10%。

3. 上表项目前三项制版的产品只晒蓝图样每对开张收2.00元、四开每张收1.00元，如委印单位要求打样者另收打样费。

4. 多图拼稿制版(由委印单位自拼)，除按整版开数计价外，每增加一图加价10%，最多不超过70%。制合成版按成品版加价60%；用普通原稿制渐虚版加价50%。

5. 40开～64开规格一致的单色连环画稿，线条版阳图每幅5.00元，网目版阳图每幅7.00元(包括扉页、内封在内，不另加拼版费)。制“连二版”按一套半计价。

6. 分阴图版按50%计价。单色网版、分色版挖空加价50%。接版(即一个图分别拼在两页版上)加价30%。

7. 天然色负版及黑白稿制彩色版者加价20%。外来版打样者每色收打样费60.00元(对开)。

8. 复制单色阳图版以上表单色版工价计，单色阴图版按50%计；复制分色版第一套按70%计，从第2套起按60%计。拷联版按拷完的版面开数50%计价，每增加一图按原图版面尺寸工价加10%。另收软片费。

9. 凡用软片制阳图版者，另收软片费；全开每张110.00元，对开每张56.00元，4开29.00元，8开15.00元，16开8.00元，32开4.00元。

10. 照相制版提样每次一份，超过者每张收工料费4.00元。

11. 经典著作、重点及原稿过分复杂、特别费工的产品(如重点年画、年画缩样)加价30%。

(十二)平版印刷及上版(晒版)　　单位：元

项　　目	计算单位	单色及多色套色版(mm)		
		787×1092	850×1168	880×1230
单色文字,线条及占纸面积在20%以下的实地	对开千印	14.00	16.00	17.00
网纹及占纸面积在20%～40%的实地	对开千印	25.00	27.00	29.00
实地(占纸面积在40%以上者)	对开千印	32.00	34.00	36.00
套白油	对开千印	15.00	17.00	18.00
晒版及上版基价(每5万对开印及以下)	每色次	80.00		

说明：

1. 每色印数不足5对开千印者按5对开千印计。5对开千印以上按实际计(对开千印=色令)。

2. 上表系全张纸或对开纸印刷的工价，如必须四开或小于四开纸印刷的产品照上表工价(四开及以下二千印=对开一千印)加70%，晒版及上版工价按对开版70%计。三开纸千印按对开千印工价计。

3. 用铜版纸印刷加价20%；200克以上厚纸及纹纸加价50%；45克以下

薄纸加价 50%。

4. 单色线条连环画按单色文字、线条版工价每对开千印另加 0.30 元。

5. 使用双色或四色胶印机印刷或套白油时，如有一个或两个滚筒空跑仍应计价，每对开千印按 7.00 元收费。

6. 一色或多色网点构成实地占纸面积 50% 以上者，其一色或两色可照上表实地标准计价。

7. 每台每色用纸不足 5 令的印件，每台每色收换色费 15.00 元。

8. 使用金、银墨的印件，印刷费照上表工价计，金、银墨按实际用量及价格收费，进口油墨印刷加收油墨差价，耗墨量较大的特殊印件经双方协商酌加油墨费。

9. 晒版及上版基价，遇有三拼晒及以上者，每对开版按晒版及上版基价加 25% 计。

10. 成品如需要裁切、点数、包扎者每令纸收工费：全开、对开 5.00 元；4 开 6.00 元；8 开 7.00 元；16 开 8.00 元；32 开 10.00 元；64 开及以下 14.00 元。配套包装按以上开本包装费加 20%，包装用纸由委印单位自备。

11. 经典著作、重点及特殊要求产品加价 30%。

五、装订部分

(十三)书刊装订(包括：折页、配页、订本、锁线、胶订、上封、切成品、送书、捆工料费)

单位：元

项　目	计算单位	8开	16开	32开	64开
平装书、平订	每　册	0.05	0.044	0.055	0.083
胶　订	每　册	0.055	0.05	0.058	0.11
精平装锁线订	每　册	0.064	0.058	0.074	0.14
骑马订	每　册		0.042	0.045	0.064

说明：

1. 每册以三个印张为基数，订数不足 2000 册按 2000 册计。骑订画报按 16 开骑订加价 75%。

2. 平装书(包括骑马订)、精平装锁线书，在基数以上每增加一个印张，按上表工价加 30% 计，依此类推。

3. 正文用铜版纸，照上表工价加收 40%；用胶版纸及 70 克以上厚纸，45 克以下薄纸，照上表工价加收 30%。正文用不同纸张混装(1 印张以上)除分别按所属纸张计算外，全书正文加价10%。平装封面用纸在180克以上者，每千册加收4.00元。压塑料薄膜的封面，每千册加收25.00元(需垫衬纸者，纸由委印单位负担，需压钢线者，8开及以下每千印收6.00元)。

4. 平装锁线、胶订书的书脊垫卡纸者，每千印张另收工料费1.70元，书脊加纱布者，每千印张另收工料费3.50元，使用热熔胶装订者，每千印张另收胶的差价费7.00元。

5. 横16开、横32开、850mm×1168mm加价20%，880mm×1230mm加价40%。

6. 超过192页的厚平装书用铁丝订者，锁线、胶订书超过320页者加价5%。

7. 拣单页装订按平订加价30%。

8. 挂历装订工价：4开每本0.20元；3开每本0.25元；对开每本0.35元；每本6~7张装订者按8折计算(以上工价不含材料费)。

9. 装订短版活加成办法：印数1万册及以下者加价50%；2万册及以下者加价40%；3万册及以下者加价30%(此办法适用于全部装订)。批量产品需要预装一部分的，每令加收50.00元，预装部分不足10令按10令计。

10. 需要密封包装者每令加收工费0.70元，配本包装3册以内每千印张加收配本费2.50元，每增加1册加价10%，配本费以每千印张6.00元为限。包装材料及期刊捆扎上下垫牛皮纸者，材料费由委印单位负担。

11. 书刊装竣后，如委印单位自办发行或特殊原因暂存工厂者，以一个月为限，过期每日按书码洋2‰计收保管费，货款未清者每日另加收1‰的延误结算费。

12. 经典著作、重点及特殊要求产品加价20%。

13. 异形开本装订工价除执行有关规定外，装订基价按下表办法计算

单位：元

分　类	计算单位	平订	胶订	精平装锁　线	骑马订	上封面(千册)	
						骑马订	平订
大于32开本(28、24、20、18开)	万页	15.90	19.10	22.50	15.00	9.00	12.00
小于32开本(36、40、42、48、50、56、128开)	万页	12.00	14.70	17.00	11.40	6.70	8.20

万页计算方法：万页数=单本印张数×开本的1/2装订万册数。尾数不足1万页按1万页计。每册不足24页按24页计。

(十四)书刊装订零件

单位:元

分　类	计算单位	32开及以下	16开及以下	说　明
平订书贴前环衬(包括折衬页)	千张	8.30	12.40	1. 850mm × 1168mm规格开本加价20%。 2. 8开及以下按16开加价100%。
贴环衬(包括一折页)	千张	7.30	10.80	
夹、套页(包括一折页)	千张	5.80	8.50	
粘单页	千张	6.00	9.00	
贴前后环衬(裱衬)	千册	22.50	34.00	
包里封(200克~300克纸)	千册	22.50	34.00	
包封套(包括覆膜封套)	千册	45.00	68.00	
封面折口(覆膜)	千册	45.00	68.00	
封面折口	千册	27.00	40.50	
骑订搭中心页(1折)	千张	7.50	11.30	
割页(不分割刀数)	千张	10.50	15.80	
粘图表(包括粘折开)1折图	千张	8.80	13.00	
粘图表(包括粘折开)2折图	千张	10.50	15.80	
粘图表(包括粘折开)3折图	千张	12.80	19.20	

(十五)精装封面、活页夹(包括开料、糊工,以成书开本计算)

单位:元

分　类	计算单位	16开及大于32开	32开及大于64开	64开及64开以下
全布(纸)面硬封	个	0.26	0.20	0.17
布脊纸面硬封	个	0.30	0.26	0.20
布脊纸面布角	个	0.34	0.27	0.22
丝毛、化纤织品硬封	个	0.55	0.44	0.34
活页类	付	0.65	0.50	

说明:

1. 布或丝毛、化纤料等的裱工,按实际情况另收费。

2. 每件总数不足 200 个者，按 200 个收费或另议。

3. 封面切圆角者，照上表工价加 20%。

4. 封面需要加裱填平的每百个收费 3.00 元(纸料委印者自备)。

5. 850mm × 1168mm 规格开本照上表工价加 10%。15 ~ 10 开本按 16 开加价 20%；大于 16 开工价另议。

6. 使用涂塑纸、覆膜纸糊全封者，照上表工价加 50%。

(十六)精装上封(包括：贴环衬、书芯加工、上封)　单位：元

分　类	计算单位	16 开及大于 32 开	32 开及大于 64 开	64 开及以下
100 页以下	册	0.22	0.15	0.12
101 页 ~ 200 页	册	0.25	0.18	0.15
201 页 ~ 300 页	册	0.30	0.20	0.17
301 页 ~ 400 页	册	0.35	0.23	0.18
401 页 ~ 500 页	册	0.40	0.27	0.22

说明：

1. 每件总数不足 200 册按 200 册计算或另议。

2. 850mm × 1168mm 规格开本照上表加价 10%，15 ~ 10 开按 16 开工价加 50%，大于 10 开工价另议。

3. 正文书页要圆角者加价 10%。

4. 堵头布、卡纸、纱布由工厂自备，每千印张收工料费 6.00 元。

5. 套塑料活封照上表折扣计算：

①扒圆、糊花头、书脊裹条、上下粘白板纸的按 80% 计算；

②不扒圆或不糊花头的按 60% 计算；

③不扒圆、不糊花头的按 50% 计算；

④只加工书芯不套皮的减 10%；

⑤用纸塑复合胶照上表计价。

6. 精装书芯厚度超过 500 页的每超过 100 页，每册 16 开加 0.04 元；32 开加 0.03 元；64 开加 0.02 元，超厚页数不足 100 页按 100 页计算。

7. 书芯用 70 克以上胶版纸者加价 10%；用铜版纸者加价 40%。

（十七）精装烫电化铝、压印（以成书开本计算）　　单位：元

分　类	计算单位	16开及大于32开	32开及大于64开	64开及以下
烫印电化铝	次	0.10	0.07	0.05
压凹凸印	次	0.07	0.05	0.05
烫印及压印上版	每次	20.00		

说明：

1. 上表工价不包括电化铝材料费，电化铝按实际耗用计价，或由委印单位自备。

2. 每件总数不足200册按200册计算或另议。

3. 烫金压印每万印算1次上版费。

4. 15开～10开照16开工价加50%；大于10开工价另议。

5. 套色烫金及上版加价20%。经典著作、重点及特殊要求产品加价20%。

注：本标准由辽宁省新闻出版局、吉林省新闻出版局、黑龙江省新闻出版局、辽宁省物价局、吉林省物价局、黑龙江省物价局共同制定。

参考书目

1.《手动照排基础知识》孙长明编　中国印刷科学技术研究所

2.《平版制版分色技术问答》杨静　李善武编　印刷工业出版社　1991年10月版

3.《印刷概论》丁之行编　印刷工业出版社　1986年8月版

4.《印刷设备》张树声主编　上海出版印刷公司职工大学　1982年12月版

5.《最新印刷纸实用知识手册》王尚义编著　印刷工业出版社　1993年10月版

6.《出版纸张工作资料汇编》(内部资料)　中国印刷物资公司　1987年5月版

7.《科学技术期刊编辑教程》王立名主编　1997年8月版

8.《印刷技术》印刷技术杂志社　2001年第5期、第7期、第8期

后　记

《印刷基础及管理》是教育部“八五”规划教材、新闻出版总署教材建设重点项目“普通高等教育编辑出版规划教材”之一。周连芳先生根据我国出版印刷业的现状和出版从业人员及编辑出版专业师生的需要，以出版印刷管理工作、出版印刷业务知识、印刷技术知识、印刷工业的全过程为基点，讲述了书刊工艺设计、排版、制版和印装技术知识，使读者了解并掌握运用张纸、装帧材料的知识，熟悉成本、定价的计算，懂得纸型、软片、铜锌版等的管理，以及各种出版记录卡和印刷凭单的使用。

作者从繁荣中国出版事业，出精品、出优秀图书，强化质量意识着眼，对原有的“铅与火”的印刷工艺做了简略的介绍；对印刷新技术、新工艺的飞速发展及内容，进行了翔实而全面的阐述，可以使出版从业人员和学校师生学习后，经过实践就能比较全面地掌握组织书刊印刷工艺，做到指挥得当，调度自如，有效地利用人力、物力、财力，缩短周期、降低费用，提高生产效益。不仅是编辑出版专业师生的专业教材，又是出版社、杂志社等出版工作者的必备书。

作者在写作过程中，我国出版印刷业的技术发展日新月异，变化很快，出版印刷中的许多新技术、新材料的不断引进，致使本书初稿内容多次删掉“重塑”。作者深入调查，曾先后赴日本和德国考察出版印刷业，同国外同行进行学术交流。并参观了德国海德堡和日本小森胶印机生产厂，了解国外印刷中的新机械、仪器和材料使用，对国外的印刷先进技术有比较全面的了解。这本书不仅得到一些出版社、印刷研究所和印刷厂的大力支持，还得到了编辑出版教材编审委员会和出版界专家们的热情帮助，新闻出版总署的技术修改建议。对全书内容进行审读的有：胡伟熊、张敏、聂玉海、毛鹏、王雯然、杨耶先生，以及自始至终关心支持本书写作的陆本瑞、袁继荨、毛鹏先生。他们对本书提出的各种意见，指出的具体修改方面，都得到了作者的重视，并进行了认真修改。在此表示诚挚的谢意。

编　者

1997年6月

再版后记

经过两年多的时间修订、修改，周连芳先生编著的《印刷基础及管理》教材，又与读者见面了。通过与周先生8年多的交往，我了解到周先生半个世纪从事出版工作经验的由来……

周连芳先生是我国出版界的资深出版工作者，1947年进入上海商务印书馆工作，1954年转入高等教育出版社，参加该社筹建工作。高等教育出版社成立后从事出版业务与管理工作，曾任出版科长、出版部主任、副编审。1985年和1986年周先生先后赴日本、德国参观国际印刷机械展览，并同国外同行进行技术交流，对印刷机械发展趋势有了较深刻的了解。1988年以后他担任过清华大学新编辑岗前培训班、北京理工大学成人教育学院工业管理(出版)专业讲课教师，并给中国出版工作者协会教育工作委员会主办的编辑人员培训班、出版印制管理人员培训班讲授出版印制管理课程。

从1990年开始至今，周先生仍每年给全国科技期刊编辑业务研修班讲授出版装帧设计课。由于他不断学习，认真钻研，在出版业务方面有较深的造诣和较丰富的知识。他通过多年进行出版工作及讲学等活动，探讨研究出版、印刷行业的规律性，对普及出版印刷理论做出了积极的贡献。

《印刷基础及管理》一书以翔实的内容、独到的见解，总结了周先生一生从事和热爱的出版工作专业造诣。这次修订出版不仅着重介绍了我国出版印刷行业革新和发展，而且有较高的学术价值和实用价值，代表了出版印刷业务与管理研究的新水平。

前新闻出版总署技术发展司司长、中国印刷协会副会长高永清，对该书进行了审定；辽海出版社编辑刘永淳先生，将本书目录译成英文而做了有益的工作，在此表示感谢!

李晓晶

2002年8月